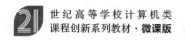
21世纪高等学校计算机类
课程创新系列教材·微课版

MySQL 数据库实用教程

第2版·微课视频版

孙飞显 靳晓婷 / 主编

范乃英 李 敏 徐明洁 / 副主编

清华大学出版社

北京

内 容 简 介

本书以 MySQL 8.0.2x(以下简称 MySQL 8)为例,按照实用型数据库人才培养的目标要求,遵循由浅入深、从易到难的规律,以项目/任务驱动、模块化教学方式,以教务管理数据库实例贯穿全书,详细讲述 MySQL 8 数据库的下载与安装、可视化操作、语言与编程、查询与优化、视图与索引、内部存储过程与触发、事务处理与并发访问、备份与恢复、系统管理与运行维护、基于 Java 的教务管理系统 MySQL 8 数据库设计实现与测试等内容。通过对本书的学习,读者可以快速学会 MySQL 8 的基本理论,掌握基于 MySQL 8 数据库的项目开发方法。

本书可作为应用型本科、职业本科及高职高专数据库(系统)原理及应用、数据库应用技术、数据库基础等有关数据库类课程的教材,也可供数据库应用和开发人员使用、参考。

图书在版编目(CIP)数据

MySQL 数据库实用教程:微课视频版/孙飞显,靳晓婷主编.—2 版.—北京:清华大学出版社,2023.6

21 世纪高等学校计算机类课程创新系列教材:微课版

ISBN 978-7-302-62429-5

Ⅰ.①M… Ⅱ.①孙… ②靳… Ⅲ.①SQL 语言－数据库管理系统－高等学校－教材
Ⅳ.①TP311.132.3

中国国家版本馆 CIP 数据核字(2023)第 016201 号

责任编辑:黄 芝 李 燕
封面设计:刘 键
责任校对:申晓焕
责任印制:朱雨萌

出版发行:清华大学出版社
  网 址:http://www.tup.com.cn,http://www.wqbook.com
  地 址:北京清华大学学研大厦 A 座 邮 编:100084
  社 总 机:010-83470000 邮 购:010-62786544
  投稿与读者服务:010-62776969,c-service@tup.tsinghua.edu.cn
  质量反馈:010-62772015,zhiliang@tup.tsinghua.edu.cn
  课件下载:http://www.tup.com.cn,010-83470236
印 装 者:三河市天利华印刷装订有限公司
经 销:全国新华书店
开 本:185mm×260mm 印 张:17.5   字 数:426 千字
版 次:2015 年 11 月第 1 版 2023 年 6 月第 2 版 印 次:2023 年 6 月第 1 次印刷
印 数:1～1500
定 价:59.80 元

产品编号:097032-01

前 言

在当今时代,基于数据库的应用系统已经广泛深入到了人们学习、生活和工作的方方面面。例如,教务管理、QQ 聊天、网上银行、网络售票、网上购物等系统都有自己的数据库。然而,就具体应用而言,存储数据量大小、经济承受能力、数据安全需求、设计者的偏好等不同,导致不同行业、不同单位、不同应用系统使用的数据库也不尽相同。例如,银行系统大都选用 Oracle,不少政府机关网站选用微软公司的 SQL Server,财务管理系统选用的数据库包括 Access、FoxBase、SQL Server、Oracle 等。但不管哪种数据库,它们提供的功能都是一样的,简单地说就是数据管理。

MySQL 是用于交互式应用开发非常知名的开源数据库系统。作为一个小型的关系数据库管理系统,MySQL 由于其体积小、速度快、总体拥有成本低,特别是源码开放的特点,国内外的许多中小型 Web 应用系统为降低成本而选择了 MySQL 作为数据库。为适应电子商务、计算机网络技术、经济信息管理、计算机软件、物联网等高职学校计算机相关专业及计算机科学与技术、网络工程、软件工程、信息安全等应用型本科计算机类学生快速学习 MySQL 数据库技术的需要,本书在介绍数据库相关技术知识的基础上,以当下流行的 MySQL 8 为例,详细说明 MySQL 的安装和升级方法,为以后的 MySQL 数据库操作及实训项目开发奠定基础。

本书是在火热的"互联网+""数字经济"背景下,为满足应用型本科、职业本科及高职高专学生学习数据库应用技术需要而编写的实用教程。全书共 10 个项目,以任务驱动的方式讲述 MySQL 8 数据库的下载与安装、可视化操作、语言与编程、查询与优化、视图与索引、内部存储过程与触发、事务处理与并发访问、备份与恢复、系统管理与运行维护、基于 Java 的教务管理系统 MySQL 8 数据库设计实现与测试。

本书的具体的编写分工如下:孙飞显编写了项目 5 和项目 10,靳晓婷编写了项目 6、项目 7 和项目 9,范乃英编写了项目 1 和项目 8,李敏编写了项目 2 和项目 3,徐明洁编写了项目 4 和附录。

本书配套教学课件,可扫描封底的"课件下载"二维码,在公众号"书圈"下载。源码等资源可扫描目录处的二维码下载。本书还配套微课视频,可先扫描封底"文泉云盘"防盗码,再扫描书中相应章节中的二维码,即可观看。读者也可扫描封底的作业系统二维码,登录网站在线做题及查看答案。

在本书的编写过程中,得到了河南财政金融学院计算机科学与技术专业代浩翔、王旭笙、刘磊、秦昆波、李明雨、魏鹏、王悦、杨喻麟、王萌等同学的帮助,作者向他们表示感谢。同时,本书参考了一些国内外的学术专著、教材和最新的研究成果,向原作者表示诚挚的谢意!

由于编者水平有限，书中的不足之处，还请学界的广大同人批评指正。

最后，清华大学出版社的编辑们为本书的出版倾注了大量心血，在此向他们表示诚挚的感谢。

编　者

2023 年 2 月

目 录

数据集与
源码

项目 1
MySQL 8数据库的下载与安装

1.1 项目描述

不难想象,教务管理、QQ 聊天、网络售票、网上购物、网上银行等系统都有大量的数据需要管理,也就是说,这些系统都需要数据库的支持。本项目旨在通过实际操作,真正学会 MySQL 数据库安装包的下载、MySQL 数据库的安装和配置。本项目的具体任务包括以下方面。

(1) 掌握数据库的基本概念。

(2) Windows 下 MySQL 数据库安装包的下载。

(3) Windows 下 MySQL 数据库的安装与配置。

1.2 任务解析

从计算机系统结构上看,数据库系统是在操作系统支持下的系统软件,也就是说,数据库系统是在操作系统安装好之后才能安装。然而,目前流行的操作系统有许多,如主流的计算机操作系统有 Windows(如 Windows 7、Windows 10、Windows Server)、UNIX、Linux,主流的手机操作系统有 Android(谷歌)、iOS(苹果)、Windows Phone(微软)、Symbian(诺基亚)、BlackBerry OS(黑莓)、Windows Mobile(微软)等,由于篇幅有限,本项目仅介绍 Windows 操作系统(以 Windows 10 为例)下 MySQL 8 数据库的下载和安装方法。

1.3 相关知识

1.3.1 有关数据库的术语

1. 数据库

简单来说,数据库是存储在计算机内的、有组织的、可共享的数据集合,这种集合按照一定的数据模型组织、描述并长期储存在一起,可以共享,冗余度小,其数据结构独立于使用它的应用程序,用户可以对其中的数据进行新增、删除、修改、查询等操作。从发展的历史看,数据库是数据管理的高级阶段,它是由文件管理系统发展起来的。

根据日常生活、工作或学习需要,数据库设计常把相关的数据放进这样的"仓库",并根据管理的需要进行相应的处理。例如,教务管理部门常将学生的基本情况(学号、姓名、班

视频讲解

级、课程、成绩、选课情况等）存放在数据库中，以便查询学生的选课情况、考试成绩等信息。同样，在财务管理、仓储管理、物流管理、网上购物、网络售票等系统中也需要建立众多的这种"数据库"，使其可以利用计算机实现财务、仓库、物流、购物、售票等的自动化管理。

2. 数据库系统

定义 1：数据库系统（DataBase System，DBS）通常由软件、数据库和数据管理员组成，其软件主要包括操作系统、各种宿主语言、实用程序以及数据库管理系统。

定义 2：数据库系统的个体含义是指一个具体的数据库管理系统软件和用它建立起来的数据库；它的学科含义是指研究、开发、建立、维护和应用数据库系统所涉及的理论、方法、技术所构成的学科。在这一含义下，数据库系统是软件研究领域的一个重要分支，常称为数据库领域。

定义 3：数据库系统是为适应数据处理的需要而发展起来的一种较为理想的数据处理的核心机构。计算机的高速处理能力和大容量存储器提供了实现数据管理自动化的条件。

数据库系统有大小之分，大型数据库系统有 SQL Server、Oracle、DB2 等，中小型数据库系统有 MySQL、Foxpro、Access 等。

数据库系统一般由 4 部分组成。

（1）数据库（DataBase，DB）：是指长期存储在计算机内的、有组织的、可共享的数据集合。数据库中的数据按一定的数学模型组织、描述和存储，具有较小的冗余，较高的数据独立性和易扩展性，并可为各种用户共享。

（2）硬件：构成计算机系统的各种物理设备，包括存储所需的外部设备。硬件的配置应满足整个数据库系统的需要。

（3）软件：包括操作系统、数据库管理系统及应用程序。数据库管理系统是数据库系统的核心软件，是在操作系统的支持下工作，解决如何科学地组织和存储数据、如何高效获取和维护数据的系统软件。其主要功能包括：数据定义功能、数据操纵功能、数据库的运行管理和数据库的建立与维护。

（4）人员：主要有 4 类。第一类人员为系统分析员和数据库设计人员。系统分析员负责应用系统的需求分析和规范说明，他们和用户及数据库管理员一起确定系统的硬件配置，并参与数据库系统的概要设计。数据库设计人员负责数据库中数据的确定、数据库各级模式的设计。第二类人员为应用程序员，负责编写使用数据库的应用程序。这些应用程序可对数据进行检索、建立、删除或修改。第三类人员为最终用户，他们利用系统的接口或查询语言访问数据库。第四类人员为数据库管理员（DataBase Administrator，DBA），负责数据库的总体信息控制。DBA 的具体职责包括：决定数据库中的信息内容和结构；决定数据库的存储结构和存取策略；定义数据库的安全性要求和完整性约束条件；监控数据库的使用和运行；负责数据库的性能改进、数据库的重组和重构，以提高系统的性能。

3. 数据库管理系统

数据库管理系统（DataBase Management System，DBMS）是一种操纵和管理数据库的大型软件，用于建立、使用和维护数据库。它对数据库进行统一的管理和控制，以保证数据库的安全性和完整性。用户通过 DBMS 访问数据库中的数据，数据库管理员也通过 DBMS进行数据库的维护工作。它可使多个应用程序和用户用不同的方法在同一时刻或不同时刻去建立、修改和查询数据库。大部分 DBMS 提供数据定义语言（Data Definition Language，

DDL)和数据操作语言(Data Manipulation Language,DML),供用户定义数据库的模式结构与权限约束,实现对数据的增加、删除等操作。

数据库管理系统是数据库系统的核心,是管理数据库的软件。数据库管理系统就是实现把用户意义下抽象的逻辑数据处理,转换成计算机中具体的物理数据处理的软件。有了数据库管理系统,用户就可以在抽象意义下处理数据,而不必顾及这些数据在计算机中的布局和物理位置。

4. 数据库服务器

数据库服务器(DataBase Server,DBS),是指运行数据库系统的专用服务器,其功能是为数据库系统的高性能运行提供硬件支持和保障。

一般情况下,运行在局域网中的一台或多台计算机和数据库管理系统软件共同构成了数据库服务器。数据库服务器为客户应用提供服务。这些服务包括:查询、更新、事务管理、索引、高速缓存、查询优化、安全及多用户存取控制等。

5. 数据库语言

结构化查询语言(Structured Query Language,SQL)最早是 IBM 公司的圣约瑟研究实验室为其关系数据库管理系统 System R 开发的一种查询语言,它的前身是 SQUARE 语言。SQL 语言结构简洁、功能强大、简单易学,所以自从 IBM 公司 1981 年推出以来,SQL 语言得到了广泛的应用。如今无论是 Oracle、Sybase、Informix、SQL Server 这些大型的数据库管理系统,还是 MySQL 这种小型的数据库管理系统,都支持 SQL 语言作为查询语言。SQL 语言主要分为以下几类。

* 数据定义语言(DDL),如 CREATE、DROP、ALTER 等语句。
* 数据操作语言(DML),如 INSERT、UPDATE、DELETE 等语句。
* 数据查询语言(DQL),如 SELECT 语句。
* 数据控制语言(DCL),如 GRANT、REVOKE 等语句。
* 事务控制语言(TCL),如 COMMIT、ROLLBACK 等语句。

1.3.2　数据库的分类

数据库的分类方法较多,此处以关系数据库及非关系数据库为例进行说明。

1. 关系数据库

关系数据库是建立在关系数据库模型基础上的数据库,借助于集合代数等概念和方法来处理数据库中的数据,在关系模型中实体和实体之间的联系用关系来表示,在一个给定的应用领域中,所有关系的集合构成一个关系数据库。关系数据有型和值之分,关系数据库的型也称关系模式,是对关系数据库的描述,关系模式包括若干域的定义,以及在这些域上定义的若干关系模式,关系模式的值是这些关系模式在某一时刻关系的集合,通常称为关系数据库。当创造一个关系数据库时,用户能定义数据列的可能值的范围和可能应用于那个数据值的进一步约束。而 SQL 语言是标准用户和应用程序到关系数据库的接口。其优势是容易扩充,且在最初的数据库创造之后,一个新的数据种类能被添加而不需要修改所有的现有应用软件。目前主流的关系数据库有 Oracle、DB2、SQL Server、Sybase、MySQL 等。

关系数据库的最大特点就是事务的一致性。传统的关系数据库读写操作都是事务的,具有 ACID(原子性 Atomicity、一致性 Consistency、隔离性 Isolation、持久性 Durability)的特点,C这个特点是关系数据库的灵魂(A、I、D都是为其服务的),它使关系数据库可以用于几乎所有对一致性有要求的系统中,如典型的银行系统。遗憾的是,关系数据库为了维护一致性所付出的巨大代价就是牺牲其读写性能。关系数据库的另一个特点就是具有固定的表结构,这导致了关系数据库的扩展性较差。

2. 非关系数据库

在计算机科学中,非关系数据库(NoSQL)是一个和关系数据库(RDBM)有很大不同的另一类数据结构化存储管理系统。非关系数据库通常没有固定的表结构,并且避免使用连接查询操作。和关系数据库相比,非关系数据库特别适合以社会性网络服务(Social Networking Services,SNS)为代表的 Web 2.0 应用,这些应用需要极高速的并发读写操作,而对数值一致性要求却不甚高。

在网页应用中,尤其是 SNS 应用中,一致性却显得不是那么重要,用户 A 和用户 B 看到同一用户 C 内容更新不一致是可以容忍的,或者说,两个人看到同一好友的数据更新的时间差那么几秒是可以容忍的,也就是说,关系数据库对事务的一致性要求在这样的应用中已经无用武之地,起码不是那么重要了。因此,以 SNS 为代表的 Web 2.0 应用可以使用 NoSQL。然而,微博、Facebook 等 SNS 应用对并发读写能力的要求极高,关系数据库已经难以应对(实际情况是,在读方面,为了解决关系数据库并发读写能力低的问题,大都通过增加一级 memcache 来静态化网页,但对变化极快的 SNS 而言,memcache 显得无能为力)。因此,必须用一种新的数据存储形式来代替关系数据库。此外,SNS 应用系统的升级,往往意味着数据结构要巨大改动,从这一点考虑,SNS 应用系统更需要 NoSQL。

需要说明的是,非关系数据库严格上不是一种数据库,而是一种数据结构化存储方法的集合。需要持久存储的数据(尤其是海量数据的持久存储)还是需要使用关系数据库。

因为非关系数据库本身特殊的应用背景,再加上它出现的时间较晚,导致以开源为主要特点的非关系数据库名目繁多,如 Redis、Tokyo Cabinet、Cassandra、Voldemort、MongoDB、Dynomite、HBase、CouchDB、Hypertable、Riak、Tin、Flare、Lightcloud、KiokuDB、Scalaris、Kai、ThruDB 等。这些数据库的实现大部分都比较简单,除了一些共性外,很大一部分都是针对某些特定的应用需求而出现的。依据结构化方法以及应用场合的不同,非关系数据库主要分为以下几类。

- 面向高性能并发读写的 Key-Value 数据库。Key-Value 数据库的主要特点是具有极高的并发读写性能,Redis、Tokyo Cabinet 和 Flare 就是这类的代表。
- 面向海量数据访问的面向文档数据库。这类数据库的特点是可以在海量的数据中快速地查询数据。典型代表为 MongoDB 以及 CouchDB。
- 面向可扩展性的分布式数据库。这类数据库想解决的问题是传统数据库在可扩展性上的缺陷,它们可以适应数据量的增加以及数据结构的变化,Google Appengine 的 BigTable 就是这类数据库的典型代表,并且 BigTable 特别适用于 Map Reduce 处理。

1.3.3　MySQL 8 基础

1. MySQL 的由来

MySQL(发音为"my ess cue el",不是 my sequel)是一种开放源代码的关系数据库管理系统(Relational DataBase Management System,RDBMS),MySQL 使用最常用的数据库管理语言——结构化查询语言(SQL)进行数据库管理。

由于 MySQL 是开放源代码的,因此,任何人都可以在 General Public License 的许可下下载,并根据个性化的需要对其进行修改。MySQL 因为其速度、可靠性和适应性而备受关注。大多数人认为在不需要事务化处理的情况下,MySQL 是管理内容最好的选择。

MySQL 这个名字的起源不是很明确。一个比较有影响的说法是,基本指南和大量的库和工具带有前缀 my 的时间至少 10 年以上。另一个说法是,MySQL AB 公司创始人之一 Monty Widenius 的女儿叫 My。时至今日,MySQL 这个名字的起源依然是个谜,包括开发者在内也不知道。

MySQL 的海豚标志的名字叫 sakila,它是由 MySQL AB 公司的创始人从用户在"海豚命名"的竞赛中建议的大量名字表中选出的。获胜的名字是由来自非洲斯威士兰的开源软件开发者 Ambrose Twebaze 提供的。根据 Ambrose 所说,sakila 来自一种叫 SiSwati 的斯威士兰方言,也是在 Ambrose 的家乡乌干达附近的坦桑尼亚的 Arusha 的一个小镇的名字。

虽然 MySQL 的功能未必很强大,但因为它的开源、广泛传播,使得很多人都了解到这个数据库。

MySQL 的历史也富有传奇性,最早可以追溯到 1979 年,那时 Oracle 还未成气候,微软公司的 SQL Server 也还未出现。有一个人叫 Monty Widenius,为一个叫 TcX 的小公司打工,并用 BASIC 设计了一个报表工具,可以在 4 MHz 主频和 16 KB 内存的计算机上运行。过了不久,又将此工具使用 C 语言重写,并移植到 UNIX 平台,当时,它只是一个很底层的、面向报表的存储引擎,名叫 Unireg。

虽然 TcX 这个小公司资源有限,但 Monty 天赋极高,面对资源有限的不利条件,他反而更能发挥潜能,总是力图写出最高效的代码,并因此养成了习惯。与 Monty 一起写代码的还有一些别的同事,很少有人能坚持把那些代码持续写到 20 年后,而 Monty 却做到了。

1990 年,TcX 公司的客户中开始有人要求为其 API 提供 SQL 支持,当时,有人提出直接使用商用数据库,但是 Monty 觉得商用数据库的速度难以令人满意。于是,他直接借助于 mSQL 的代码,将它集成到自己的存储引擎中,但效果并不太好。Monty 决心自己重写一个 SQL 支持。

1996 年,MySQL 1.0 版本发布,只面向一小群人,相当于内部发布。到了 1996 年 10月,MySQL 3.11.1 版本发布(MySQL 没有 2.x 版本)。最开始,只提供了 Solaris 下的二进制版本,一个月后,Linux 版本出现了。

在接下来的两年里,MySQL 被依次移植到各个平台。它发布时,采用的许可策略有些与众不同:允许免费商用,但是不能将 MySQL 与自己的产品绑定在一起发布。如果想一起发布,就必须使用特殊许可,意味着要花钱。当然,商业支持也是需要花钱的。其他的,随用户怎么用都可以。这种特殊许可为 MySQL 带来了一些收入,从而为它的持续发展打下了良好的基础。

MySQL 3.22 应该是一个标志性的版本,提供了基本的 SQL 支持。

MySQL 关系数据库于 1998 年 1 月发行第一个版本。它使用系统核心提供的多线程机制提供完全的多线程运行模式,提供了面向 C、C++、Eiffel、Java、Perl、PHP、Python 以及 TCL 等编程语言的应用程序接口(Application Programming Interface,API),支持多种字段类型并且提供了完整的操作符支持查询中的 SELECT 和 WHERE 操作。

1999—2000 年,MySQL AB 公司在瑞典成立。该公司与 Sleepycat 合作,开发出了 BerkeleyDB 引擎,因为 BerkeleyDB 支持事务处理,所以,MySQL 开始支持事务处理了。

2000 年 4 月,MySQL 对旧的存储引擎进行了整理,命名为 MyISAM。2001 年, Heikiki Tuuri 向 MySQL 提出建议,希望能集成他们的存储引擎 InnoDB,这个引擎同样支持事务处理,还支持行级锁。

MySQL 与 InnoDB 的正式结合版本是 4.0。

2003 年 12 月,MySQL 5.0 版本发布,开始有了视图、存储过程等功能。当然,在这期间,MySQL 5.0 也存在不少 Bug。

2008 年 1 月,MySQL AB 公司被 Sun 公司收购,MySQL 进入 Sun 时代。

MySQL 8.0 是目前全球广受欢迎的开源数据库,官方表示 MySQL 8 要比 MySQL 5.7 快 2 倍,还带来了大量的改进和更快的性能。

2. MySQL 8 的版本

目前,针对不同用户,MySQL 8 提供了以下不同的版本。

* 社区版(MySQL Community Server):该版本开源免费,但是官方不提供技术支持。
* 企业版(MySQL Enterprise Server):它能够高性价比地为企业提供数据仓库应用,支持 ACID 事务处理,提供完整的提交、回滚、崩溃恢复和行级锁定功能。但是该版本需付费使用,用户可以试用 30 天,官方提供电话及文档等技术支持。
* 集群版(MySQL Cluster):开源、免费。
* 高级集群版(MySQL Cluster CGE):需付费。

3. MySQL 8 的特点

MySQL 8 主要具有以下特点。

* MySQL 8 的核心线程采用完全多线程服务。线程是轻量级的进程,它可以灵活地为用户提供服务,而不占用过多的系统资源。
* MySQL 8 可在不同的操作系统下运行。简单地说,MySQL 可以支持 Windows、 UNIX、Linux 和 Sun OS 等多种操作系统平台。
* MySQL 有一个非常灵活而且安全的权限和口令系统。当客户与 MySQL 服务器连接时,客户与服务器之间所有的口令传送被加密,而且 MySQL 支持主机认证。
* MySQL 8 支持基于 Windows 的开放式数据库互连(Open DataBase Connectivity, ODBC)。MySQL 支持所有的 ODBC 2.5 函数和其他许多函数,这样就可以用 Access 连接 MySQL 服务器,从而使得 MySQL 的应用被大大扩展。
* MySQL 8 支持大型的数据库。虽然对于用 PHP 编写的网页来说只要能够存放上百条以上的记录数据就足够了,但 MySQL 可以方便地支持上千万条记录的数据库。
* MySQL 8 拥有一个非常快速而且稳定的基于线程的内存分配系统,可以持续使用而不必担心其稳定性。
* MySQL 8 具有强大的查询功能。MySQL 8 支持查询语句 SELECT 和 WHERE 的全部运算符和函数,并且可以在同一查询中混用来自不同数据库的表,从而使得查询变得快捷和方便。

1.3.4　数据库的选型

1. 影响数据库选型的因素

在实际应用中,影响数据库选型的因素主要包括以下几方面。

- 数据量:是否海量数据,单表数据量太大会考验数据库的性能。
- 数据结构:结构化(每条记录的结构都一样)还是非结构化的(不同记录的结构可以不一样)。
- 是否宽表:一条记录是十个域,还是成百上千个域。
- 数据属性:基本数据(如用户信息)、业务数据(如用户行为)、辅助数据(如日志)、缓存数据。
- 是否要求事务性:一个事务由多个操作组成,必须全部成功或全部回滚,不允许部分成功。
- 实时性:对写延迟或读延迟有没有要求,例如,有的业务允许写延迟高但要求读延迟低。
- 查询量:例如,有的业务要求查询大量记录的少数列,有的要求查询少数记录的所有列。
- 排序要求:例如,有的业务是针对时间序列操作的。
- 可靠性要求:对数据丢失的容忍度。
- 一致性要求:是否要求读到的一定是最新写入的数据。
- 对增、删、改、查的要求:有的业务要能快速地对单条数据做增、删、改、查(如用户信息),有的要求批量导入,有的不需要修改和删除单条记录(如日志、用户行为),有的要求检索少量数据(如日志),有的要求快速读取大量数据(如展示报表),有的要求大量读取并计算数据(如分析用户行为)。
- 是否需要支持多表操作。

一般说来,不同的业务对数据库选型的要求也不尽相同。本节简要介绍 SQL、NoSQL 数据库的特性以及 OLTP、OLAP 的选型建议。

2. SQL 数据库的特性

通俗地说,SQL 数据库是传统的关系数据库,具有以下特点。

- 行列式表存储。
- 结构化数据。
- 需要预定义数据类型。
- 数据量和查询量都不大,如果数据量大要做分表。
- 对数据一致性、完整性约束、事务性、可靠性要求比较高。
- 支持多表连接查询操作。
- 支持多表间的完整性,要删除 A 表的某条数据,可能需要先删除 B 表的某些数据。
- SQL 的增、删、改、查功能强。
- 较为通用,技术比较成熟。
- 大数据量性能不足。
- 高并发性能不足。

- 无法应用于非结构化数据。
- 扩展困难。

常用的 SQL 关系数据库管理系统为 MS SQL Server、IBM DB2、Oracle、MySQL 和 MS Access 等。

3. NoSQL 数据库的特性

NoSQL 泛指非关系数据库，具有以下特点。

- 表结构较灵活，例如，列存储、键值对存储、文档存储、图形存储。
- 支持非结构化数据。
- 有的不需要预定义数据类型，有的甚至不需要预定义表。
- 支持大数据量。
- 多数都支持分布式。
- 扩展性好。
- 基本查询能力、高并发能力比较强（因为采用非结构化、分布式，并牺牲一致性、完整性、事务性等功能）。
- 对数据一致性要求比较低。
- 通常不支持事务性，或是有限支持。
- 通常不支持完整性，复杂业务场景支持较差。
- 通常不支持多表连接查询，或是有限支持。
- 非 SQL 查询语言，或类 SQL 查询语言，但功能都比较弱，有的甚至不支持修改和删除数据。
- 不是很通用，技术多样，市场变化比较大。

常用的 NoSQL 数据库有以下几种。

- 列式：HBase、Cassandra、ClickHouse。
- 键值：Redis、Memcached。
- 文档：MongoDB。
- 时序：InfluxDB、Prometheus。
- 搜索：Elasticsearch。

SQL 和 NoSQL 是一个互补的关系，应用在不同的场景中。

4. OLTP 的选型

数据库领域的联机事务处理（On Line Transaction Processing，OLTP）主要进行实时事务处理，例如，处理用户基本信息、处理订单合同、处理银行转账业务、企业的 ERP 系统和 OA 系统等。OLTP 应用场景的特点如下。

- 频繁地对少量数据，甚至是单条数据，做实时的增、删、改、查。
- 数据库经常更新。
- 通常对规范化、实时性、稳定性、事务性、一致性、完整性等有要求。
- 操作较为固定，例如，订单业务，可能永远就是几个固定的操作。

OLTP 通常使用传统的关系数据库，如果数据量大，则要分表；如果对事务性、一致性、完整性等要求不高，也可以用 NoSQL 数据库。

5. OLAP 的选型

数据仓库中的联机分析处理(On Line Analytical Processing,OLAP)主要进行历史数据分析,为商业决策提供支持,例如,对大量的用户行为进行分析,对设备的状态、使用率和性能进行分析。OLAP 应用场景的特点如下。

- 频率较低地对大量数据进行读取、聚合、计算、分析,实时性要求不高,对吞吐能力要求较高。
- 通常列的数量比较多,但每次分析时只取少部分列的数据。
- 通常是批量导入数据。
- 通常数据导入后不会修改,主要是读取操作,写少读多。
- 通常对规范化、事务性、一致性、完整性等要求较低,甚至一个查询操作失败了也不会有什么影响。
- 操作较为灵活,例如,一个海量用户行为数据表,可以想出许多不同的方法,从不同的角度对用户进行分析。

OLAP 通常用 NoSQL 数据库,如果数据量不大,也可以用传统的关系数据库。

1.4　任务实施

1.4.1　MySQL 8 数据库的下载

目前,MySQL 的主流版本为 8.0,可从 MySQL 官方网站下载,官方下载地址如下:
https://downloads.mysql.com/archives/installer/
MySQL 社区版开源免费且常用,其下载的安装文件名为 mysql-installer-community-8.0.27.1.msi。

1.4.2　MySQL 8 数据库的安装与配置

本节以目前流行的操作系统 Windows 10 为例,介绍完全免费的 MySQL 社区版的安装过程和配置方法。

步骤 1:双击 MySQL 社区版对应的 Windows Installer 程序包 mysql-installer-community-8.0.27.1.msi,即可进入如图 1.1 所示的加载界面。

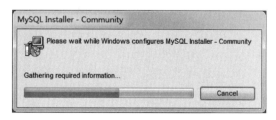

图 1.1　MySQL Installer 加载界面

当加载完成之后,就进入图 1.2 所示的 MySQL Installer 的安装类型选择界面。
MySQL 的安装类型包括以下几种。

- Developer Default:默认的开发者安装类型,建议初学者选此类型。

- Server only：仅仅安装服务器的类型。
- Client only：仅仅安装客户端的类型。
- Full：全部安装类型。
- Custom：用户自定义安装类型。

作为数据库的初学人员，需要选择 Developer Default 以实现数据库的本地部署和本地开发调试，选择后单击 Next 按钮后进入图 1.3 所示界面。

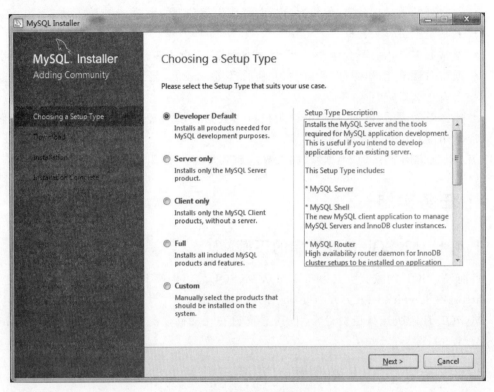

图 1.2　安装类型选择界面

步骤 2：在图 1.3 所示的 MySQL Installer 界面选择待安装的产品后，单击 Execute 按钮，进入如图 1.4 所示界面。图 1.4 界面所示的程序运行结束后，单击 Next 按钮，可进入 Product Configuration 界面，再单击 Next 按钮即可进行 Type and Networking 配置，如图 1.5 所示。

步骤 3：服务器类型和网络配置。在如图 1.5 所示的界面中，进行服务器类型和网络配置。其中，Development Computer 为开发机，MySQL 运行将占用较小的资源，确保开发机可以完成其他任务；Server 为服务器，MySQL 运行将占用中等的资源；Dedicated 为确定服务器，独占服务器，MySQL 运行将占用最大的资源。由于学习过程中，机器可能同时用于其他用处，因此选择 Development Computer，并配置用来连接 MySQL 服务器的端口号，默认情况启用 TCP/IP 网络，默认端口为 3306。最后单击 Next 按钮进入步骤 4。

步骤 4：配置认证方式。在图 1.6 所示界面中，如果是全新服务，可选择 Use Strong Password Encryption for Authentication；如果衔接 MySQL 5 等服务，需要选择 Use Legacy Authentication Method。此步骤可选择默认选项。单击 Next 按钮进入步骤 5。

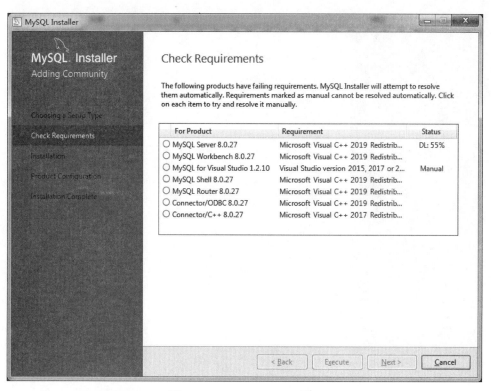

图 1.3　MySQL Installer 界面

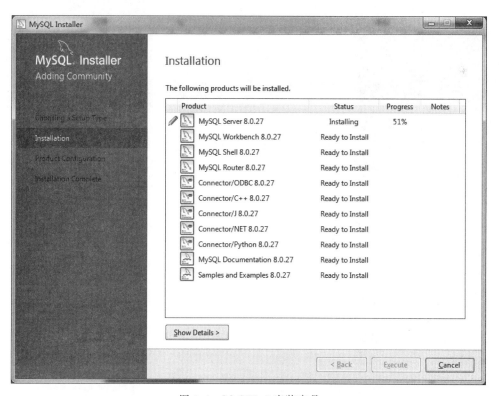

图 1.4　MySQL 8 安装产品

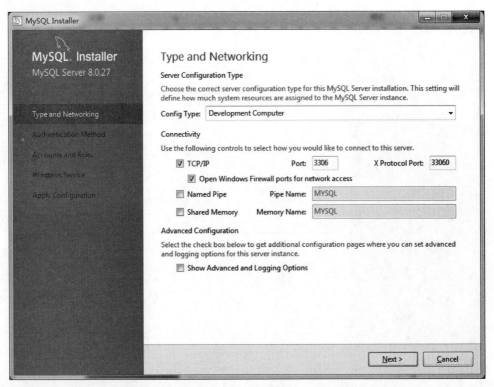

图 1.5　MySQL 8 服务器类型和网络配置

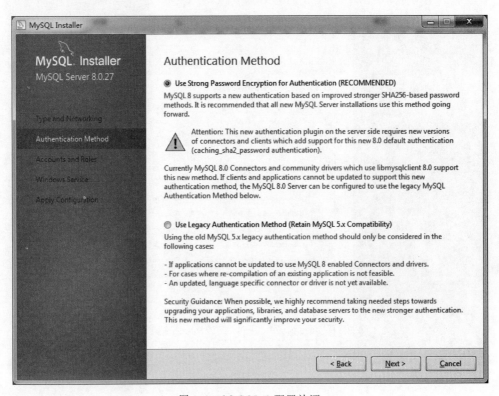

图 1.6　MySQL 8 配置认证

步骤 5：配置管理员账号，并在图 1.7 所示界面中设置 Root 密码，然后单击 Next 按钮进入步骤 6。

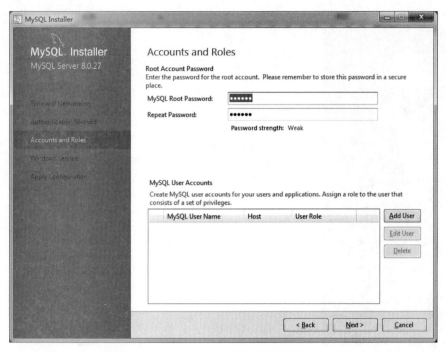

图 1.7　MySQL 8 配置管理员账号

步骤 6：配置实例，如图 1.8 所示。单击 Next 按钮进入步骤 7。

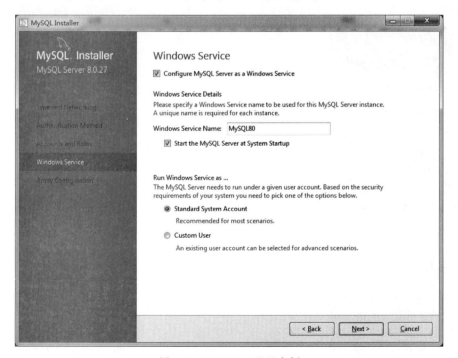

图 1.8　MySQL 8 配置实例

步骤 7：安装 MySQL。单击图 1.9 所示界面中的 Execute 按钮，过程如图 1.10～图 1.12
所示。

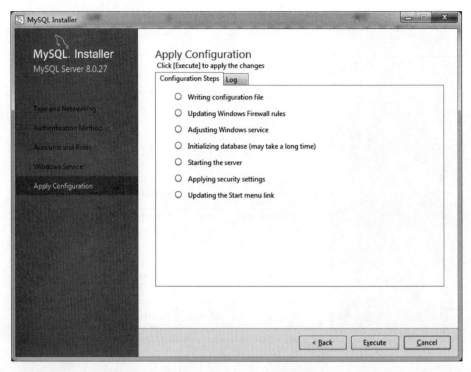

图 1.9　MySQL 8 执行配置

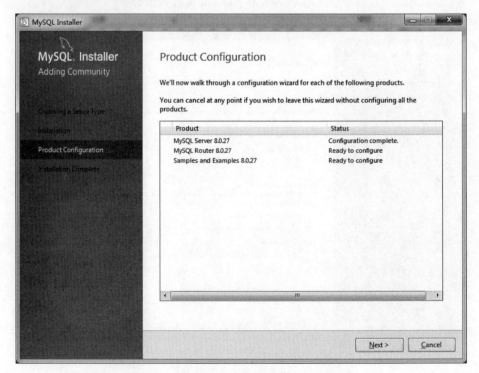

图 1.10　MySQL 8 安装过程的产品配置

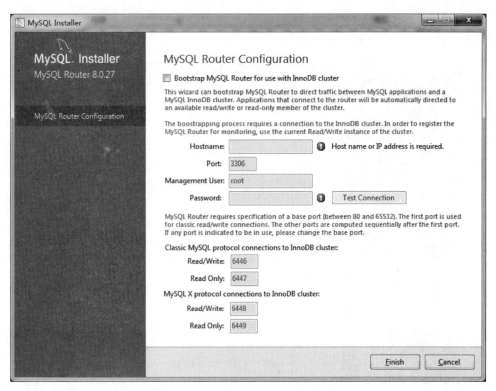

图 1.11　MySQL 8 InnoDB 集群配置

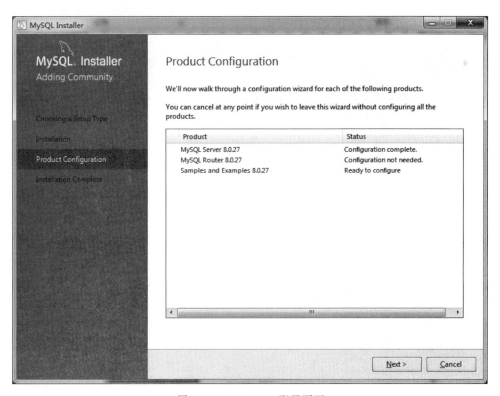

图 1.12　MySQL 8 配置页面

步骤8：在图1.12所示界面中，单击Next按钮，进入图1.13所示数据库配置界面。进行相应设置后，单击Next按钮进入步骤9。

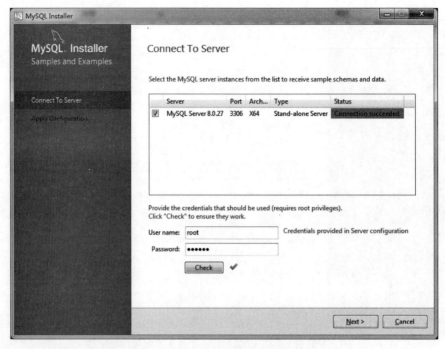

图1.13　MySQL 8样例数据库配置

步骤9：在图1.14所示界面中，单击Execute按钮，开始安装数据库。

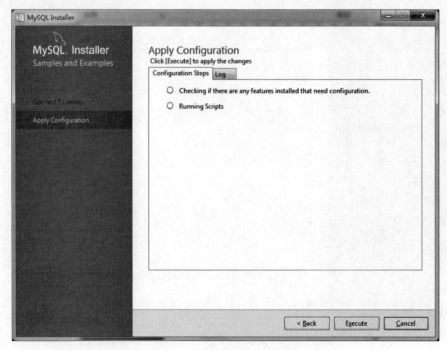

图1.14　MySQL 8安装样例

步骤10：在图1.15所示界面中，勾选全部选项后，单击Finish按钮进入图1.16所示界面。

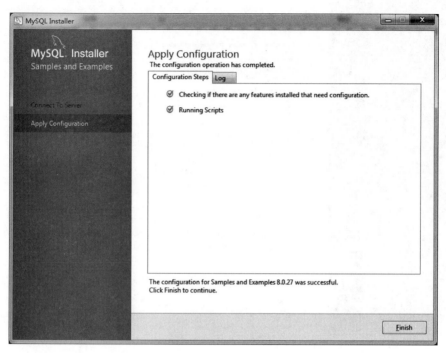

图1.15 MySQL 8安装样例完成

步骤11：在图1.16所示界面中单击Next按钮，进入图1.17所示界面。

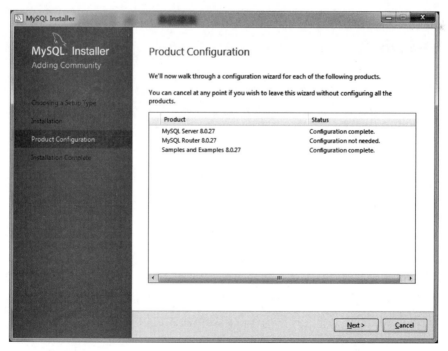

图1.16 MySQL 8配置完成界面

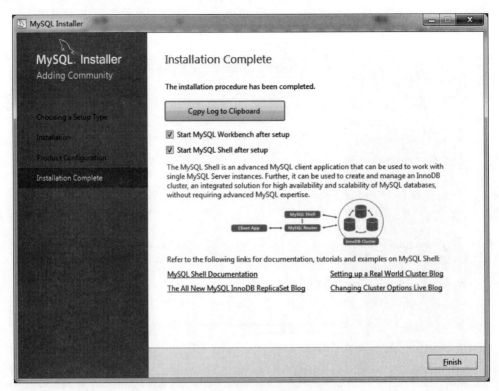

图 1.17　MySQL 8 安装结束界面

步骤 12：在图 1.17 所示界面中单击 Finish 按钮即可完成在 Windows 10 上安装 MySQL 8。

1.5　任务小结

通过对"MySQL 8 数据库的下载与安装"项目的学习和训练，学会在 Windows 10 操作系统中下载、安装、配置目前常用的 MySQL 版本。现将以往学生学习本项目过程中的问题和经验总结如下。

问题：如何测试 MySQL 8 是否安装成功？

解答：结合本项目任务的实施过程（Windows 10 操作系统），可视化的测试方法是：如果能够正常启动的 MySQL Workbench（MySQL 工作台）或 Windows 的任务管理器存在 mysqld 进程，如图 1.18 所示，说明 MySQL 8 已经成功安装。

本项目着重解决了 Windows 10 操作系统下 MySQL 8 的下载、安装和配置问题，这是基于 Windows 的 MySQL 项目开发的基础。然而，Linux＋Apache＋MySQL＋PHP 才是开发经济实惠型的中小型网站服务系统的流行、经典搭档，学会本项目之后，建议能力强的读者进行如下的拓展提高：结合本项目任务的实施过程（Windows 10 操作系统），用命令行方式启动和停止 MySQL 服务。详细操作及问题解决方法如下。

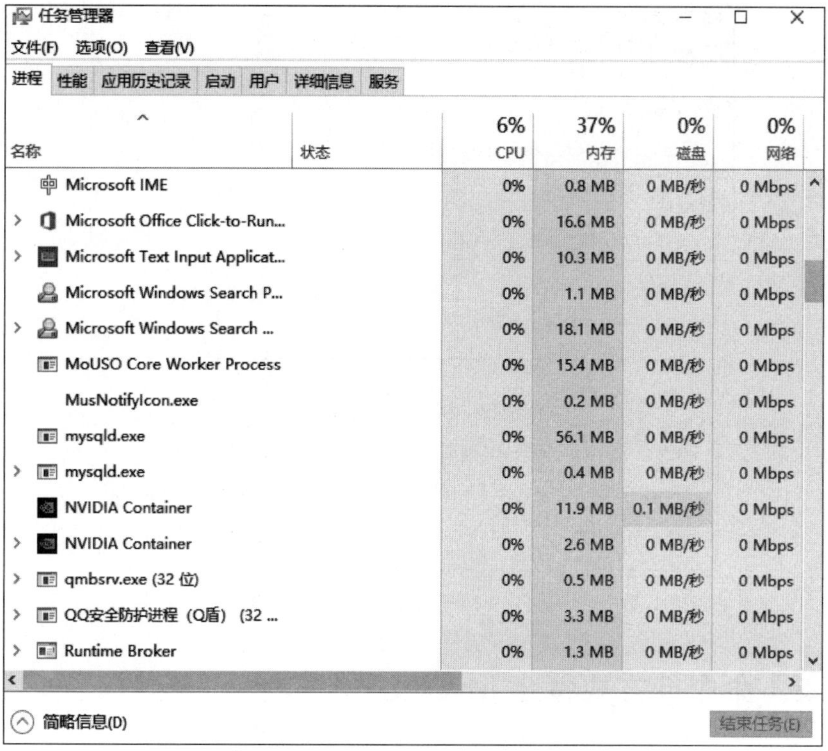

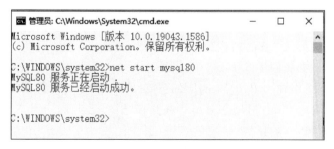

图 1.18　MySQL 8 正常启动后的任务管理器状态图

1.5.1　命令行方式启动 MySQL 8 服务

操作方法：在命令窗口里输入命令 net start MySQL80。

操作说明：以上命令中的 MySQL80 是 MySQL 安装过程中对应的 Windows 服务名称。

操作结果：正常的操作结果如图 1.19 所示。

图 1.19　Windows 下成功启动 MySQL 8 服务

常见问题及解决办法：在运行命令 net start MySQL80 时，如果出现"发生系统错误 5。拒绝访问。"的错误提示（见图 1.20），其原因是用户的操作权限不足。解决此问题的办法是：在 Windows 的开始菜单的搜索栏输入 cmd，然后右击搜索结果，选择以管理员身份运行即可，如图 1.21 所示。

图 1.20　Windows 启动 MySQL 8 被拒绝的提示图

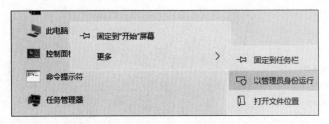

图 1.21　解决用户 MySQL 命令行操作权限不足的办法

1.5.2　命令行方式停止 MySQL 8 服务

操作方法：在命令窗口里输入命令 net stop MySQL80。

操作结果：正常的操作结果如图 1.22 所示。

图 1.22　Windows 下停止 MySQL 8 服务的结果

常见问题及解决办法：在运行命令 net stop MySQL80 时，解决"发生系统错误 5。拒绝访问。"错误提示的办法同 1.5.1 节。

除了以上两个操作命令外，MySQL 的安装目录下的 bin 目录还提供了 MySQL、MySQLshow、MySQLadmin、MySQLdump 等操作命令，这些命令对本课程的后续学习很有帮助，感兴趣的读者可以自行练习。

自测与实验 1　安装与配置 MySQL 8 服务器

视频讲解

1. 实验目的

（1）验证 32 位操作系统 Windows 10 下 MySQL 8 的安装和配置方法。

（2）验证 64 位操作系统 Windows 10 下 MySQL 8 的安装和配置方法。

2．实验环境

（1）PC 一台。

（2）MySQL 8 安装程序。

3．实验内容

（1）下载 MySQL 8 安装程序。

（2）在 Windows 10 操作系统下安装 MySQL 8 服务器。

（3）配置 MySQL 8 服务器。

（4）验证 MySQL 8 服务器能否正常启动和退出。

4．实验步骤

参照本项目的任务实施中 MySQL 8 数据库的安装与配置。

视频讲解

视频讲解

MySQL 8数据库的可视化操作

2.1　项目描述

本项目基于 MySQL 8,要求读者在了解常用的 MySQL 可视化管理工具(如 MySQL Workbench、Navicat、phpMyAdmin 等)功能的基础上,初步掌握基于 MySQL Workbench、Navicat 或 phpMyAdmin 可视化操作 MySQL 8 数据库的基本步骤和方法,具体任务包括以下三方面。

(1) 用 MySQL 可视化管理工具建立 MySQL 8 数据库。

(2) 用 MySQL 可视化管理工具为 MySQL 8 数据库创建表。

(3) 用 MySQL 可视化管理工具为 MySQL 8 数据表添加记录。

2.2　任务解析

从来源上看,MySQL 的可视化管理工具分为 MySQL 安装包自带和第三方提供;从语言上看,分为外文版和中文版。基于此,本项目在简单介绍 MySQL 8 安装包自带的英文版可视化管理工具 MySQL Workbench 的基础上,给出第三方提供的中文版可视化管理工具 Navicat 及免费版 phpMyAdmin 的基本功能和用法。

MySQL 8 数据库的基本操作主要包括建立数据库,创建、修改和删除表,插入、修改和删除表记录等,本项目结合简单的实例,分别介绍基于 MySQL Workbench、Navicat 和 phpMyAdmin 的数据库操作,为深入学习 MySQL 数据库打下基础。

2.3　相关知识

在计算机领域,对数据库的操作大致包括两种方式:命令行操作和可视化操作。目前,能够对 MySQL 8 数据库进行可视化操作的工具很多,包括 MySQL Workbench、Navicat、phpMyAdmin、Sequel Pro、HeidiSQL、SQL Maestro MySQL Tools Family、SQLWave、dbForge Studio、DBTools Manager、MySQL Browser、MySQL Front 等。由于篇幅有限,本项目仅介绍 MySQL Workbench、Navicat 和 phpMyAdmin 三种可视化管理工具及其用法。

2.3.1　MySQL 8 可视化管理工具——MySQL Workbench

MySQL Workbench 可适用于 Windows、Linux 和 Mac OS X 等操作系统。它有两个

不同的版本：社区版（MySQL Workbench Community Edition）和商业版（MySQL Workbench Standard Edition）。社区版本是开源和 GPL（General Public License）授权的，功能齐全。商业版本增加了一些其他功能，如视图和模型验证或者文件生成。社区版本详细信息如下。

制造商：Sun Systems/Oracle。

网站：http://dev. mysql. com/downloads/workbench/。

价格：免费。

许可证：GPL License。

支持平台：Microsoft Windows、Mac OS X、Linux。

简而言之，MySQL Workbench 是由制造商 Sun Systems/Oracle 专为设计 MySQL 数据库而开发的一款免费的可视化管理工具，该工具可以运行于 Microsoft Windows、Mac OS X、Linux 等操作系统，为数据库管理员、程序开发者和系统规划师提供可视化的 SQL 开发、数据库建模以及数据库管理功能。

按本书项目1的方法安装并配置完成 MySQL 8 后，MySQL Workbench 也就成功安装并可以启动。此外，也可按照图 2.1 所示的方法启动 MySQL Workbench，启动成功后的结果如图 2.2 所示。

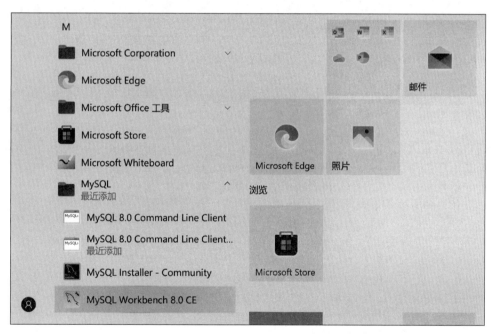

图 2.1　Windows 下启动 MySQL Workbench 的过程图

在图 2.2 中，通过单击左下角的 Local instance MySQL80 即可连接到本机上的 MySQL 服务器（首次连接时需要输入密码），启动成功后进入如图 2.3 所示的 MySQL Workbench 界面。

之后，用户即可打开 File 菜单进行 MySQL 数据库的相关操作，操作实例详见本项目的任务实施章节。

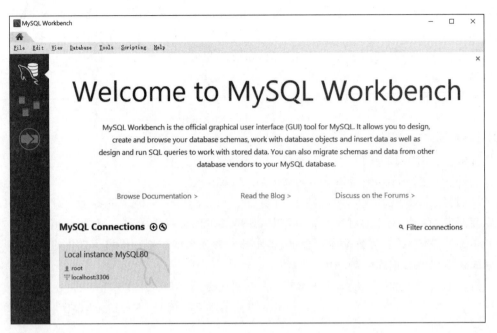

图 2.2　MySQL Workbench 启动成功的效果图

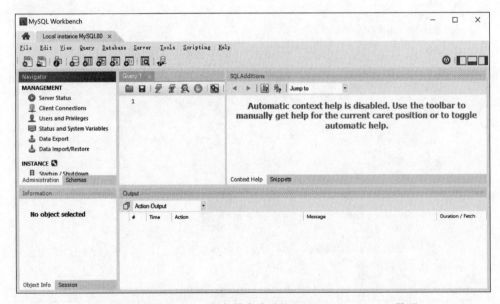

图 2.3　连接 MySQL 8 服务器成功后的 MySQL Workbench 界面

2.3.2　MySQL 8 可视化管理工具——Navicat

Navicat 是一个可多重连接的数据库管理工具，它可连接到 MySQL、Oracle、PostgreSQL、SQLite、SQL Server 和 MariaDB 等数据库，使管理不同类型的数据库更加方便。Navicat 的功能符合专业开发人员的所有需求，对维护数据库服务器的新手来说是相当容易学习的，具有极完备的图形用户界面，可让用户以安全且简单的方法创建、组织、访问和共享信息。

制造商：PremiumSoft /CyberTech Ltd。

网站：https://www.navicat.com/en/download/navicat-for-mysql。

许可证：Commercial 或 Non-commercial licenses。

支持平台：Microsoft Windows、Mac OS X、Linux。

Navicat for MySQL 是一个强大的 MySQL 数据库服务器管理和开发工具。它可以与任何 3.21 或以上版本的 MySQL 一起工作，并支持大部分的 MySQL 最新功能，包括触发器、存储过程、函数、事件、视图、管理用户，等等。它不仅对专业开发人员来说是非常高端的技术，而且对于新手来说也易学易用。其精心设计的图形用户界面(GUI)，可以让用户以一种安全、简便的方式快速地创建、组织、访问和共享信息。

Navicat for MySQL 在三种平台上可用——Microsoft Windows、Mac OS X 和 Linux 操作系统。它可以使用户连接到本地或者远程的 MySQL 服务器，提供了数据结构同步、导入/导出、备份和报告等多种实用工具，使用户维护 MySQL 数据库的过程变得简单、容易。

除了常规的管理数据库对象外，Navicat for MySQL 的其他主要功能包括：

- 多种格式的导入和导出能力，使维护数据的过程很容易。可以从 ODBC 导入数据，将 MSSQL、Oracle 数据导入 MySQL。
- 批量的工作调度处理，减轻了数据库管理员的负担。
- 快速地实现广域网远程连接，更加安全、便捷。
- 智能地构建复杂的 SQL 查询语句，提高开发效率。

Navicat for MySQL 的优势如下：

- 下载次数最多的 MySQL 图形用户工具。
- 支持 MySQL 数据库新对象，如事件。
- 导入和导出支持多达 17 种格式(slk、dif、wk1、wq1、rtf、mdb、sav、ldif 等特殊的格式)。
- 报表设计、打印及定制。
- 具有结构同步、数据同步功能而且速度快。
- 调度、创建 Batch Job，设置任务调度。创建一个设定的计划批处理工作，以计划执行一个或多个定期的、指定开始及结束的日期及时间。批处理可以创建的对象包括查询、报表打印、备份、数据传送、数据同步、导入和导出。发送计划工作的电子邮件通知，产生通知电子邮件给指定的收件人。
- 安装下载非常方便，占用内存少，运行速度很快。
- 简体中文版已经发布，且有中文技术支持论坛。中国大陆地区有授权销售代理商。

Navicat for MySQL 30 天免费试用版下载地址如下：

http://www.innovatedigital.com/download/navicat_index.asp。

下面以 64 位的 Navicat Premium 11.0.12 Windows 简体中文版为例，介绍其安装过程。

步骤 1：双击安装文件 navicat110_premium_cs_x64，进入图 2.4 所示的界面。

步骤 2：单击图 2.4 的"下一步"按钮，在图 2.5 所示的"许可证"界面中选择"我同意"单选按钮，然后单击"下一步"按钮，依次进入图 2.6～图 2.9 所示的准备安装界面。

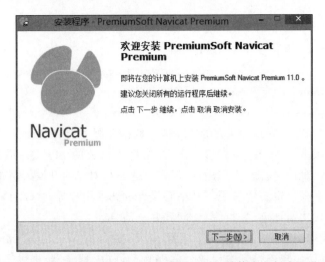

图 2.4　Navicat Premium 11.0.12 Windows 简体中文版欢迎界面

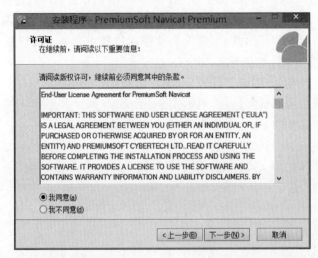

图 2.5　Navicat Premium 11.0.12 Windows 简体中文版的许可证选择界面

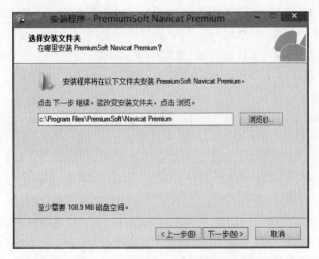

图 2.6　Navicat Premium 11.0.12 Windows 简体中文版的安装路径选择界面

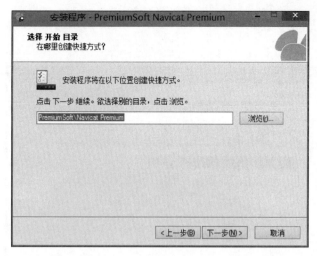

图 2.7   Navicat Premium 11.0.12 Windows 简体中文版的开始目录选择界面

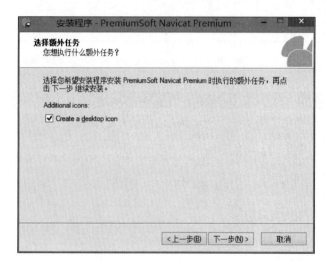

图 2.8   Navicat Premium 11.0.12 Windows 简体中文版创建桌面图标

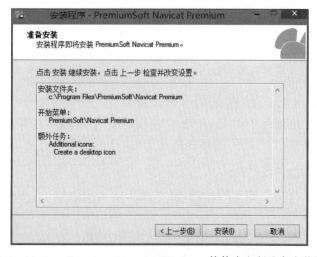

图 2.9   Navicat Premium 11.0.12 Windows 简体中文版准备安装界面

步骤3：单击图2.9所示的"安装"按钮，显示图2.10所示的安装画面，安装完成后的效果如图2.11所示。

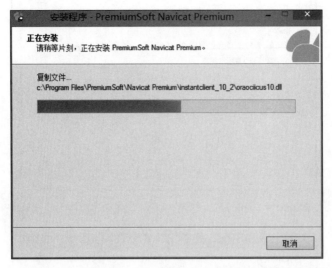

图2.10　Navicat Premium 11.0.12 Windows 简体中文版的安装进程

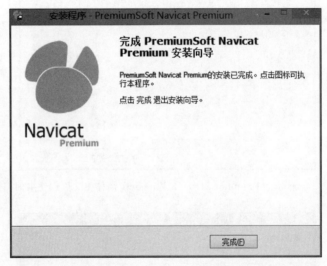

图2.11　Navicat Premium 11.0.12 Windows 安装完成界面

启动 Navicat，进入图2.12所示的界面后打开"文件"菜单，选择"新建连接"，选择 MySQL，进入如图2.13所示的 MySQL 新建连接界面，填写连接名和密码后单击"连接测试"按钮，若显示如图2.14所示的连接成功对话框，则表示成功连接 MySQL 数据库服务器，之后即可进行 MySQL 8 数据库的相关操作。

2.3.3　MySQL 8 可视化管理工具——phpMyAdmin

制造商：The phpMyAdmin Project(on Sourceforge)。

网站：http://www.phpmyadmin.net/home_page/。

图 2.12　Navicat Premium 11.0.12 Windows 的运行界面

图 2.13　Navicat Premium MySQL 新建连接界面

图 2.14　Navicat Premium 连接 MySQL 成功界面

价格：免费（接受通过 PayPal 的捐赠）。

许可证：GNU General Public License，Version 2。

支持平台：Microsoft Windows、Mac OS X、Linux。

简而言之，phpMyAdmin(PMA)是一个用 PHP 编写、可通过互联网在线控制和操作 MySQL 的可视化管理工具。安装该工具后，即可以通过 Web 形式直接管理 MySQL 数据，而不需要通过执行系统命令来管理，非常适合对数据库操作命令不熟悉的数据库管理者。

1．phpMyAdmin 下载

打开 phpMyAdmin 的官方网站：http://www.phpMyAdmin.net/，在页面中单击 Download 按钮。以 phpMyAdmin 4.3.9 为例，下载后的安装包文件名为 phpMyAdmin-4.3.9-all -languages。将下载后的 phpMyAdmin.ZIP 安装包文件通过解压软件解压到本地磁盘，使用项目 1 安装的 MySQL 服务器，即可在本地进行测试（也可上传到支持 MySQL 的 Web 服务器上进行测试）。

2．phpMyAdmin 安装

phpMyAdmin 的安装需要 Web 服务器支持，下面先介绍 Windows 10 操作系统下 Web 服务器的搭建步骤。

步骤 1：打开 Windows 的控制面板（见图 2.15），依次单击"程序"→"启用或关闭 Windows 功能"，进入如图 2.16 所示的界面，勾选"Web 管理工具"下面的所有选项，并勾选 "万维网服务"中"应用程序开发"下的所有选项，单击"确定"按钮后系统更改并应用 Windows 10 的功能。

步骤2：Windows 10的功能更新并应用后，再次进入"控制面板"，单击"系统和安全"→"管理工具"，过程如图2.17～图2.19所示。

图2.15　Windows 10的控制面板

图2.16　启用或关闭Windows 10功能界面

步骤3：在图2.19中，双击"Internet Information Services（IIS）管理器"快捷方式图标，依次展开"网站"→Default Web Site，然后切换到如图2.20所示的"内容视图"模式。右击图2.20中的iisstart.htm，从弹出的右键菜单中选择"浏览"项，如果此时能打开网页，则表示IIS已安装完成，Web服务器搭建成功。

phpMyAdmin的安装步骤如下。

图 2.17　在 Windows 10 控制面板中选择"系统和安全"

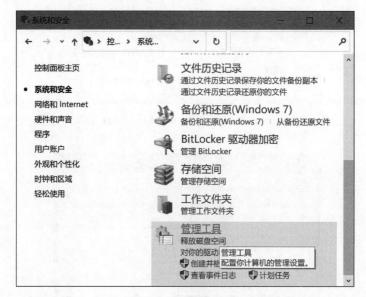

图 2.18　Windows 10 控制面板的系统和安全界面

步骤 1：将下载的 phpMyAdmin 安装包 phpMyAdmin-4.3.9-all-languages 解压到 Web 目录下（如果是虚拟空间，可以解压后通过 FTP 等上传到 Web 目录下）。

步骤 2：配置 config 文件。

用写字板（不能用记事本，因为 UTF8 编码的缘故）打开 libraries 下的 config.default.php 文件，并按照以下说明进行配置。

（1）访问网址。

引用：

```
$cfg['PmaAbsoluteUri'] = '';
```

这里填写 phpMyAdmin 的访问网址。

（2）MySQL 主机信息。

引用：

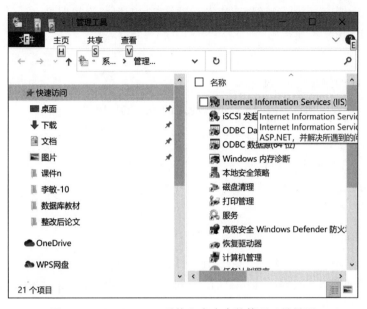

图 2.19　Windows 10 系统和安全中的管理工具界面

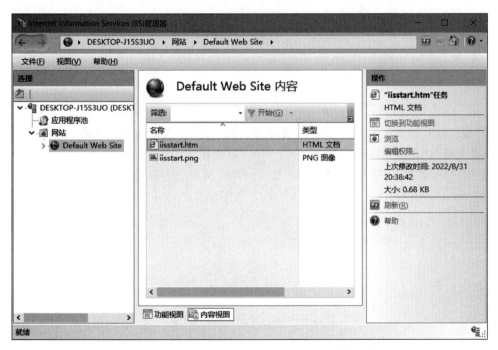

图 2.20　Internet Information Services(IIS)管理器

```
$ cfg['Servers'][ $ i]['host'] = 'localhost';
```

填写 localhost 或 MySQL 所在服务器的 IP 地址,如果 MySQL 和该 phpMyAdmin 在同一服务器,则按默认 localhost。

```
$ cfg['Servers'][ $ i]['port'] = '';
```

MySQL port 表示 MySQL 端口,如果是默认 3306,保留为空即可。

（3）MySQL 用户名和密码。

引用:

```
$ cfg['Servers'][ $ i]['user'] = 'root';
```

MySQL user 表示访问 phpMyAdmin 使用的 MySQL 用户名。

```
fg['Servers'][ $ i]['password'] = '';
```

MySQL password 对应上述 MySQL 用户名的密码。

（4）认证方法。

引用:

```
$ cfg['Servers'][ $ i]['auth_type'] = 'cookie';
```

在此有四种模式可供选择:cookie、http、HTTP、config。

config 方式即输入 phpMyAdmin 的访问网址即可直接进入,无须输入用户名和密码,此方式是不安全的,不推荐使用。

当该项设置为 cookie、http 或 HTTP 时,登录 phpMyAdmin 需要数据用户名和密码进行验证,具体为:PHP 安装模式为 Apache,可以使用 http 和 cookie;PHP 安装模式为 CGI,可以使用 cookie。

（5）短语密码(blowfish_secret)的设置。

引用:

```
$ cfg['blowfish_secret'] = '';
```

如果认证方法设置为 cookie,需要设置短语密码,至于设置为什么密码,由用户自己决定,但是不能留空,否则会在登录 phpMyAdmin 时提示错误。

步骤 3:设置完毕后保存并将之上传到网络空间,浏览 http://网站域名/phpMyAdmin/并进行测试(需要输入 MySQL 数据库的户名和密码),如图 2.21 和图 2.22 所示。

图 2.21　phpMyAdmin 测试界面 a

图 2.22　phpMyAdmin 测试界面 b

如果在安装过程中出现"phpMyAdmin-错误缺少 MySQLi 扩展。请检查 PHP 配置。"错误信息,解决方法如下:

(1) 到 phpMyAdmin 文件夹下的\libraries\config.default.php 文件中查找"＄cfg['Servers'][＄i]['extension']＝'MySQL';"语句。

(2) 如果找到"＄cfg['Servers'][＄i]['extension']＝'MySQL';"这条语句,就继续查找"＄cfg['Servers'][＄i]['extension']＝'MySQLi';"并把其注释去掉。

(3) 如果没有找到"＄cfg['Servers'][＄i]['extension']＝'MySQL';"这条语句,就把"＄cfg['Servers'][＄i]['extension']＝'MySQLi';"语句改成"＄cfg['Servers'][＄i]['extension']＝'MySQL';"语句(即确保'MySQL'值能生效)。

说明:以上说明仅仅是安装 phpMyAdmin 的基本配置,关于 config.default.php 文件中各个配置参数的详细说明可以参阅相关文档。

2.3.4　MySQL 8 数据库和表的基本知识

在基于 MySQL 的应用系统中,MySQL 数据库大都包含多个表(理论上每个数据库最多可创建 20 亿个表),每个表又包含许多列(每一列称为一个字段,列的名称称为字段名,最多允许 1024 列)和许多行(每一行称为一条记录,行数无限制),而 MySQL 数据表每行的最大长度为 8092 字节。因为每个数据库的最大空间为 1048516TB,所以一个表可用的最大空间为 1048516TB 减去数据库类系统表和其他数据库对象所占用的空间。

在本书中,贯穿全部项目的教务管理系统数据库信息如图 2.23 所示。

- 班级表:class。
- 教室表:classroom。

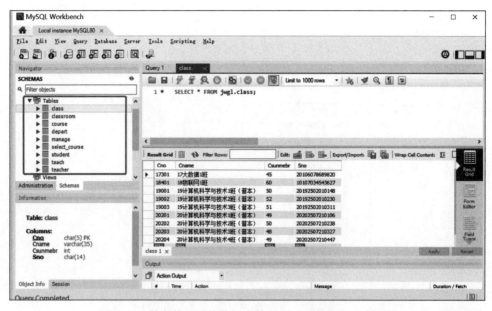

图 2.23　教务管理系统数据库的 MySQL Workbench 界面

- 课程表：course。
- 部门表：depart。
- 排课表：manage。
- 选课表：select_course。
- 学生表：student。
- 授课表：teach。
- 教师表：teacher。

2.4　任务实施

本节分别以 MySQL Workbench、Navicat、phpMyAdmin 管理工具为例，着重介绍基于 MySQL 8 数据库的可视化操作。

视频讲解

2.4.1　基于 MySQL Workbench 的任务实施

1. 创建 MySQL 数据库

步骤 1：启动 MySQL Workbench，在图 2.24 所示的界面中打开 Database 菜单，选择 Connect to Database 菜单项，进入图 2.25 所示的界面。

步骤 2：连接 MySQL 服务器。在图 2.25 中，在 Stored Connection 右边的下拉菜单中选择已存储的服务器连接设置信息（本例中是 Local instance MySQL80），其他对话框选项选择默认值（见图 2.26），单击 OK 按钮，进入图 2.27 所示的界面。

步骤 3：单击图 2.27 中快捷工具栏的 🖫（第四个快捷工具，鼠标放在其上时显示 Create a new schema in the connected server），在弹出的 new_schema-Schema 对话框（见图 2.28）中输入新建数据库的名字（本例假定为 studentmysql），Collation 保持默认，然后单击

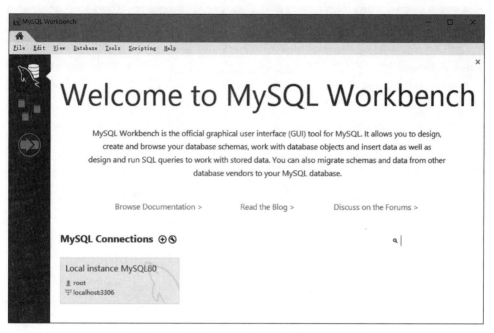

图 2.24　MySQL Workbench 启动成功的界面

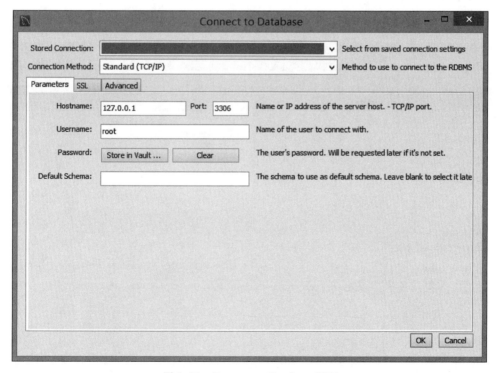

图 2.25　Connect to Database 界面

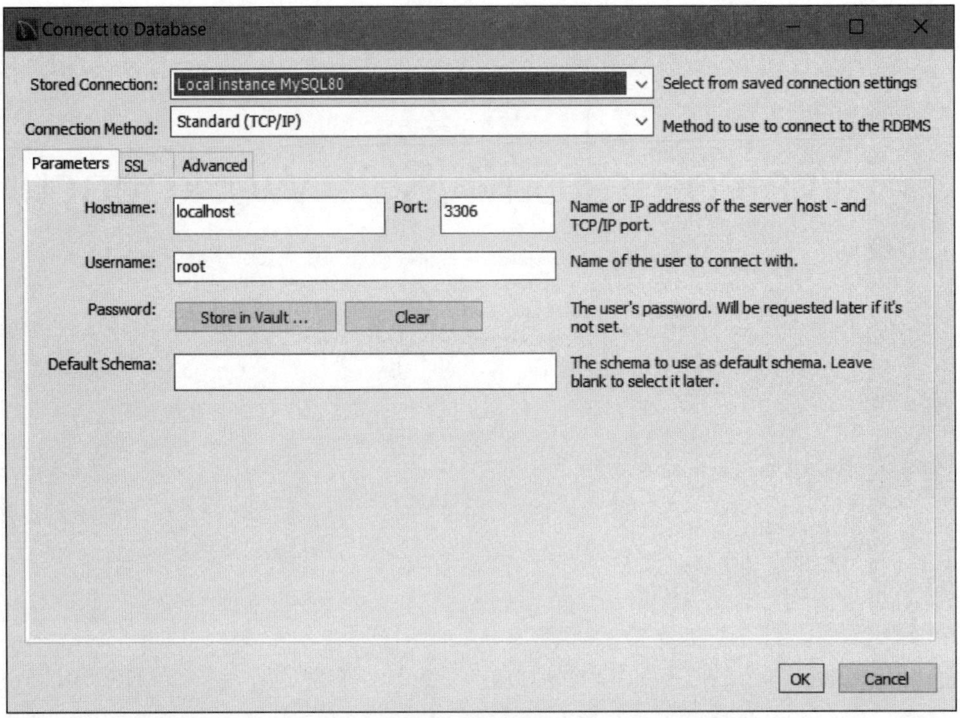

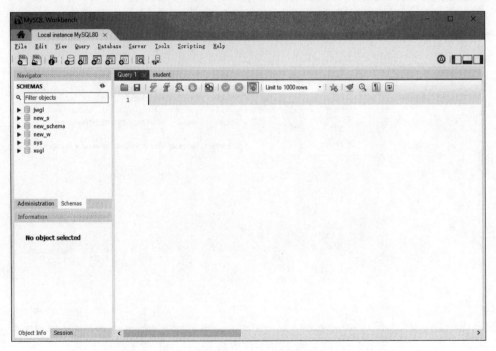

图 2.26　输入 Connect to Database 相关信息的界面

图 2.27　MySQL Workbench 成功连接服务器后的界面

Apply 按钮,在图 2.29 中再单击 Apply 按钮,最后在图 2.30 所示界面中单击 Finish 按钮即可。

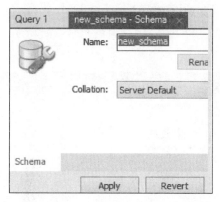

图 2.28　输入 MySQL 数据库名称的对话框

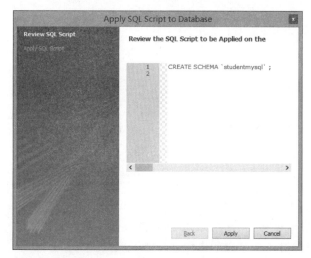

图 2.29　创建 MySQL 数据库过程的 Review SQL Script 界面

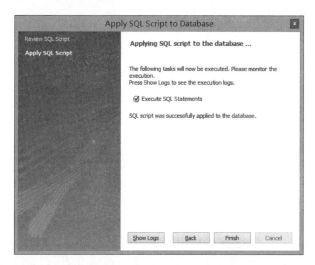

图 2.30　创建 MySQL 数据库过程的 Apply SQL Script to the Database 界面

2. 为 MySQL 数据库创建表

步骤 1：打开 MySQL Workbench 的 Navigator 导航栏，在 SCHEMAS 中找到已经建好的 MySQL 数据库 studentmysql 并打开（方法：双击数据库名称 studentmysql），弹出如图 2.31 所示的界面。

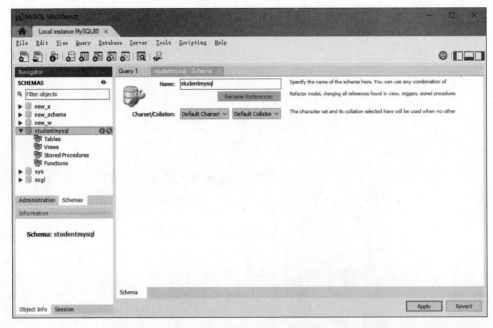

图 2.31　创建 MySQL 数据表

步骤 2：在图 2.31 所示的界面中右击 studentmysql 下面的 Tables 选项，在弹出的快捷菜单中选择 Create Table 命令，在图 2.32 所示的界面中输入表的名称（本例为 stu_info）和表相关字段的名称，并对每个字段的属性进行如下选择。

- PK：primary key（主键），用于区别不同的数据库记录。
- NN：not null（非空），表示该字段不许空。
- UQ：unique（唯一）。
- BIN：binary（二进制），比 text 更大的二进制数据。
- UN：unsigned（整数）。
- ZF：zero fill，带有小数占位符的数据（相当于金额类型的数据）。
- AI：auto increment（自增）。

步骤 3：字段信息输入完毕后，单击图 2.32 中的 Apply 按钮，系统会提示自动生成的代码（见图 2.33）时，再单击 Apply 按钮，进入如图 2.34 所示的界面时单击 Finish 按钮即可。

3. 为 MySQL 数据表添加记录

步骤 1：打开待添加记录的数据表，如在 stu_info 表中添加记录，需首先打开数据库 studentmysql，并在 Tables 下找到 stu_info 表，如图 2.35 所示。

步骤 2：右击 stu_info 表，在弹出的快捷菜单中选择 Select Rols→Limit 1000 命令，在图 2.36 所示的界面中逐项输入记录各个字段的值之后单击 Apply 按钮即可。

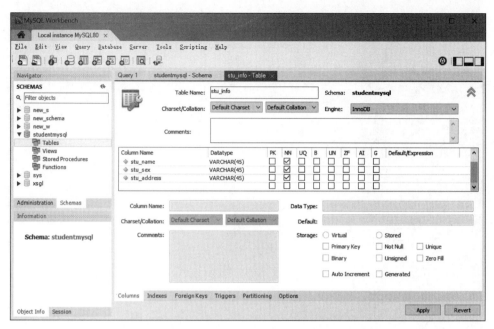

图 2.32 输入表的名称及字段信息

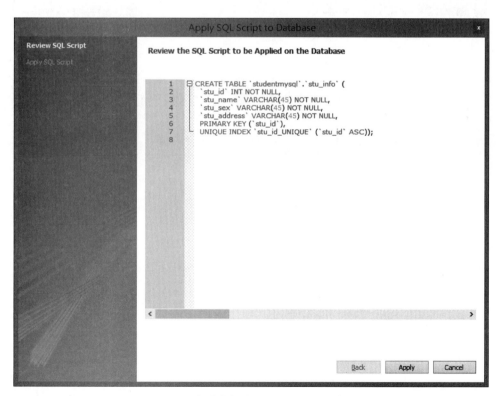

图 2.33 创建数据表过程自动生成的代码

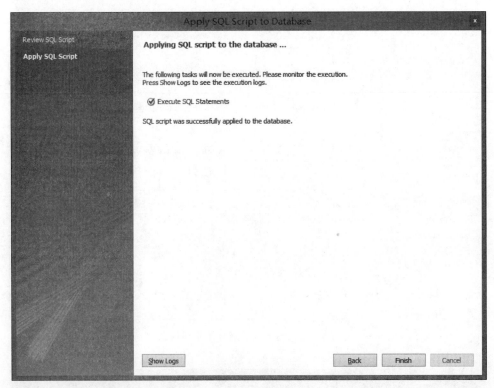

图 2.34 创建数据表完成

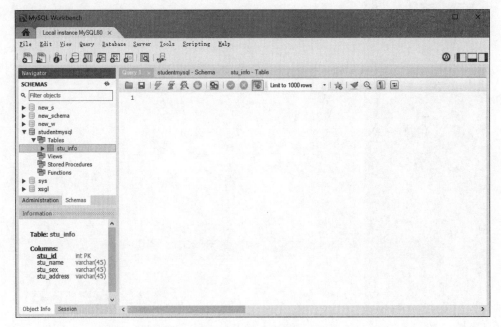

图 2.35 打开数据表

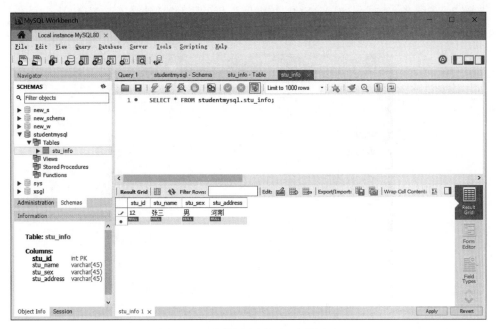

图 2.36　为数据表添加记录的界面

2.4.2　基于 Navicat 的任务实施

1. 创建 MySQL 数据库

步骤 1：启动 Navicat 并打开已经建立好的 MySQL 数据库连接，如图 2.37 所示。

视频讲解

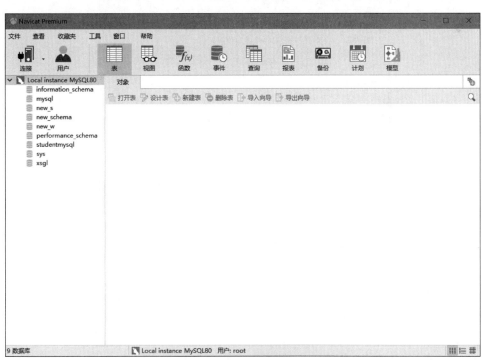

图 2.37　打开 MySQL 数据库连接的界面

步骤2：在图2.37中，右击MySQL数据库连接的名称（本例为sfx-MySQL80），在打开的快捷菜单中选择"新建数据库"命令，进入如图2.38所示界面。

图2.38　新建数据库界面a

步骤3：在图2.38所示的界面中输入数据库名（本例为student-navicat test）、字符集和排序规则（若字符集、排序规则为空，数据库创建后会自动添加，默认字符集为utf8mb4，排序规则为utf8mb4_0900_ai_ci），如图2.39所示。

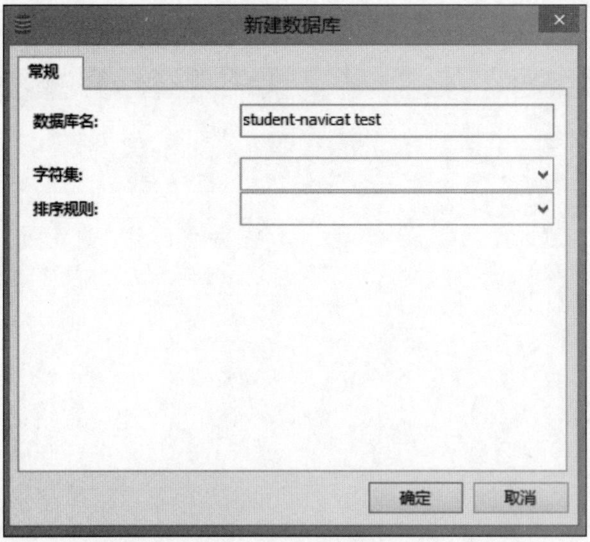

图2.39　新建数据库界面b

步骤4：在图2.39中单击"确定"按钮，系统提示建立数据库成功，如图2.40所示。

2. 为MySQL数据库创建表

步骤1：双击student-navicat test，打开已经建立好的MySQL数据库，如图2.41所示。

步骤2：单击"新建表"快捷工具，或者右击数据库student-navicat test选项下面的"表"

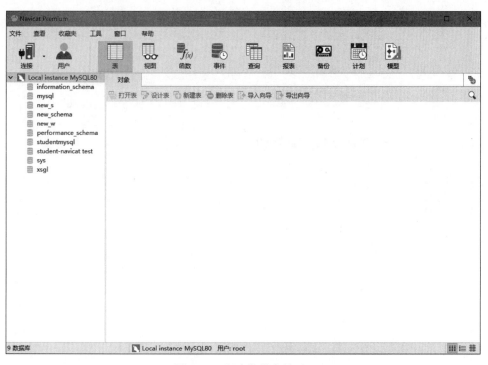

图 2.40　新建数据库界面 c

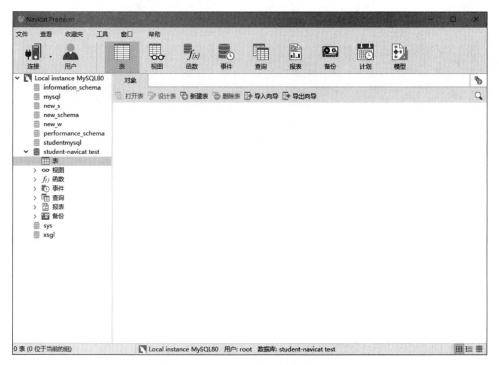

图 2.41　用 Navicat 打开数据库的界面

选项,在弹出的快捷菜单中选择"新建表"命令,进入如图 2.42 所示的界面。

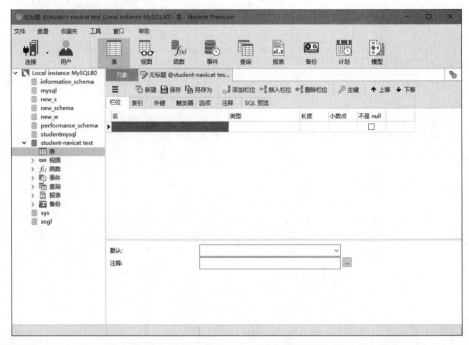

图 2.42　用 Navicat 新建表

步骤 3:设置表的字段名、类型、长度、主键等信息(单击 添加栏位 增加字段),如图 2.43 所示。

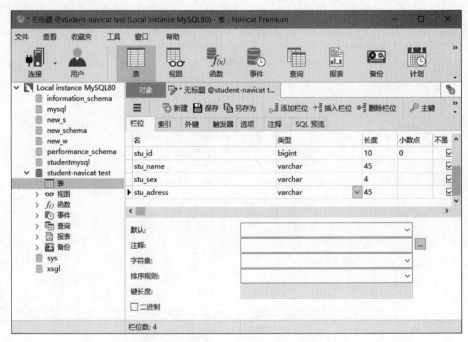

图 2.43　用 Navicat 输入表的字段信息

步骤4：单击图2.43中的"保存"或"另存为"按钮，输入表的名称，单击"确定"按钮，显示如图2.44所示界面。

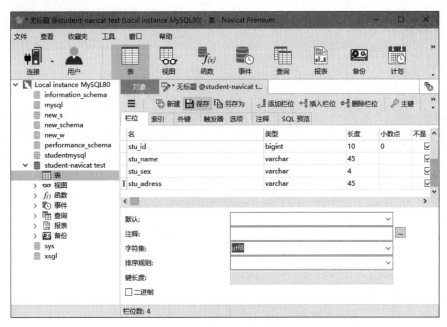

图2.44　用Navicat保存表

3. 为MySQL数据表添加记录

步骤1：打开待添加记录的表（双击）。如在stu_info表中添加记录，先打开数据库连接，然后打开数据库student-navicat test，再双击表stu_info，进入如图2.45所示界面。

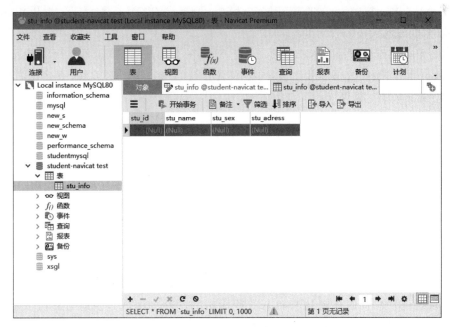

图2.45　用Navicat打开表

步骤 2：输入记录中各个字段的值，图 2.45 中 **+ － ✓ ✗ ↻ ⊘** 分别代表"新建记录""删除记录""应用改变""取消改变""刷新""停止"操作。

2.5　任务小结

本项目主要介绍了目前主流的 MySQL 可视化管理工具 MySQL Workbench、Navicat、phpMyAdmin 的安装和简单使用方法，概述了 MySQL 数据库、表、记录、字段等基本知识，并在此基础上给出了基于 MySQL Workbench、Navicat 建立 MySQL 8 数据库、为 MySQL 8 数据库创建表、为表添加纪录等基本的可视化操作，为以后深入学习 MySQL 奠定了基础。

2.6　拓展提高

能够对 MySQL 进行可视化操作的工具除了 MySQL Workbench、Navicat 和 phpMyAdmin 之外，还有不少其他的工具，概述如下，感兴趣的读者可自行学习，使用。

2.6.1　Sequel Pro

制造商：The Sequel Pro Project。

网站：http://www.sequelpro.com/。

价格：免费（接受通过 PayPal 的捐赠）。

许可证：GNU GPL 2.0。

支持平台：Mac OS X Tiger Universal Build。

Sequel Pro 是一款免费的开源程序。它是 CocoaMySQL Mac 数据库管理程序的继承者。CocoaMySQL 是 Lorenz Textor 的新构想，Lorenz Textor 是 CocoaMySQL 早期的（2003 年）主要开发人员。

Sequel Pro 用于管理 MySQL 数据库（本地或在 Internet 上）。用户可以使用它来添加、删除数据库和表，修改字段和索引，预览和过滤表的内容，添加、编辑、删除行，执行自定义查询，转储表或整个数据库。

2.6.2　HeidiSQL

制造商：Ansgar Becker。

网站：http://www.heidisql.com/。

价格：免费（接受通过 PayPal 的捐赠）。

许可证：GNU General Public License。

支持平台：Windows 2000、Windows XP、Windows Vista、Windows 7（可通过 Wine 运行于 Linux 操作系统之上）。

之前被称为 MySQL Front 的 HeidiSQL 是一款免费的开源客户端，由德国程序员 Ansgar Becker 开发，同时还得到了 Delphi 程序员的帮助。用户必须通过许可证书创建一个会话登录本地或远程 MySQL 服务器，才可以使用 HeidiSQL 管理数据库。通过这个会话，用户可以管理所连接 MySQL 服务器的 MySQL 数据库，并在完成之后断开。它的功能足够应付绝大多数常见和高级数据库、表、数据记录选项，但是目前还处于积极的开发中，以求能实现 MySQL 前端的所有功能。

另外还有一款由 Java 编写的 jHeidi，它被设计用于 Mac 和 Linux 操作系统的计算机。遗憾的是，该项目已经于 2010 年 3 月终止了。

2.6.3　SQL Maestro MySQL Tools Family

制造商：SQL Maestro Group。

网站：http://www.sqlmaestro.com/products/MySQL/。

许可证：全范围支持从单独的非商业到附带 3 年免费升级的站点商业许可证。

支持平台：Windows 2000、Windows XP、Windows Vista、Windows 7。

SQL Maestro Group 提供了完整的数据库管理、开发和管理工具，适用于所有主流 DBMS。通过 GUI 界面，可以执行查询和 SQL 脚本，管理用户以及他们的特权，导入、导出和备份数据。同时，还可以为所选定的表以及查询生成 PHP 脚本，并转移任何 ADO 兼容数据库到 MySQL 数据库。

捆绑包中包括：

- SQL Maestro for MySQL。专业的 MySQL GUI 管理工具，功能包括预览、过程、触发器和表分区。
- Data Wizard for MySQL。MySQL 的转储、数据导出/导入工具等。
- Code Factory for MySQL。用于编辑 SQL 脚本和创建 SQL 语句的可视化工具集。
- Service Center for MySQL。用于 MySQL 服务器维护。
- PHP Generator for MySQL。生成高性能 MySQL PHP 脚本。配有免费版本。

2.6.4　SQLWave

制造商：Nerocode。

网站：http://www.nerocode.com/。

价格：收费。

许可证：Shareware。

支持平台：Windows 2000、Windows XP、Windows Vista、Windows 7。

Nerocode SQLWave 是一款 MySQL GUI 客户端工具，被设计用来自动化和简化数据库的开发进程。它同时还提供了更简便的方法来开拓和维护现有数据库，以及用不同方式来设计复杂 SQL 语句，以完成查询和数据操作。

配有 30 天试用版。

2.6.5　dbForge Studio

制造商：Devart。

网站：http://www.devart.com/dbforge/MySQL/studio/。

许可证：商业和非商业许可证。提供订阅这一高效、快速的方法来实现产品升级和技术支持。

支持平台：Windows 2000、Windows XP、Windows Vista、Windows 7。

为 MySQL 的 dbForge Studio 提供了图形化的 MySQL 开发和管理。

有三个版本：Express、Standard、Professional。

- Express 是免费应用程序，提供用于架构对象、用户账户、SQL 脚本和查询的基本功能。
- Standard 为数据库管理员和开发者提供了附加工具，例如，Debugger、Query Builder、代码模板、对象检索、各种输出和维护向导。
- Professional 是全功能版本并添加了数据库项目、对数据库结构（架构比较）或数据库内容（数据比较）进行准确的比较和同步、调试已存储的过程和脚本以及创建复杂查询等设计。

dbForge 的其他工具包括：

- Schema Compare for MySQL。
- Data Compare for MySQL。
- Query Builder for MySQL。
- Fusion for MySQL。

2.6.6　DBTools Manager

制造商：DBTools Software。

许可：标准版授权于标准免费软件条件。企业版授权于销售单位。

支持平台：Windows 2000、Windows XP、Windows Vista、Windows 7。

DBTools Software 标准版：特别为个人使用设计，它配备最低限功能，适用于数据库新手执行基本的数据库管理。可以在非商业的前提下免费使用它。如果用于商业，可以购买授权，同时还将提供额外功能。

DBTools Software 企业版：专为企业使用设计，它更适用于那些寻找集成化数据库管理程序的 DBA 和开发人员。购买前，可以先试用。企业版的试用版是全功能的，有 20 天的时间进行所有的尝试，同时基于完整的体验来决定是否购买。

2.6.7　MyDB Studio

制造商：H2LSoft,Inc.。

网站：http://www.mydb-studio.com/。

价格：免费。

授权：免费软件。

支持平台：Windows 2000、Windows XP、Windows Vista、Windows 7。

MyDB Studio 包含了用于 MySQL 服务器管理的完整工具集。它可用于创建、编辑或删除数据库对象，数据库同步，数据导出或导入。数据库管理员还可以用它来执行数据库转移、备份和还原。它支持使用 SSH 隧道来保护用户的连接，即便用户的主机不允许远程访问连接、用户和权限管理、PHP 脚本创建，用户依然可以进行连接。

自测与实验 2 可视化的 MySQL 8 数据库/数据表操作

1.实验目的

（1）验证 MySQL Workbench、Navicat 或 phpMyAdmin 等可视化的 MySQL 数据库管理工具的使用方法。

（2）用可视化的 MySQL 8 数据库管理工具创建数据库、表，并在表中添加记录。

2.实验环境

（1）PC 一台。

（2）MySQL Workbench、Navicat 或 phpMyAdmin 等可视化的 MySQL 数据库管理工具。

3.实验内容

（1）学会 MySQL Workbench、Navicat 或 phpMyAdmin 等可视化的 MySQL 8 数据库管理工具的使用。

（2）用 MySQL Workbench、Navicat 或 phpMyAdmin 等可视化的 MySQL 8 数据库管理工具创建数据库。

（3）用 MySQL Workbench、Navicat 或 phpMyAdmin 等可视化的 MySQL 8 数据库管理工具在已有的数据库中创建表。

（4）用 MySQL Workbench、Navicat 或 phpMyAdmin 等可视化的 MySQL 8 数据库管理工具在已有的表中添加记录。

4.实验步骤

参照本项目中基于 MySQL Workbench、Navicat 或 phpMyAdmin 的任务实施方法。

项目 3

MySQL 8数据库语言与编程

3.1 项目描述

当面对一个陌生的数据库时,常需要一种方式与它进行交互,以完成用户各种需求,这时,就要用到 SQL 语言。本项目旨在通过实际操作,让读者学会 MySQL 8 中 SQL 语言结构以及数据库与表基本语句的使用,具体任务包括以下三方面。

(1) 学会 MySQL 8 中常量、变量、运算符、函数的使用。

(2) 学会使用 SQL 语句创建数据库和表。

(3) 学会使用 SQL 语句对数据表进行插入、修改和删除操作。

3.2 任务解析

编写程序需要写出正确的代码,这就需要了解这种编程语言的语法结构,要详细掌握构造命令语句的基本元素,一个操作所需的代码越多,就越容易出现 Bug,也越难发现它们,任何一个小的语法错误都有可能导致 Bug。因此,本项目详细介绍了 MySQL 中数据类型、常量、变量、运算符、函数、表达式的使用。MySQL 安装完成以后,首先需要创建数据库,这是使用 MySQL 各种功能的前提,数据表是数据库中最基本也是最重要的操作对象,是数据存储的基本单位,对数据库中的表操作才能完成数据的插入、删除和修改。因此,本项目将详细介绍 MySQL 语言中的数据库创建、查看、删除等语句,数据表的创建、修改、删除等语句,表记录的插入、更新、删除语句的使用。

3.3 相关知识与实例

3.3.1 数据库语言概述

1. 数据库语言及其分类

数据库语言以记录集合作为操作对象,所有 SQL 语句接受集合作为输入,返回集合作为输出,这种集合特性允许一条 SQL 语句的输出作为另一条 SQL 语句的输入。因此,SQL 语句可以嵌套,这使它具有极大的灵活性和强大的功能。在多数情况下,在其他语言中需要一大段程序实现的功能,在 SQL 中只需要一条 SQL 语句就可以达到目的,这也意味着用 SQL 语言可以写出非常复杂的语句。

一般说来,数据库语言可分为数据定义语言(Data Definition Language,DDL)、数据操作语言(Data Manipulation Language,DML)、数据查询语言(Data Query Language,DQL)、数据控制语言(Data Control Language,DCL)、事务控制语言(Transaction Control Language,TCL)。

DDL是数据库高级操作,主要用于数据库项目的首次上线,由DBA统一执行初始化脚本,主要包括CREATE、DROP、ALTER等语句,用于创建、删除、修改数据库、创建、删除、修改数据表、创建、删除、修改视图和索引等操作。从安全角度考虑,一般开发人员没有权限执行上述这些操作。

DML用于对数据库的普通操作,主要包括INSERT、UPDATE、DELETE等语句,满足用户根据不同的业务逻辑执行增加、修改、删除、查询等操作。另外,数据库的运维人员也常使用DML对数据库进行查询操作。

DQL的基本结构是由SELECT子句、FROM子句、WHERE子句组成的查询块。

DCL用于授予或回收访问数据库的某种特权,并控制数据库操纵事务发生的时间及效果,对数据库实行监视等。如在数据库的插入、删除和修改操作时,只有当事务提交到数据库时才算完成。在事务提交前,只有操作数据库的人才能有权看到所做的事情,别人只有在提交完成后才可以看到。

TCL主要包括COMMIT、ROLLBACK等语句。

2. SQL 简介

20世纪80年代初,美国国家标准局(ANSI)开始着手制定SQL标准,最早的ANSI标准于1986年完成,叫作SQL-86。随后,SQL标准几经修改,更趋完善。由于SQL语言的标准化,所以大多数关系数据库系统都支持SQL语言,它已经发展成为多种平台进行交互操作的底层会话语言。

与其他计算机语言相似,MySQL数据库语言包含若干MySQL语句、常量、变量、函数、运算符和表达式。有关MySQL数据库语言的说明如下。

- MySQL语句以分号结束,并且SQL处理器忽略空格、制表符和回车符。
- 箭头(→)代表MySQL语句没有输入完。
- 取消MySQL语句使用\C。
- Windows操作系统下MySQL语句关键字和函数名不区分大小写,但Linux操作系统下区分。
- 使用函数时,函数名与其后的括号之间不能有空格。

3.3.2　MySQL 数据库操作

1. 创建数据库

命令格式如下:

```
CREATE {DATABASE | SCHEMA} [IF NOT EXISTS] db_name
[Create_Specification [, Create_Specification] …];
```

其中,Create_Specification的格式如下:

```
[DEFAULT] CHARACTER SET charset_name | [DEFAULT] COLLATE collation_name
```

视频讲解

提醒：语句中"[ ]"内的内容为可选项,其他参数的含义如下。

- db_name：数据库名称(不区分大小写)。
- IF NOT EXISTS：创建数据库前先判断,只有该数据库目前尚不存在时才执行 CREATE DATABASE 操作。如果数据库已经存在,出现错误信息提示。
- DEFAULT：指定默认值。
- CHARACTER SET：指定数据库字符集,charset_name 为字符集名称。
- COLLATE：指定字符集的校对规则,collation_name 为校对规则名称。

【例 3.1】 创建数据库 jwgl。

```
mysql > CREATE DATABASE jwgl;
Query OK, 1 row affected
```

MySQL 不允许两个数据库使用相同的名字,使用 IF NOT EXISTS 从句可以不显示错误信息(假设 test 已经存在),例如：

```
mysql > CREATE DATABASE IF NOT EXISTS test;
Query OK, 1 row affected
```

2. 查看数据库

一个 MySQL 实例可以同时承载多个数据库,查看当前 MySQL 实例上所有数据库的语句格式如下：

```
SHOW DATABASES [LIKE Wild];
```

其中：LIKE Wild 中的 Wild 字符串可使用 SQL 的"%"和"_"通配符。

【例 3.2】 查看当前 MySQL 实例上所有数据库。

```
mysql > SHOW DATABASES;
```

3. 选择数据库

在进行数据库操作前,必须选定被操作的数据库,可用 USE 命令完成,其格式为：USE db_name;

提醒：该语句也可以用来从一个数据库"跳转"到另一个数据库,用 CREATE DATABASE 语句创建的数据库不会自动成为当前数据库,需要用 USE 语句指定当前数据库。

【例 3.3】 指定当前数据库为 jwgl。

```
mysql > USE jwgl;
Database changed
```

4. 删除数据库

删除数据库是将已存在的数据库从磁盘上清除,该数据库的所有表(包括其中的数据)也将永久删除,所以要慎用。格式如下：

```
DROP DATABASE [IF EXISTS] db_name;
```

其中,IF EXISTS 子句可避免在删除不存在的数据库时提示 MySQL 错误信息。

【例 3.4】　删除数据库 test。

```
mysql > DROP DATABASE test;
Query OK, 0 rows affected
```

5. 修改数据库

命令格式如下:

```
ALTER{DATABASE | SCHEMA} [db_name] alter_specification;
```

其中,alter_specification 的格式如下:

```
[DEFAULT] CHARACTER SET charset_name | [DEFAULT] COLLATE collation_name
```

说明:ALTER DATABASE 语句用于修改数据库的全局特性,这些特性储存在数据库目录中的 db.opt 文件中。用户必须具有对数据库进行修改的权限,才可以使用该命令。如果语句中数据库名称忽略,则修改当前数据库。

【例 3.5】　修改数据库 jwgl(假设 jwgl 已经创建)的默认字符集和校对规则。

```
mysql > ALTER DATABASE jwgl
    DEFAULT CHARACTER SET gb2312
    DEFAULT COLLATE gb2312_chinese_ci;
Query OK, 1 row affected
```

3.3.3　MySQL 数据表操作

视频讲解

1. 创建数据表

命令格式如下:

```
CREATE [TEMPORARY] TABLE [IF NOT EXISTS] table_name
      [([column_definition], … |[index_definition])]
    [table_option] [select_statement];
```

参数说明如下。

- TEMPORARY:用 CREATE 命令创建临时表(不加 TEMPORARY 创建的表称为持久表,持久表一旦创建将一直存在,多个用户或者多个应用程序可以同时使用持久表),临时表的生命周期短,而且只能对创建它的用户可见,当断开与该数据库的连接时,MySQL 会自动删除临时表。
- IF NOT EXISTS:创建表前先判断,用以避免出现表已存在无法再新建的错误。
- table_name:要创建的表的表名。该表名必须符合标志符规则,如果表名中包含 MySQL 保留字,则必须用单引号括起来。
- column_definition:列定义,包括列名、数据类型,可能还包括一个空值声明和一个完整性约束。

- index_definition：表索引项定义，主要定义表的索引、主键、外键等，具体定义将在项目 5 中讨论。
- table_option：用于描述表的选项。
- select_statement：可以在 CREATE TABLE 语句的末尾添加一个 SELECT 语句，在一个表的基础上创建表。
- column_definition：用于列定义，其格式如下。

```
col_name type [NOT NULL | NULL] [DEFAULT default_value]
[AUTO_INCREMENT] [UNIQUE [KEY] | [PRIMARY] KEY]
[COMMENT 'string'] [reference_definition]
```

参数说明如下。

- ▶ col_name：表中列的名字。列名必须符合标志符规则，长度不能超过 64 个字符，而且在表中要唯一。如果有 MySQL 保留字必须用单引号括起来。
- ▶ type：列的数据类型，有的数据类型需要指明长度 n，并用圆括号括起来。
- ▶ AUTO_INCREMENT：设置自增属性，只有整型列才能设置此属性。当插入 NULL 值或 0 到一个 AUTO_INCREMENT 列中时，列被设置为 value+1，在这里 value 是此前表中该列的最大值。AUTO_INCREMENT 顺序从 1 开始。每个表只能有一个 AUTO_INCREMENT 列，并且它必须被索引。
- ▶ NOT NULL | NULL：指定该列是否为空值。如果不指定，则默认为 NULL。
- ▶ DEFAULT default_value：为列指定默认值，默认值必须为一个常数。其中，BLOB 和 TEXT 列不能被赋予默认值。如果没有为列指定默认值，MySQL 自动地分配一个值。如果列可以取 NULL 值，默认值就是 NULL。如果列被声明为 NOT NULL，默认值取决于列类型：对于没有声明 AUTO_INCREMENT 属性的数字类型，默认值是 0；对于一个 AUTO_INCREMENT 列，默认值是在顺序中的下一个值；对于除 TIMESTAMP 以外的日期和时间类型，默认值是该类型适当的零值；对于表中第一个 TIMESTAMP 列，默认值是当前的日期和时间。对于除 ENUM 外的字符串类型，默认值是空字符串；对于 ENUM，默认值是第一个枚举值。
- ▶ UNIQUE KEY | PRIMARY KEY：PRIMARY KEY 和 UNIQUE KEY 都表示字段中的值是唯一的。PRIMARY KEY 表示设置为主键，一个表只能定义一个主键，主键一定要为 NOT NULL。
- ▶ COMMENT 'string'：对于列的描述，string 是描述的内容。
- ▶ reference_definition：指定参照的表和列。
- ▶ 数据表归属于数据库。在创建数据表之前，应用语句 USE DATABASE 指定当前数据库，否则会出现 no database selected 错误提示。

【例 3.6】 假设已经创建了数据库 jwgl，在该数据库中创建学生情况表 student。

```
mysql> USE jwgl;
mysql> CREATE TABLE student
(Sno char(14) PRIMARY KEY,
```

```
Sname varchar(10) NOT NULL,
Ssex char(2) NOT NULL,
Sbirth date NOT NULL,
Smajor varchar(22) NOT NULL,
Sphone char(11),
Spwd varchar(6) NOT NULL,
memo varchar(45) NULL) ENGINE = InnoDB;
```

在例 3.6 中,每个字段都包含附加约束或修饰符,这些可以用来增加对所输入数据的约束。PRIMARY KEY 表示将"学号"字段(Sno)定义为主键。ENGINE＝InnoDB 表示采用的存储引擎是 InnoDB,InnoDB 是 MySQL 在 Windows 平台默认的存储引擎,所以 ENGINE＝InnoDB 可以省略。

2. 修改数据表

用 ALTER TABLE 语句更改数据表的结构,如增加或删减列,创建或取消索引,更改原字段的类型,重新命名列或表,更改表的评注和表的类型。

命令格式如下:

```
ALTER [IGNORE] TABLE tbl_name alter_specification;
```

参数说明如下。

- tbl_name:表名。
- IGNORE:是 MySQL 相对于标准 SQL 语言的扩展。若在修改后的新表中存在重复关键字,如果没有指定 IGNORE,当重复关键字错误发生时操作失败。如果指定了 IGNORE,则对于有重复关键字的行只使用第一行,其他有冲突的行被删除。
- alter_specification:用于指定修改的内容,其格式如下。

```
ADD [COLUMN] column_definition [FIRST | AFTER col_name ]
| ALTER [COLUMN] col_name {SET DEFAULT literal | DROP DEFAULT}
| CHANGE [COLUMN] old_col_name column_definition
| MODIFY [COLUMN] column_definition [FIRST | AFTER col_name]
| DROP [COLUMN] col_name
| RENAME [TO] new_tbl_name
| ORDER BY col_name
| CONVERT TO CHARACTER SET charset_name [COLLATE collation_name]
| [DEFAULT] CHARACTER SET charset_name [COLLATE collation_name]
| table_options
```

其中的参数含义如下。

- ▶ ADD［COLUMN］子句:向表中增加新列。
- ▶ column_definition:定义列的数据类型和属性,具体内容在 CREATE TABLE 的语法中已做说明。
- ▶ col_name:指定的列名。
- ▶ FIRST｜AFTER col_name:表示在某列的前或后添加新列,不指定则添加到最后。
- ▶ ALTER［COLUMN］子句:修改表中指定列的默认值。

▸ CHANGE［COLUMN］子句：修改列的名称。重命名时，需给定旧的和新的列名和列当前的类型，old_col_name 表示旧的列名。column_definition 中定义新的列名和当前数据类型。

▸ MODIFY［COLUMN］子句：修改指定列的类型。

▸ DROP 子句：从表中删除列或约束。

▸ RENAME 子句：修改该表的表名，new_tbl_name 是新表名。

▸ ORDER BY 子句：在创建新表时，让各行按一定的顺序排列。注意，在插入和删除后，表不会仍保持此顺序。在对表进行了大的改动后，通过使用此选项，可以提高查询效率。在有些情况下，如果表按列排序，对于 MySQL 来说，排序可能会更简单。

▸ table_options：修改表选项，具体定义与 CREATE TABLE 语句中一样。

在 MySQL 中，可以在一个 ALTER TABLE 语句中写入多个 ADD、ALTER、DROP 和 CHANGE 子句，中间用逗号分开。

【例 3.7】 假设已经在数据库 jwgl 中创建了表 student，向表中增加新列"籍贯"。

```
mysql> ALTER TABLE student ADD COLUMN 籍贯 char(20) NULL ;
```

【例 3.8】 将数据库 jwgl 中 student 表的列 name 名称修改为"姓名"。

```
mysql> ALTER TABLE student CHANGE name 姓名 char(8);
```

【例 3.9】 将数据库 jwgl 中 student 表的列 Sbirth 的数据类型改为 INT。

```
mysql> ALTER TABLE student MODIFY Sbirth INT NOT NULL;
```

【例 3.10】 将数据库 jwgl 中 student 表的 Sbirth 列删除，并增加 age 列。

```
mysql> USE jwgl;
mysql> ALTER TABLE student ADD age Tinyint NULL, DROP COLUMN Sbirth;
```

【例 3.11】 将数据库 jwgl 中 student 表改名为 Stu。

```
mysql> ALTER TABLE student RENAME TO Stu ;
```

此外，还可以用 RENAME TABLE 语句来更改表的名字，其格式如下：

```
RENAME TABLE tbl_name TO new_tbl_name [, tbl_name2 TO new_tbl_name2];
```

3. 查看表结构

在创建好数据表之后，可用 DESCRIBE 和 SHOW CREATE TABLE 语句查看表结构。DESCRIBE 的命令格式如下：

```
DESCRIBE tbl_name [col_name];
```

其中：参数 col_name 可以是单列的名称，也可以是包含"%"和"_"通配符的字符串。

【例 3.12】　查看表 jwgl 数据库中学生表（表名：student）结构。

查询语句如下：

```
mysql > DESCRIBE student;
```

查询结果如图 3.1 所示。

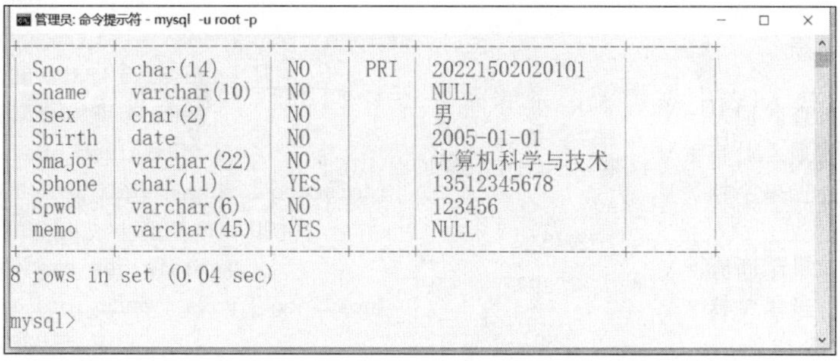

图 3.1　命令行模式的 MySQL 8 数据表结构查询过程和结果

此外，也可以用 SHOW COLUMNS FROM table_name FROM database_name 或 SHOW COLUMNS FROM database_name. table_name 来查看表中各列的信息。

4. 删除数据表

删除数据表就是将数据库中已经存在的表从数据库中删除。注意，在删除之前，最好对表中的数据做个备份，以免造成无法挽回的后果。删除数据表的命令格式如下：

```
DROP [TEMPORARY] TABLE [IF EXISTS] tbl_name [,tbl_name]…
```

其中，tbl_name 是要被删除的表名。IF EXISTS 子句可以避免要删除的表不存在时出现错误信息。这个命令将表的描述、表的完整性约束、索引、表相关的权限等全部删除。

【例 3.13】　删除 jwgl 数据库的表 test。

```
mysql > USE jwgl;
mysql > DROP TABLE IF EXISTS test;
```

5. 复制数据表

命令格式如下：

```
CREATE [TEMPORARY] TABLE [IF NOT EXISTS] tbl_name
            [ ( ) LIKE old_tbl_name [ ] ]
            │ [AS (select_statement)];
```

说明：使用 LIKE 关键字创建一个与 old_table_name 表相同结构的新表，列名、数据类型、空指定和索引也将复制，但是表的内容不会复制，因此创建的新表是一个空表。使用 AS 关键字可以复制原表的内容，但索引和完整性约束不会被复制。select_statement 是一个表达式，也可以是一条 SELECT 语句。

【例 3.14】　复制数据库 jwgl 的表 student，新表名为 student_1。

```
mysql > CREATE TABLE student_1 LIKE student ;
```

【例 3.15】 创建表 student 的一个名为 student_2 的副本，并且复制其内容。

```
mysql > CREATE TABLE student_2 AS (SELECT * FROM student);
```

视频讲解

3.3.4　MySQL 表记录操作

1. 插入新记录

在 MySQL 中，向表中添加新记录的命令是 INSERT，其格式如下：

```
INSERT [LOW_PRIORITY | DELAYED | HIGH_PRIORITY] [IGNORE]
    [INTO] tbl_name [(col_name, …)] VALUES ({expr | DEFAULT}, …),(…), …
    | SET col_name = {expr | DEFAULT}, …
    [ ON DUPLICATE KEY UPDATE col_name = expr, … ];
```

参数说明如下。

- tbl_name：被操作的表名。
- col_name：需要插入数据的列名。如果要给全部列插入数据，列名可以省略。对于没有指出的列，它们的值根据列默认值或有关属性来确定。MySQL 处理的原则是：具有 IDENTITY 属性的列，系统生成序号来唯一标志列；具有默认值的列，其值为默认值；没有默认值的列，若允许为空值，则其值为空值，若不允许为空值，则出错；TIMESTAMP 列系统自动赋值。
- VALUES 子句：包含各列需要插入的数据清单，数据的顺序要与列的顺序相对应。若 tbl_name 后不给出列名，则在 VALUES 子句中要给出每一列（除 IDENTITY 和 TIMESTAMP 类型的列）的值，如果列值为空，则值必须置为 NULL，否则会出错。VALUES 子句中的值：expr 可以是一个常量、变量或一个表达式，也可以是空值，其值的数据类型要与列的数据类型一致。例如，列的数据类型为 char，插入的数据是 123 就会出错。当数据为字符型时，要用单引号括起。DEFAULT：指定为该列的默认值。前提是该列原先已经指定了默认值。如果列清单和 VALUES 清单都为空，则 INSERT 会创建一行，每个列都设置成默认值。
- LOW_PRIORITY：可以用在 INSERT、DELETE 和 UPDATE 等操作中，当原有客户端正在读取数据时，延迟操作的执行，直到没有其他客户端从表中有新的读取请求（仅适用于 MyISAM、MEMORY 和 ARCHIVE 表）为止。
- DELAYED：若使用此关键字，则服务器会把待插入的行放到一个缓冲器中，而发送 INSERT DELAYED 语句的客户端会继续运行。如果表正在被使用，则服务器会保留这些行。当表空闲时服务器开始插入行，并定期检查是否有新的读取请求（仅适用于 myisam、memory 和 archive 表）。
- HIGH_PRIORITY：可用在 SELECT 和 INSERT 操作中，使操作优先执行。
- IGNORE：使用此关键字，在执行语句时出现的错误就会被当作警告处理。
- ON DUPLICATE KEY UPDATE…：使用此选项插入行后，若导致 UNIQUE KEY 或 PRIMARY KEY 出现重复值，则根据 UPDATE 后的语句修改旧行（使用

此选项时 DELAYED 被忽略)。

- SET 子句:SET 子句用于给列指定值,使用 SET 子句时表名的后面省略列名。要插入数据的列名在 SET 子句中指定,col_name 为指定列名,等号后面为指定数据,未指定的列,列值指定为默认值。

【例 3. 16】　向 jwgl 数据库的表 student(表中列包括 Sno,Sname,Ssex,Sbirth,Smajor,Sphone,Spwd,memo)中插入如下的一行:

20221502020101,张红,女,2004-04-10,计算机科学与技术,18138665177,123456,NULL。

使用下列语句:

```
mysql > USE jwgl;
mysql > INSERT INTO student VALUES('20221502020101','张红','女','2004 - 04 - 10','计算机科学与技术','18138665177','123456',NULL);
Query OK, 1 row affected
```

也可以使用如下 SET 子句来实现:

```
mysql > INSERT INTO student
SET Sno = '20221502020101',Sname = '张红', Ssex = '女', Sbirth = '2004 - 04 - 10', Smajor = '计算机科学与技术', Sphone = '18138665177';
Query OK, 1 row affected
```

另外,MySQL 还支持图片的存储,图片一般以路径的形式来存储,即插入图片可以采用直接插入图片的存储路径。当然也可以直接插入图片本身,只要用 LOAD_FILE 函数即可。

【例 3.17】　向 student 表中插入一行数据:20221502020103,李亮,男,2005-02-09,计算机科学与技术,18503715677,123456,picture. jpg。照片路径为 D:\ IMAGE \ picture. jpg。

使用如下语句:

```
mysql > INSERT INTO student VALUES('20221502020103','李亮','男','2005 - 02 - 09','计算机科学与技术','18503715677','123456','D:\IMAGE\picture.jpg');
```

下列语句是直接存储图片本身:

```
mysql > INSERT INTO student VALUES('20221502020103','李亮','男','2005 - 02 - 09','计算机科学与技术','18503715677','123456',LOAD_FILE('D:\IMAGE\picture.jpg'));
```

2. 更新表记录

MySQL 使用 UPDATE 命令更新表记录,命令的格式如下:

```
UPDATE [LOW_PRIORITY] [IGNORE] tbl_name
    SET col_name1 = expr1 [, col_name2 = expr2 …]
    [WHERE where_definition] [ORDER BY …] [LIMIT row_count];
```

说明：SET 子句为根据 WHERE 子句中指定的条件对符合条件的数据行进行更新。若语句中不设定 WHERE 子句，则更新所有行。col_name1、col_name2···为要更新列值的列名，expr1、expr2···可以是常量、变量或表达式。可以同时更新所在数据行的多个列值，中间用逗号隔开。

【例 3.18】 将 jwgl 数据库的 student 表中姓名为"李亮"的同学的专业改为"市场营销"，电话号码改为 18603775600。

```
mysql > UPDATE student SET Smajor = '市场营销', Sphone = '18603775600'
        WHERE Sname = '李刚';
Query OK, 1 row affected (0.08 sec)
Rows matched: 1 Changed: 1 Warnings: 0
```

更新多个表，基本 SQL 语法格式如下：

```
UPDATE [LOW_PRIORITY] [IGNORE] table_references
SET col_name1 = expr1 [, col_name2 = expr2 … ] [WHERE where_definition];
```

说明：table_references 中包含了多个表的联合，各表之间用逗号隔开。

【例 3.19】 表 course 和表 select_course 中有共同字段 course_no，并且在表 course 中 course_no 为主键。当表 course 和表 select_course 中字段 course_no 的值相同并且 course_no 值为 01 时，将表 select_course 中对应的 score 值更新为 90，将表 course 中对应的 course_nature 值更新为"选修"。

```
mysql > UPDATE course, select_course SET select_course. score = '90', course. course_nature = '选修'
        WHERE course. course_no = select_course. course_no and course. course_no = '01';
Query OK, 0 rows affected
Rows matched: 5 Changed: 0 Warnings: 0
```

3. 删除表记录

从数据表中删除记录通常用 DELETE 命令，其格式如下：

```
DELETE [LOW_PRIORITY] [QUICK] [IGNORE] FROM tbl_name
    [WHERE where_definition] [ORDER BY ...] [LIMIT row_count];
```

参数说明如下。

- QUICK：快速删除。
- FROM：用于说明从何处删除数据，tbl_name 为要删除数据的表名。
- WHERE：where_definition 中的内容为指定的删除条件。如果省略 WHERE 子句则删除该表的所有行。
- ORDER BY：各行按照子句中指定的顺序进行删除，此子句只在与 LIMIT 联用时才起作用。ORDER BY 子句和 LIMIT 子句的具体定义将在 SELECT 语句中介绍。
- LIMIT：被删除行的最大值。

【例 3.20】 将数据库 jwgl 的 student 表中姓名为"李刚"的记录删除。

```
mysql > USE jwgl;
mysql > DELETE FROM student WHERE name = '李刚';
```

【例 3.21】 将 jwgl 数据库的 student 表中专业为"市场营销"的所有行删除。

```
mysql > USE jwgl;
mysql > DELETE FROM student WHERE Smajor = '市场营销';
Query OK, 2 rows affected (0.30 sec)
```

如果想删除表中的所有记录,还可用 TRUNCATE TABLE 语句。由于 TRUNCATE TABLE 语句将删除表中的所有数据,且无法恢复,因此使用时必须十分小心。

TRUNCATE TABLE 语句的格式:TRUNCATE TABLE table - name;

说明:TRUNCATE TABLE 语句在功能上与不加 WHERE 子句的 DELETE 语句(如 DELETE FROM student)相同,二者均删除表中的全部行。但 TRUNCATE TABLE 语句比 DELETE 语句速度快,且使用的系统和事务日志资源少。DELETE 语句每删除一行,会在事务日志中为所删除的每行记录一项。而 TRUNCATE TABLE 语句通过释放存储表数据所用的数据页来删除数据,并且只在事务日志中记录页的释放。使用 TRUNCATE TABLE 语句,AUTO_INCREMENT 计数器被重新设置为该列的初始值。此外,参与索引和视图的表不能用 TRUNCATE TABLE 语句删除记录,而应使用 DELETE 语句。

3.3.5 MySQL 常量

常量是指在程序运行过程中值不变的量。按照数据类型,可以将常量分为字符串常量、数值常量、时间日期常量、布尔常量、二进制常量、十六进制常量和 NULL。

1. 字符串常量

字符串常量是用单引号或双引号括起来的字符序列。大多数编程语言(如 Java、C)使用双引号表示字符串,为了便于区别,在 MySQL 数据库中推荐使用单引号表示字符串。字符串常量分为 ASCII 字符串常量和 Unicode 字符串常量。ASCII 字符串常量是用单引号括起来的,由 ASCII 字符构成的符号串;Unicode 字符串常量与 ASCII 字符串常量类似,但它前面有一个 N 标志符[N 代表 SQL-92 标准中的国际语言(National Language)],只能用单引号括起字符串,且 Unicode 数据中的每个字符用两个字节存储,而每个 ASCII 字符用一个字节存储。在字符串中不仅可以使用普通字符,也可使用转义符(如表 3.1 所示)。

表 3.1 字符串转义序列表

序　　列	含　　义
\0	一个 ASCII 0 (NULL)字符
\N	一个换行符
\R	一个回车符(Windows 中使用\R\N 作为新行标志)
\T	一个定位符
\B	一个退格符
\Z	一个 ASCII 26 字符(CTRL+Z)
\'	一个单引号("'")

序　列	含　义
\"	一个双引号（""）
\\	一个反斜线（"\"）
\%	一个"%"符。它用于在正文中搜索"%"的文字实例
_	一个"_"符。它用于在正文中搜索"_"的文字实例

2．数值常量

数值常量可以分为整数常量和小数常量。整数常量是不带小数点的十进制数，如 2015，+14，−214。浮点数常量是使用小数点的数值常量，如 99.5，10.5E3，0.4E-5。

3．时间日期常量

时间日期常量是一个符合特殊格式的字符串。用单引号将表示日期时间的字符串括起来构成。日期型常量包括年、月、日，数据类型为 DATE，表示为 2015-06-17 这样的值。时间型常量包括小时数、分钟数、秒数及微秒数，数据类型为 TIME，表示为 12:30:43.00013 这样的值。MySQL 还支持日期、时间的组合，数据类型为 DATETIME 或 TIMESTAMP，如 2015-06-03 12:27:43。需要特别注意的是，MySQL 是按年-月-日的顺序表示日期的。中间的间隔符"-"也可以使用如"\"、"@"或"%"等特殊符号。

4．布尔常量

布尔常量只包含：TURE 和 FALSE。FALSE 代表 0，TRUE 代表 1。

5．二进制常量

二进制常量由数字 0 和 1 组成。二进制常量表示方法：前缀为 B，后面紧跟着一个二进制字符串。使用 SELECT 语句显示二进制数时，会将其自动转换为字符串再进行显示。直接显示 B'value'的值可能是一系列特殊的符号。例如，B'0'显示为空白，B'111101'显示为等号，B'11'显示为"心形"符号。

6．十六进制常量

十六进制常量由数字 0～9 及字母 A～F 组成（字母不分大小写）。十六进制常量有两种表示方法。第一种：前缀为大写字母 X 或小写字母 x，后面紧跟一个十六进制字符串。第二种：前缀为 0x，后面紧跟一个十六进制数（不用引号）。

7．NULL 常量

NULL 值可适用于各种字段类型，它通常用来表示"值不确定""没有值"等含义，并且不同于数字类型的 0 或字符串类型的空字符串。NULL 参与算数运算、比较运算和逻辑运算时，结果依然是 NULL。

3.3.6　MySQL 变量

1．系统变量

在 MySQL 中，系统变量（以@@开头）用于定义当前 MySQL 实例的属性、特征。系统变量分为全局系统变量（Global）与会话系统变量（Session）。MySQL 服务成功启动后，如果没有 MySQL 客户机连接 MySQL 服务器，那么 MySQL 服务器内存中的系统变量全部是全局系统变量（有 393 个）；每一个 MySQL 客户机成功连接 MySQL 服务器后，都会产生与之对应的会话,会话期间,MySQL 实例会在 MySQL 服务器内存中生成与该会话对应的会话系统变量,这些会话系统变量的初始值是全局系统变量值的复制。

查看 MySQL 服务器内存中所有的全局系统变量信息,可以使用 SHOW GLOBAL VARIABLES 语句。查看与当前会话相关的所有会话系统变量,可以使用 SHOW SESSION VARIABLES 语句。可以使用 SHOW VARIABLES 语句得到系统变量清单。

鉴于 MySQL 系统变量与用户编程不存在太大关系,因此本项目不再详述。

2. 用户自定义变量

与其他编程语言相似,在用 MySQL 语言进行编程时,使用用户自定义变量存储"临时结果"。在 MySQL 中,用户自定义变量分为用户会话变量(以@开头)以及局部变量(不以@开头)。用户自定义变量可以由当前字符集的字符、"."、"_"和"$"组成,当变量名中需要包含一些特殊符号(如空格、♯等)时,可以使用双引号或单引号将整个变量括起来。

用户会话变量与局部变量的区别与联系如下。

- 用户会话变量名以@开头,而局部变量名前面没有@符号。
- 局部变量使用 DECLARE 命令定义(存储过程参数、函数参数除外),定义时必须指定局部变量的数据类型。局部变量定义后,才可以使用 SET 命令或者 SELECT 语句为其赋值。用户会话变量使用 SET 命令或者 SELECT 语句定义并赋值,定义用户会话变量时无须指定数据类型。例如"Declare@Student_Num Int;"语句是错误语句,用户会话变量不能使用 DECLARE 命令定义。
- 用户会话变量的作用范围与生存周期大于局部变量。局部变量如果作为存储过程或者函数的参数使用,则在整个的存储过程或函数内有效;如果定义在存储程序的 BEGIN-END 语句块中,则仅在当前的 BEGIN-END 语句块中有效。用户会话变量在本次会话期间一直有效,直至关闭服务器连接。
- 如果局部变量嵌入到 SQL 语句中,由于局部变量名前没有@符号,这就要求局部变量名不能与表字段名同名,否则将出现无法预期的结果。用户会话变量前面存在@符号,因此用户会话变量没有该限制。

3.3.7　MySQL 函数

1. 数学函数

绝对值函数:ABS(X),返回 X 的绝对值。

取整函数:ROUND(X)/ROUND(X,D),返回最接近于 X 的整数。在有两个参数的情况下,返回 X,其值保留到小数点后 D 位,而第 D 位的保留方式为四舍五入。若要保留 X 值小数点左边的 D 位,可将 D 设为负值。

求平方根函数:SQRT(X),返回非负 X 的二次方根。

随机数函数:RAND()/RAND(N),返回一个随机浮点值 V,范围为 0~1;若指定整数参数 N,则它被用作种子值,用来产生重复序列。

取最大整数函数:FLOOR(X),返回不大于 X 的最大整数值。

圆周率函数:PI(),返回圆周率 π 的值,默认显示小数位数是 7 位。

四舍五入函数:TRUNCATE(X,D),返回被舍去至小数点后 D 位的数字 X。

最大值函数:GREATEST(X1,X2,X3…),返回参数中的最大值。

最小值函数：LEAST(X1,X2,X3…)，返回参数中的最小值。

求二进制值函数：BIN(X)，返回参数 X 的二进制值。

求八进制值函数：OTC(X)，返回参数 X 的八进制值。

求十六进制值函数：HEX(X)，返回参数 X 的十六进制值。

2．聚合函数

聚合函数是把数据聚合起来的函数，例如，对工资数据库中所有员工的实发工资求和、求平均数等，MySQL 的主要聚合函数及其功能说明如下。

求和函数：SUM([DISTINCT] Expr)，返回 Expr 的总和。

求平均值函数：AVG([DISTINCT] Expr)，返回 Expr 的平均值，DISTINCT 选项可用于返回 Expr 的不同值的平均值。

算数量函数：COUNT(Expr)，用来计算表中满足条件的记录条数。

求最大值函数：MAX([DISTINCT] Expr)，用来计算表中满足条件的数的最大值。

求最小值函数：MIN([DISTINCT] Expr)，用来计算表中满足条件的数的最小值。

3．字符串函数

字符串长度函数：CHAR_LENGTH(str)函数的返回值为字符串 str 所包含的字符个数，LENGTH(str)函数的返回值为字符串 str 的字节长度。例如，CHAR_LENGTH('你是')=2，但 LENGTH('你是')=6。因为在使用 UTF8 编码字符集时，一个汉字是 3 字节，一个数字或字母是 1 字节。

拼接函数：CONCAT(str1,str2,…)，返回结果为连接参数产生的字符串。如有任何一个参数为 NULL，则返回值为 NULL。

重复函数：REPEAT(str,count)，返回一个由重复的字符串 str 组成的字符串，字符串 str 的数目为 count。若 count≤0，则返回一个空字符串。若 str 或 count 为 NULL，则返回 NULL。

定位函数 1：FIND_IN_SET(str,strlist)，返回 str 在 strlist 中的位置值。如果 str 不在 strlist 或 strlist 为空字符串，则返回值为 0；如果任意一个参数为 NULL，则返回值为 NULL。

定位函数 2：LOCATE(substr,str)或 LOCATE(substr,str,pos)。LOCATE(substr,str)返回字符串 str 中子字符串 substr 第一次出现的位置；LOCATE(substr,str,pos)返回字符串 str 中子字符串 substr 从 pos 开始第一次出现的位置，若 substr 不在 str 中，则返回值为 0。

定位函数 3：INSTR(str,substr)，返回字符串 str 中子字符串 substr 第一次出现的位置，与 LOCATE(substr,str)函数的功能相同。

左截取函数：LEFT(str,len)，返回字符串 str 最左侧 len 个字符。

右截取函数：RIGHT(str,len)，返回字符串 str 最右侧 len 个字符。

中间截取函数：SUBSTRING(str,pos)、SUBSTRING(str FROM pos)、SUBSTRING(str,pos,len)、SUBSTRING(str FROM pos FOR len)。不带 len 参数的 SUBSTRING 函数从字符串 str 返回一个从 pos 开始的子字符串；带有 len 参数的 SUBSTRING 函数从字符串 str 返回一个长度为 len、从 pos 开始的子字符串；使用 FROM 的格式为标准 SQL 语法。也可能对 pos 使用一个负值。若这样，则子字符串的位置起始于字符串结尾的 pos 字符,而不是字符串的开头位置。

大小写转换函数:LCASE(str),将字符串 str 转换为小写。

字符串替换函数:REPLACE(str,from_str,to_str),将字符串 str 中的子字符串 from_str 替换为子字符串 to_str。

反转函数:REVERSE(str),返回字符串 str 的反序。

空格字符串:SPACE(N),返回一个由 N 个空格组成的字符串。

4. 日期和时间函数

日期函数:CURDATE()、CURRENT_DATE(),按照年月日格式返回当前日期。

时间函数:CURTIME()、CURRENT_TIME(),按照时分秒格式返回当前时间。

日期时间函数:NOW(),返回当前日期和时间值。

求年份函数:YEAR(Expr),返回 Expr 中年的数值。

求月份函数:MONTH(Expr)、MONTHNAME(Expr),分别返回数值和字符串格式的月份。

求日数函数:DAYOFYEAR(Expr)、DAYOFWEEK(Expr)、DAYOFMONTH(Expr)函数分别返回这一天在一年、一星期及一个月中的序数。

时分秒函数:HOUR(Expr)、MINUTE(Expr)和 SECOND(Expr)分别返回时间值的小时、分钟和秒的部分。

5. 加密函数

AES 加密函数:AES_ENCRYPT(str,key_str),基于 AES 对称加密算法,用第二个参数 key_str 作为加密密钥,对第一个参数 str 进行加密。

AES 解密函数:AES_DECRYPT(crypt_str,key_str),基于 AES 对称加密算法,用第二个参数 key_str 作为解密密钥,对已加密的 crypt_str 进行解密。

密码字符串生成函数:PASSWORD(str),创建一个经过加密的密码字符串。

加密字符串函数 1:ENCRYPT(str[,salt]),该函数通过使用 UNIX crypt()系统调用来加密 str,并返回一个二进制串。其中 salt 变量是一个包含多于两个字符的字符串。如果 salt 没有给定,则使用一个随机值。如果 crypt()系统调用在用户的操作系统上不可用(Windows 操作系统便如此),该函数返回为 NULL。

加密字符串函数 2:ENCODE(str,pass_str),使用 pass_str 作为密码加密 str。

解密字符串函数:DECODE (crypt_str,pass_str),用 pass_str 解密 crypt_str。

MD5 数字摘要函数:MD5(str),返回字符串 str 的 MD5 校验和(128 位)。

SHA 数字摘要函数:SHA(str)或 SHA1(str),返回 str 的 SHA1 校验和(160 位)。

6. 格式化函数

数据内容格式化函数:FORMAT(X,D),将数字 X 的格式写成'#,###,###.##'格式,即保留小数点后 D 位,而第 D 位的保留方式为四舍五入,然后将结果以字符串的形式返回。若 D 为 0,则返回不带有小数点的结果或不含小数部分的结果。

日期、时间格式化函数:DATE_FORMAT(date,format)、TIME_FORMAT(time,format),根据 format 字符串格式化 date、time,format 的格式如下。

%S,%s:两位数字形式的秒(00,01,…,59)。

%I,%i:两位数字形式的分(00,01,…,59)。

%H：两位数字形式的小时,24 小时(00,01,…,23)。

%h：两位数字形式的小时,12 小时(01,02,…,12)。

%k：数字形式的小时,24 小时(0,1,…,23)。

%l：数字形式的小时,12 小时(1,2,…,12)。

%T：24 小时的时间形式(hh：mm：ss)。

%r：12 小时的时间形式(hh：mm：ss AM 或 hh：mm：ss PM)。

%p：AM 或 PM。

%W：一周中每一天的名称(Sunday,Monday,…,Saturday)。

%a：一周中每一天名称的缩写(Sun,Mon,…,Sat)。

%d：两位数字表示月中的天数(00,01,…,31)。

%e：数字形式表示月中的天数(1,2,…,31)。

%D：英文后缀表示月中的天数(1st,2nd,3rd,…)。

%w：以数字形式表示周中的天数(0＝Sunday,1＝Monday,…,6＝Saturday)。

%j：以三位数字表示年中的天数(001,002,…,366)。

%U：周(0,1,…,52),其中 Sunday 为周中的第一天。

%u：周(0,1,…,52),其中 Monday 为周中的第一天。

%M：月名(January,February,…,December)。

%b：缩写的月名(Jan,Feb,…,Dec)。

%m：两位数字表示的月份(01,02,…,12)。

%c：数字表示的月份(1,2,…,12)。

%Y：四位数字表示的年份。

%y：两位数字表示的年份。

%％：直接值"％"。

3.3.8　MySQL 运算符

1. 算术运算符

算术运算符有＋(加)、－(减)、＊(乘)、/(除)、％(求模)和 DIV(整除)6 种。注意就＋(加)、－(减)、＊(乘)而言,若两个参数均为整数,则其计算结果的精确度为 BIGINT(64 比特),若其中一个参数为无符号整数,而其他参数也是整数,则结果为无符号整数。

2. 比较运算符

比较运算符(又称关系运算符),用于比较两个表达式的值,其运算结果为逻辑值,可以为三种之一:1(真)、0(假)和 NULL(不确定)。MySQL 的比较运算符以及含义如表 3.2 所示。

表 3.2　MySQL 的比较运算符以及含义

运　算　符	含　　义	运　算　符	含　　义
=	等于	<=	小于或等于
>	大于	<>、!=	不等于
<	小于	<=>	相等或都等于空时返回 True
>=	大于或等于		

3. 逻辑运算符

逻辑运算符用于对某个条件进行测试,运算结果为 TRUE(1)或 FALSE(0)。MySQL 提供的逻辑运算符及其作用如表 3.3 所示。

表 3.3　逻辑运算符及其作用

运　算　符	作　　用	运　算　符	作　　用
NOT 或!	逻辑非	OR 或||	逻辑或
AND 或 &&	逻辑与	XOR	逻辑异或

4. 位运算符

位运算符在两个表达式之间执行二进制位操作,这两个表达式的类型可为整型或与整型兼容的数据类型,如字符型(不能为 Image 类型)。位运算符及其运算规则如表 3.4 所示。

表 3.4　位运算符及其运算规则

运　算　符	运　算　规　则	运　算　符	运　算　规　则
&	按位与	~	按位取反
|	按位或	>>	按位右移
^	按位异或	<<	按位左移

3.3.9　MySQL 表达式

MySQL 表达式是由 MySQL 常量、变量、列名(字段名)、复杂计算、运算符和函数的组合。一个表达式通常可以得到一个值。与常量和变量一样,表达式的值也具有某种数据类型,可能的数据类型有字符类型、数值类型、日期时间类型。根据表达式的值的类型,表达式可分为字符型表达式、数值型表达式和日期型表达式。

在 MySQL 中,当表达式的结果只是一个值(如一个数值、一个单词或一个日期),这种表达式叫作标量表达式,例如 1+2,'a'>'b'。当表达式的结果是由不同类型数据组成的一行值,这种表达式叫作行表达式,例如('081101','王林','计算机',500)。当表达式的结果为 0 个、1 个或多个行表达式的集合,那么这个表达式就叫作表的表达式。

表达式一般用在 SELECT 及 SELECT 语句的 WHERE 子句中,具体用法在后续项目中讲述。

3.4　任务小结

本项目主要介绍了 MySQL 中数据库级的 SQL 语句、数据表级的 SQL 语句、表记录的 SQL 语句的具体用法,详细介绍了 MySQL 在 SQL 语句中各种基本元素(如常量、变量、运算符、表达式、函数)的具体使用,掌握这些知识要点为下一步深入学习 MySQL 打下坚实的基础。

与本项目相关的经验如下:

MySQL 在 Windows 操作系统下不区分大小写。如果想在查询时区分搜索字段值的大小写,则字段值需要设置 BINARY 属性,设置办法如下。

- 创建时设置：CREATE TABLE T(A VARCHAR(10) BINARY)。
- 使用 ALTER 修改：ALTER TABLE `tablename` MODIFY COLUMN `cloname` VARCHAR(45) BINARY。
- MySQL TABLE EDITOR 中直接勾选 BINARY 项。

MySQL 在 Linux 操作系统下，数据库名、表名、列名、别名大小写规则如下。

- 数据库名与表名严格区分大小写。
- 表的别名是严格区分大小写的。
- 列名与列的别名在所有的情况下都忽略大小写。
- 变量名也是严格区分大小写的。

3.5　拓展提高

3.5.1　MySQL 复杂运算

1. 关系运算

关系的基本运算有两类：一类是传统的集合运算（并、差、交等），另一类是专门的关系运算（选择、投影、连接等）。

传统的集合运算有以下几种。

- 并(UNION)：设有两个关系 R 和 S，它们具有相同的结构。R 和 S 的并是由属于 R 或属于 S 的元组组成的集合，运算符为∪。记为 T=R∪S。
- 差(DIFFERENCE)：R 和 S 的差是由属于 R 但不属于 S 的元组组成的集合，运算符为－。记为 T=R−S。
- 交(INTERSECTION)：R 和 S 的交是由既属于 R 又属于 S 的元组组成的集合，运算符为∩。记为 T=R∩S 或 R∩S=R−(R−S)。

MySQL 只支持 Union(并集)集合运算，而且是 MySQL 4.0 以后才有此功能；但是对于交集和差集未实现。

MySQL 的并集运算有 UNION 和 UNION ALL 两个，主要区别是 UNION 对两个结果集进行并集操作，重复数据只显示一次；而 UNION ALL，对两个结果集进行并集操作，重复数据全部显示。

2. 选择运算

从关系中找出满足给定条件的那些元组称为选择。其中的条件是以逻辑表达式给出的，值为真的元组将被选取。这种运算是从水平方向抽取元组。选择是单目运算，其运算对象是一个表。该运算按给定的条件，从表中选出满足条件的行形成一个新表作为运算结果。

可以记作：$s_F(R)=\{t|t\in R\wedge F(t)='真'\}$。

其中下标 F 表示选择条件，它是一个逻辑表达式，取逻辑值"真"或"假"。R 表示关系，也就是 MySQL 中的数据表。因此，选择运算是从关系 R 中选取使逻辑表达式 F 为真的元组。

3. 投影运算

从关系模式中挑选若干属性组成新的关系称为投影。这是从列的角度进行的运算，相

当于对关系进行垂直分解。投影是单目运算,该运算从表中选出指定的属性值组成一个新表,即关系 R 上的投影是从 R 中选择出若干属性列组成新的关系。记作:∏A(R)＝{t[A]|t∈R},其中 A 为 R 中的属性列(即列名)表,R 是表名即关系。

4. 连接运算

连接运算是根据给定的条件,从两个已知关系 R 和 S 的笛卡儿积中,选取满足连接条件(属性之间)的若干元组组成新的关系。

记作:(R)$\underset{F}{><}$(S)。

其中 F 是选择条件。假设 A 和 B 分别为 R 和 S 上度数相等且可比的属性组。连接运算从 R 和 S 的笛卡儿积 R×S 中选取关系 R 在 A 属性组上的值与关系 S 在 B 属性组上值满足比较关系 F 的元组。

连接运算有四种最为重要也是最为常用的连接,即条件连接、等值连接、自然连接和外连接,它们的含义分别如下。

- 条件连接:从两个关系的笛卡儿积中选取属性间满足一定条件的元组。
- 等值连接:从关系 R 与 S 的笛卡儿积中选取 A 和 B 属性值相等的那些元组。其查询结果中列出被连接关系(表)中的所有列,包括其中的重复列。
- 自然连接:也是等值连接,是数据库应用中最常用的连接。它从两个关系的笛卡儿积中,选取公共属性满足等值条件的元组,但新关系不包含重复的属性。一般的连接是从行的角度进行运算的,但自然连接还需要取消重复列,所以是同时从行和列的角度进行运算的。
- 外连接:内连接时,返回查询结果集合中的仅是符合查询条件(WHERE 搜索条件或 HAVING 条件)和连接条件的行。而采用外连接时,它返回到查询结果集合中的不仅包含符合连接条件的行,而且还包括左表(左外连接时)、右表(右外连接时)或两个表(全外连接)中的所有数据行。

3.5.2 数据类型选择

MySQL 提供大量的数据类型,为了优化存储,提高数据库性能,在任何情况下均应使用最精确的类型,即在所有可以表示该列值的类型中,该类型使用的存储最少。

1. 整数和浮点数

如果不需要小数部分,则使用整数来保存数据;如果需要表示小数部分,则用浮点数类型。对于浮点数据列,存入的数据会对该列定义的小数位进行四舍五入。例如,如果列的值的范围为 1～99999,若使用整数,则 MEDIUMINT UNSIGNED 是最好的类型;若需要存储小数,则使用 FLOAT 类型。

浮点类型包括 FLOAT 和 DOUBLE 类型。DOUBLE 类型精度比 FLOAT 类型高,因此,若要求存储精度较高时,应选择 DOUBLE 类型。

2. 浮点数和定点数

浮点数 FLOAT 和 DOUBLE 类型相对于定点数 DECIMAL 类型的优势是:在长度一定的情况下,浮点数能表示更大的数据范围。但是由于浮点数容易产生误差,因此对精度要求比较高时,建议使用 DECIMAL 类型来存储。DECIMAL 类型在 MySQL 中是以字符串存储的,用于定义货币等对精度要求较高的数据。在数据迁移中,FLOAT(M,D)是非标准

SQL 语言定义,数据库迁移可能会出现问题,最好不要这样使用。另外,两个浮点数进行减法和比较运算时也容易出问题,因此在进行计算时,一定要小心。如果进行数值比较,最好使用 DECIMAL 类型。

3. 日期与时间类型

MySQL 对于不同种类的日期和时间有很多的数据类型,例如 YEAR 类型和 TIME 类型。如果只需要记录年份,则使用 YEAR 类型即可;如果只记录时间,使用 TIME 类型。

如果同时需要记录日期和时间,则可以使用 TIMESTAMP 类型或者 DATETIME 类型。由于 TIMESTAMP 类型列的取值范围小于 DATETIME 类型的取值范围,因此存储范围较大的日期最好使用 DATETIME 类型。DATETIME 类型的年份可取 1000~9999,而 TIMESTAMP 类型的年份可取 1970~2037,还有就是 TIMESTAMP 类型在插入带微秒的日期时间时将微秒忽略。TIMESTAMP 类型还支持时区,即在不同时区转换为相应时间。

TIMESTAMP 类型还有一个 DATETIME 类型不具备的属性。默认的情况下,当插入一条记录但并没有指定 TIMESTAMP 类型这个列值时,MySQL 会把 TIMEATAMP 类型列设为当前的时间。因此当需要插入记录同时插入当前时间时,使用 TIMESTAMP 类型是方便的,另外,TIMESTAMP 类型在空间上比 DATETIME 类型更有效。

4. CHAR 类型与 VARCHAR 类型的特点与选择

CHAR 类型与 VARCHAR 类型的区别。

CHAR 类型是固定长度字符,VARCHAR 类型是可变长度字符;CHAR 类型会自动删除插入数据的尾部空格,VARCHAR 类型不会删除尾部空格。CHAR 类型是固定长度,所以它的处理速度比 VARCHAR 类型的速度要快,但是它的缺点是浪费存储空间。用户可根据实际需求选择使用。

存储引擎对于选择 CHAR 类型和 VARCHAR 类型的影响如下。

对于 MyISAM 存储引擎:最好使用固定长度的数据列代替可变长度的数据列。这样可以使整个表静态化,从而使数据检索更快,用空间换时间。

对于 InnoDB 存储引擎:使用可变长度的数据列,InnoDB 数据表的存储格式不分固定长度和可变长度,因此使用 CHAR 类型不一定比使用 VARCHAR 类型更好。但由于 VARCHAR 类型是按照实际的长度存储,比较节省空间,所以对磁盘 I/O 和数据存储总量比较好。

5. ENUM 类型和 SET 类型

ENUM 类型只能取单值,它的数据列表是一个枚举集合。它的合法取值列表最多允许有 65 535 个成员。因此,在需要从多个值中选取一个时,可以使用 ENUM 类型。例如,性别字段适合定义为 ENUM 类型,每次只能从"男"或"女"中取一个值。

SET 类型可取多值。它的合法取值列表最多允许有 64 个成员。空字符串也是一个合法的 SET 类型值。在需要取多个值时,适合使用 SET 类型。例如,要存储一个人的兴趣爱好,最好使用 SET 类型。

ENUM 类型和 SET 类型的值是以字符串形式出现的,但在内部,MySQL 以数值的形式存储它们。

6. BLOB 类型和 TEXT 类型

BLOB 类型是二进制字符串，主要存储图片、音频信息；TEXT 类型是非二进制字符串，只能存储纯文本文件。

自测与实验 3.1　教务管理数据库和数据表创建

1. 实验目的

（1）验证用命令建立 MySQL 8 数据库。

（2）验证用命令建立 MySQL 8 数据表。

2. 实验环境

（1）PC 一台。

（2）MySQL 8 数据库。

3. 实验内容

（1）用本项目相关知识与实例所述的方法建立 MySQL 8 数据库。

（2）用本项目相关知识与实例所述的方法建立 MySQL 8 数据表。

4. 实验步骤

参照相关知识与实例。

自测与实验 3.2　教务管理数据表信息的插入、删除、修改

1. 实验目的

（1）验证用命令的方法在 MySQL 8 数据表中插入新记录。

（2）验证用命令的方法删除 MySQL 8 数据表中的记录。

（3）验证用命令的方法修改 MySQL 8 数据表中的记录。

2. 实验环境

（1）PC 一台。

（2）MySQL 8 数据库。

3. 实验内容

（1）用本项目相关知识与实例所述的方法在 MySQL 8 数据表中插入新记录。

（2）用本项目相关知识与实例所述的方法删除 MySQL 8 数据表中的记录。

（3）用本项目相关知识与实例所述的方法修改 MySQL 8 数据表中的记录。

4. 实验步骤

参照相关知识与实例。

项目 4

MySQL 8数据库的查询与优化

4.1 项目描述

可以回忆一下,平时上网使用最多的是什么功能? 没错,就是查询功能。不管上网购物、上网买火车票、上网看电影、上网聊天,还是上网查期末考试成绩,这些功能需要做的必不可少的一步就是查询。所以,一个系统或者网站,建立之后最常用的功能就是查询,SELECT 语句也是 SQL 语言中最常用的数据查询语句,并且如何使用它也最为复杂,可能会涉及多个表的大量数据。

本项目旨在通过实际操作,让读者学会 MySQL 8 数据库的查询和优化,具体任务包括以下三方面。

(1) 掌握 MySQL 8 数据库查询基础。

(2) 掌握 MySQL 8 数据库查询优化基础。

(3) 利用 MySQL 8 数据库查询进行项目开发。

4.2 任务解析

在关系数据库中,任何数据都表示为行和列组成的表,而每条 SELECT 语句的结果也是一个行和列组成的临时表。SELECT 语句功能强大,结构复杂,使用灵活,不同的项目会用到不同的查询语句。本项目先通过基础知识的讲解,将读者领进 MySQL 8 查询的大门,然后通过"教务管理系统"来介绍查询在具体项目中的应用,包括学生、教师、教室、课程、部门、选课、授课信息查询,涵盖了模糊查询、不定条件查询、连接查询等一系列简单或复杂的查询,让读者能够真正掌握查询功能的使用。

4.3 相关知识

视频讲解

4.3.1 SELECT 语句

数据库存储数据的主要目的是方便用户查询,并对查询结果进行统计分析,SELECT 语句是 MySQL 8 的查询语句,可以完成在一个或者多个表中进行数据查询。SELECT 语句根据用户的查询标准,从数据库中选择匹配的行、列形成新的表,可以是一条数据,也可以是多条数据,甚至是上万条数据。

在 MySQL 8 中,SELECT 语句的语法格式如下:

```
SELECT
    [ALL | DISTINCT | DISTINCTROW ]
    [HIGH_PRIORITY]
    [STRAIGHT_JOIN]
    [SQL_SMALL_RESULT] [SQL_BIG_RESULT] [SQL_BUFFER_RESULT]
    [SQL_CACHE | SQL_NO_CACHE] [SQL_CALC_FOUND_ROWS]
    select_expr, …
    [INTO OUTFILE 'file_name' export_options
    | INTO DUMPFILE 'file_name']
    [FROM table_references]                        /* 从何处查询 */
    [WHERE where_definition]                        /* 有什么限制条件 */
    [GROUP BY {col_name | expr | position}          /* 对结果进行分组 */
    [ASC | DESC], … [WITH ROLLUP]]
    [HAVING where_definition]                        /* 查询结果应满足的条件 */
    [ORDER BY {col_name | expr | position}          /* 对结果进行排序 */
    [ASC | DESC] , … ]
    [LIMIT {[offset,] row_count | row_count OFFSET offset}]; /* 限定返回结果 */
```

在以上的语法格式中,中括号内的内容都是可选项。最简单的 SELECT 语句是 SELECT select_expr。select_expr 是指要选择的内容,可以是数据表中具体的列。

语法说明如下。

[ALL | DISTINCT | DISTINCTROW]:这几个选项指定返回的是全部内容还是非重复内容。ALL 表示返回全部结果,DISTINCT 和 DISTINCTROW 同义,指重复行不被重复返回,用以消除查询结果集中的重复行。

[STRAIGHT_JOIN]:如果优化器以非最佳次序连接表,使用 STRAIGHT_JOIN 可以加快查询。

[HIGH_PRIORITY]:将赋予 SELECT 语句更高的优先级,使之可以进行一次优先的快速查询。

[SQL_SMALL_RESULT] [SQL_BIG_RESULT]:通常与 GROUP BY、DISTINCT 或 DISTINCTROW 一起使用。SQL_SMALL_RESULT 告知优化器结果会很小,要求 MySQL 使用临时表存储最终的表而不是使用排序;反之,SQL_BIG_RESULT 告知优化器结果会很大,要求 MySQL 使用排序而不是做临时表。

[SQL_BUFFER_RESULT]:促使结果被放入一个临时表中。这可以帮助 MySQL 提前解开表锁定,在需要花费较长时间的情况下,也可以帮助把结果集发送到客户端中。

[SQL_CACHE | SQL_NO_CACHE]:是否把查询结果存入缓存。

[SQL_CALC_FOUND_ROWS]:告知 MySQL 计算有多少行应位于结果集中,不考虑任何 LIMIT 子句。

要注意的是,HIGH_PRIORITY,STRAIGHT_JOIN 和以 SQL_ 为开头的选项是 MySQL 相对于标准 SQL 的扩展。这些关键词的使用方法的确比较晦涩。幸运的是,绝大多数情况下,在 MySQL 中完全可以选择不使用这几个关键词。所以,语法中的这部分内容,读者可以根据自己的情况选择性学习。

下面来学习常用的 SELECT 子句。

4.3.2　选择列

1. 基本查询

前面介绍过，select_expr 指的是要查询的列，下面来看具体的例子。

【例 4.1】　查询 jwgl 数据库中的学生信息表（表名：student）中的学号（字段名：Sno）、姓名（字段名：Sname）、性别（字段名：Ssex）、出生年月（字段名：Sbirth）、专业（字段名：Smajor）、联系电话（字段名：Sphone）。查询语句如下：

```
SELECT * FROM jwgl.student;
```

在 MySQL Workbench 中查询学生信息表中信息的结果如图 4.1 所示。

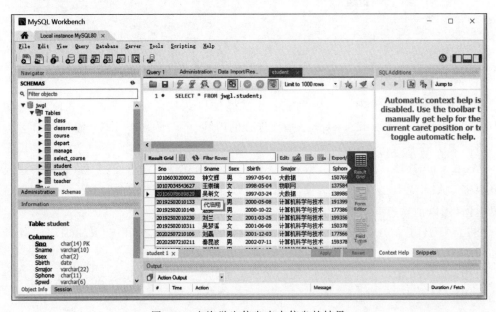

图 4.1　查询学生信息表中信息的结果

注释：一般地，MySQL 数据库服务器中会保存多个数据库，本例中 SELECT * FROM jwgl. student 中的 jwgl. student 表示的是数据库 jwgl 的学生信息表（表名：student）。

在实际的工程应用编程过程中，用户可根据程序的上下文信息，若当前已打开了数据库 jwgl，则可将 SELECT * FROM jwgl. student 语句中的 jwgl. student 替换为 student，也就是说，本例中的 SELECT 语句可简化为：

```
SELECT * FROM student;
```

【例 4.2】　查询 jwgl 数据库中学生信息表（表名：student）中性别为"男"的学生学号（字段名：Sno）、姓名（字段名：Sname）和联系电话（字段名：Sphone）。查询语句如下：

```
SELECT Sno,Sname,Sphone FROM student WHERE Ssex = '男';
```

在 MySQL Workbench 中查询学生信息表中性别为"男"的结果如图 4.2 所示。

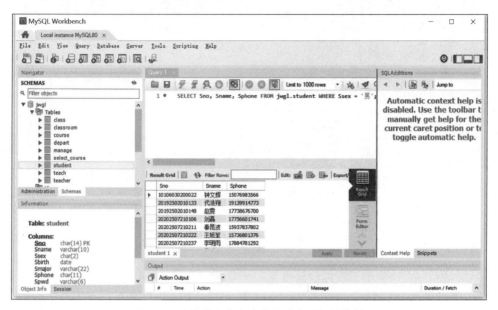

图 4.2　查询学生信息表中性别为"男"的结果

2. 列别名

在实际应用中,数据库的设计人员和使用人员大都不同,为使用户更简单、方便地使用数据库,在数据库查询时可以以便于理解的方式显示列名(如以中文方式显示)。这时,可使用 AS 语句对列名重命名。

语法格式如下:

```
SELECT old_name AS new_name
```

语法说明:old_name 代表数据表的原列名称(即字段名),new_name 代表列的别名;该语句中的 AS 也可替换为小写的 as。

【例 4.3】　查询学生信息表中的学生学号(字段名:Sno)、姓名(字段名:Sname)、性别(字段名:Ssex)、联系电话(字段名:Sphone),并以中文显示列名。查询语句如下:

```
SELECT Sno as 学号,Sname as 姓名,Ssex as 性别,Sphone as 联系电话 FROM jwgl.student;
```

在 MySQL Workbench 中查询学生信息表列别名的结果如图 4.3 所示。

注释:如果在列别名中包含空格,一定要使用引号括起来。列别名还可以用于 FROM、GROUP BY、ORDER BY 或 HAVING 子句。但是在 WHERE 子句中使用列别名是不允许的,因为当执行 WHERE 子句时,列值可能还没有被确定。

3. 消除重复行

对数据表进行查询时,如果只查询部分列而不是全部,可能会查询到重复的信息。例

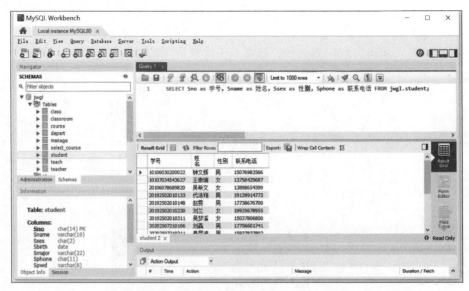

图 4.3　查询学生信息表列别名的结果

如，若只查询 examinfo 表中的考试科目和考试时间，就会出现大量的重复信息，因为一个考场内的考生都是同样的考试科目和考试时间。这时，可以使用 DISTINCT 关键字消除重复行。

【例 4.4】　查询 depart 表中所有不同的部门地点（字段名：Depart_place）。查询语句如下：

```
SELECT DISTINCT
    Depart_place
FROM
    jwgl.depart;
```

在 MySQL Workbench 中查询 depart 表中所有不同部门地点的结果如图 4.4 所示。

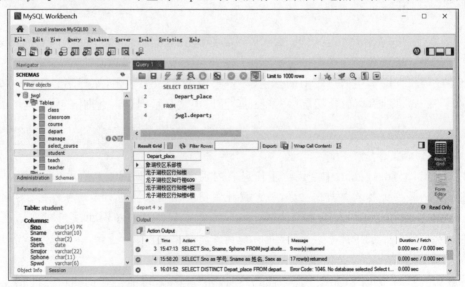

图 4.4　查询 depart 表中所有不同部门地点的结果

4.3.3　FROM 子句

与低版本的 MySQL 一样，MySQL 8 中的 FROM 子句规定了数据查询的来源，是 SELECT 查询的对象。

单表查询是最简单的查询，在前述项目中其实已经使用过单表查询。这里来看一个简单的例子。

视频讲解

【例 4.5】　查询 jwgl 数据库中的学生信息表（表名：student）中的全部学生信息。在 MySQL Workbench 中的操作命令如下：

```
SELECT * FROM jwgl.student;
```

在 MySQL Workbench 中查询学生信息表中全部学生信息的结果如图 4.5 所示。

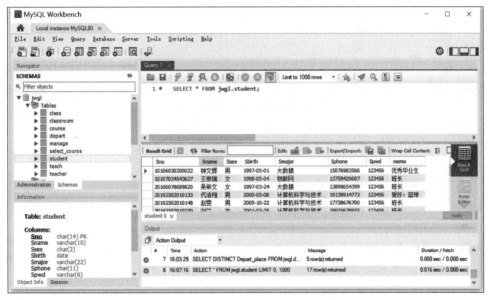

图 4.5　查询学生信息表中全部学生信息的结果

注释："＊"代表全部，也就是查询学生信息表中的全部列的数据。另外可以看到，这个例子中，在学生信息表前，加入了前缀 jwgl，指明了学生信息表来源于 jwgl 数据库。若当前使用的数据库是 jwgl 数据库，则前缀 jwgl 可以省略。

在真实的数据库系统应用项目中，多表查询远多于单表查询。多表查询的数据来源于多个表，查询复杂度高，代码难度大。可以通过全连接或者 JOIN 连接来进行多表查询。

1. 全连接

在 MySQL 8 中用 SELECT 语句对多个表的数据进行联合检索时，需将每个表名之间用逗号分隔。这样，每个表的数据行都会和其他表的数据行进行交叉组合，查询结果就是笛卡儿积。不过，正常情况下，查询都会有一定的限制，不会是毫无意义的全连接。

【例 4.6】　查询所有班级的班长学号（字段名：Sno）、姓名（字段名：Sname）、性别（字段名：Ssex）、班级名称（字段名：Cname）。

查询语句如下：

```
SELECT
    student.Sno,Sname,Ssex,class.Cname
FROM
    student,class
WHERE
    student.Sno = class.Sno;
```

在 MySQL Workbench 中查询所有班级的班长信息的结果如图 4.6 所示。

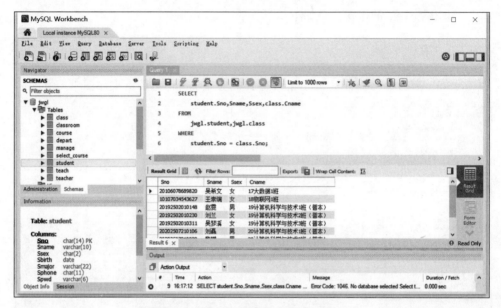

图 4.6　查询所有班级的班长信息的结果

注释：当同一个字段在多个表中同时出现时，必须指明此字段来源于哪个表，所以这里必须在 Sno 前加上表名 student。如果不加，则会出现如下错误。

```
1052 - Column 'Sno' in field list is ambiguous
```

这个错误的意思是：不清楚 Sno 的来源，产生混淆。

【例 4.7】　查找性别为"女"的所有班级的班长学号（字段名：Sno）、姓名（字段名：Sname）、班级（字段名：Cname）、联系电话（字段名：Sphone）。

查询语句如下：

```
SELECT
    student.Sno,Sname,Ssex,class.Cname,Sphone
FROM
    student,class
WHERE
    student.Sno = class.Sno
AND student.Ssex = '女';
```

在 MySQL Workbench 中查询性别为"女"的所有班级班长信息的结果如图 4.7 所示。

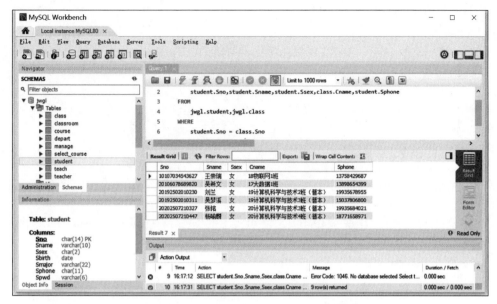

图 4.7　查询性别为"女"的所有班级班长信息的结果

2. JOIN 连接

MySQL 支持以下 JOIN 语法。这些语法用于 SELECT 语句的 table_references 部分和多表 DELETE 和 UPDATE 语句。

join_table：

```
table_reference [INNER | CROSS] JOIN table_factor [join_condition]
| table_reference STRAIGHT_JOIN table_factor
| table_reference STRAIGHT_JOIN table_factor ON condition
| table_reference LEFT [OUTER] JOIN table_reference join_condition
| table_reference NATURAL [LEFT [OUTER]] JOIN table_factor
| table_reference RIGHT [OUTER] JOIN table_reference join_condition
| table_reference NATURAL [RIGHT [OUTER]] JOIN table_factor
```

其中，join_condition：

```
ON conditional_expr
| USING (column_list)
```

说明：table_reference 指定了要连接的表，ON conditional_expr 指定了连接条件。
JOIN 按照功能大致分为如下三类。

- INNER JOIN（内连接或等值连接）：取两个表中存在连接匹配关系的记录。
- LEFT JOIN（左连接）：取得左表（table1）完全记录，即右表（table2）并无对应匹配记录。
- RIGHT JOIN（右连接）：与 LEFT JOIN 相反，取得右表（table2）完全记录，即左表（table1）并无匹配对应记录。

注意：MySQL 不支持 FULL JOIN，不过可以通过 UNION 关键字来合并 LEFT JOIN

与 RIGHT JOIN 来模拟 FULL JOIN。

1）内连接

【例 4.8】 使用 JOIN 语句实现例 4.7 中的查询。

查询语句如下：

```
SELECT
    student. Sno, student. Sname, student. Ssex, class. Cname, student. Sphone
FROM
    jwgl. student JOIN jwgl. class
ON student. Sno = class. Sno
WHERE student. Ssex = '女';
```

在 MySQL Workbench 中使用 JOIN 语句实现的例 4.7 中查询的结果如图 4.8 所示。

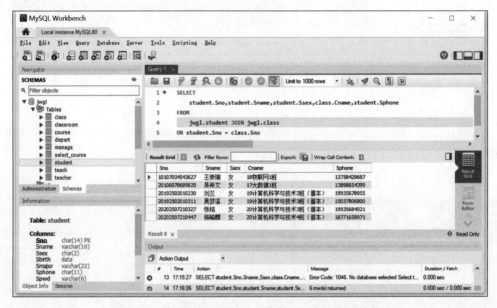

图 4.8　使用 JOIN 语句实现的例 4.7 中查询的结果

　　注释：如果没有特殊声明，则默认为内连接，可以省略语法里看到的 INNER 关键字。可以看到，两种不同的查询，查询内容是不变的，查询所依据的关联字段也是不变的，只是使用了不同的查询方法，不同的 SQL 语句。

　　如果要连接的表中列名相同，可以使用 USING 子句。

　　【例 4.9】 查询所有 jwgl 数据库中的授课表（表名：teach）的老师名单（字段名：Teacher_name）。

　　查询语句如下：

```
SELECT
    DISTINCT Teacher_name
FROM
    teacher
JOIN teach USING (Teacher_no);
```

在 MySQL Workbench 中查询结果如图 4.9 所示。

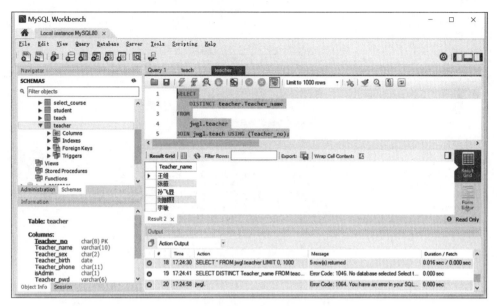

图 4.9 查询授课表中老师名单的结果

【例 4.10】 在 jwgl 数据库中查询专业为计算机科学与技术且年龄大于 19 岁的班长的姓名(字段名：Sname)、学号(字段名：Sno)、所在班级(字段名：Cname)、所选课程编号(字段名：course_number_select)以及该课程分数(字段名：score)。

查询语句如下：

```
SELECT
    Sname, student. Sno, class. Cname, course_number_select, score
FROM
    student
JOIN class ON student. Sno = class. Sno
JOIN select_course ON student. Sno = select_course. Sno_select
WHERE
    student. Smajor = '计算机科学与技术'
AND YEAR (NOW()) - YEAR (student. Sbirth) > 19;
```

在 MySQL Workbench 中,将 jwgl 数据库设置为默认数据库(方法：右击 jwgl 数据库,在弹出的快捷菜单中选择 Select as Default Schema 命令),查询结果如图 4.10 所示。

注释：当三表关联查询时,需要使用两次 JOIN 语句,可以将所需要的数据从三个表中查询出来。可以将第一次 JOIN 连接后的结果看作一个新的临时表,然后再执行第二条 JOIN 语句,和 class 表连接。虽然在第二条 JOIN 语句里只有 student 表和 select_course 表,但依然可以使用 class 表中的字段。

三表连接同样可以使用 JOIN 方法,此例还可以用以下 SQL 代码查询。

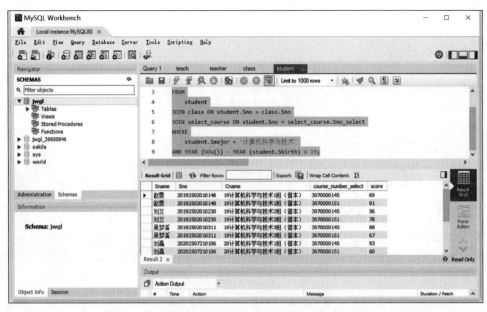

图 4.10　查询专业为计算机科学与技术且年龄大于 19 岁的班长信息的结果

```
SELECT
    Sname,student.Sno,class.Cname,course_number_select,score
FROM
    student,class,select_course
WHERE
    student.Sno = class.Sno AND student.Sno = select_course.Sno_select
AND student.Smajor = '计算机科学与技术'
AND YEAR (NOW()) - YEAR (student.Sbirth) > 19;
```

2）外连接

通过 JOIN 连接的语法可以看到，外连接包括两个关键字：LEFT JOIN 和 RIGHT JOIN。

- LEFT JOIN（左外连接）：指的是将 JOIN 关键字左边表的全部内容查询出来，并将 JOIN 关键字右边表中符合查询条件的内容也查询出来，形成新的查询结果表。如果右边表中没有符合条件的匹配信息，则设置为 NULL。
- RIGHT JOIN（右外连接）：和左外连接刚好相反，指的是将 JOIN 关键字右边表的全部内容查询出来，并将 JOIN 关键字左边表中符合查询条件的内容也查询出来，形成新的查询结果表。如果左边表中没有符合条件的匹配信息，则设置为 NULL。

【例 4.11】　查询所有学生的姓名（字段名：Sname）、学号（字段名：Sno）、性别（字段名：Ssex），以及男生的选课课程号（字段名：course_number_select）及该课程成绩（字段名：score）。

查询语句如下：

```
SELECT
    Sname,Sno,Ssex,course_number_select,score
```

```
FROM
    student
LEFT JOIN select_course ON student.Sno = select_course.Sno_select
AND Ssex = '男';
```

在 MySQL Workbench 中的查询结果如图 4.11 所示。

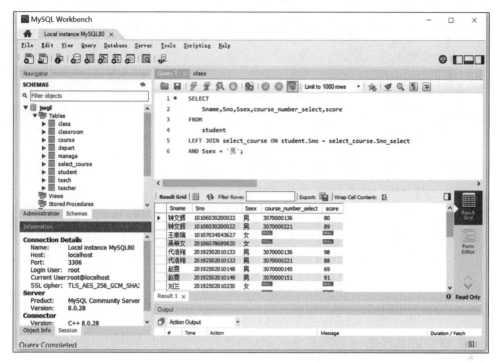

图 4.11　查询所有学生的信息及男生选课信息的结果

注释：本例中，不管是否匹配，所有的学生信息都会被查询出来，而只有男生的选课课程号和该课程成绩才会被查询显示。如果不使用左外连接，则只显示符合查询条件的学生信息。

【例 4.12】　查询所有课程的课程号(字段名：course_number_select)以及选择了该课程并且性别为"男"的学生姓名(字段名：Sname)。

查询语句如下：

```
SELECT
    course_number_select,Sname
FROM
    student
RIGHT JOIN select_course ON student.Sno = select_course.Sno_select
AND Ssex = '男';
```

在 MySQL Workbench 中的查询结果如图 4.12 所示。

注释：本例和例 4.11 相反，会显示所有的课程，不管是否有学生选了该门课，并只会显示性别为"男"的学生姓名，而不再显示性别为"女"的学生信息。

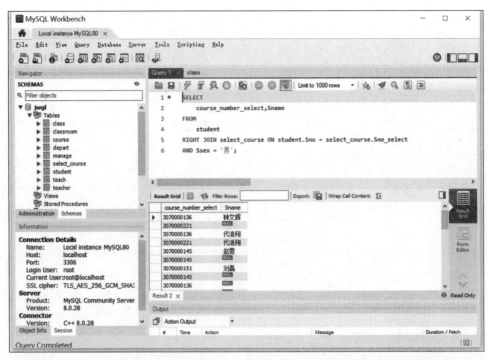

图 4.12　查询所有课程的课程号以及选择该课程且性别为"男"的学生姓名的结果

在 JOIN 语法中,还有 CROSS 关键字,指的是交叉连接,也就是连接两个表后,获取所有的连接可能,结果是笛卡儿积。使用方法和 INNER JOIN 基本相同,这里不再详述。

4.3.4　WHERE 子句

视频讲解

本节针对 MySQL 8,将详细介绍 WHERE 子句的用法。WHERE 子句紧跟在 FROM 子句之后,并对查询内容进一步进行限制。如果查询内容符合 WHERE 子句的判断,则返回符合的行,否则不再返回。

WHERE 子句可以由函数和表达式组成,函数部分请参考本书项目 3,这里主要介绍比较运算、模式匹配、范围比较、子查询。同时 WHERE 子句也可以运用于 SQL 的 DELETE 或者 UPDATE 命令。

1. 比较运算

比较运算符用于比较两个表达式,其类型如表 4.1 所示。

表 4.1　比较运算符类型

运算符	描　　述
=	等号,检测两个值是否相等,如果相等返回 TRUE
<>,!=	不等于,检测两个值是否相等,如果不相等返回 TRUE
>	大于号,检测左边的值是否大于右边的值,如果左边的值大于右边的值返回 TRUE
<	小于号,检测左边的值是否小于右边的值,如果左边的值小于右边的值返回 TRUE
>=	大于或等于号,检测左边的值是否大于或等于右边的值,如果左边的值大于或等于右边的值返回 TRUE

运算符	描　述
<=	小于或等于号,检测左边的值是否小于或等于右边的值,如果左边的值小于或等于右边的值返回 TRUE

【例 4.13】　查询年龄大于 21 岁的学生学号(字段名:Sno)、姓名(字段名:Sname)、性别(字段名:Ssex)、联系电话(字段名:Sphone)。

查询语句如下:

```
SELECT
    Sno,Sname,Ssex,Sphone
FROM
    student
WHERE
    YEAR (now()) - YEAR (Sbirth) > 21;
```

在 MySQL Workbench 中的查询结果如图 4.13 所示。

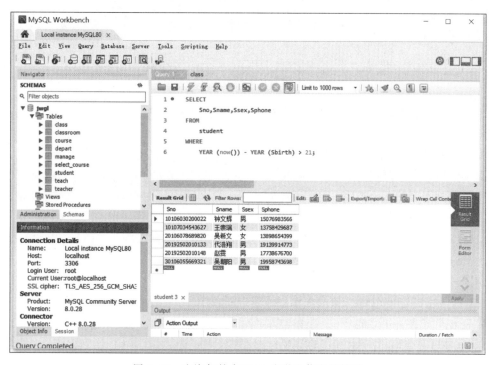

图 4.13　查询年龄大于 21 岁学生信息的结果

注释:函数和比较运算可以结合使用,本例中就使用到了日期时间函数以及比较运算。

【例 4.14】　查询备注(字段名:memo)为空的学生基本信息。

查询语句如下:

```
SELECT * FROM student WHERE memo IS NULL;
```

在 MySQL Workbench 中的查询结果如图 4.14 所示。

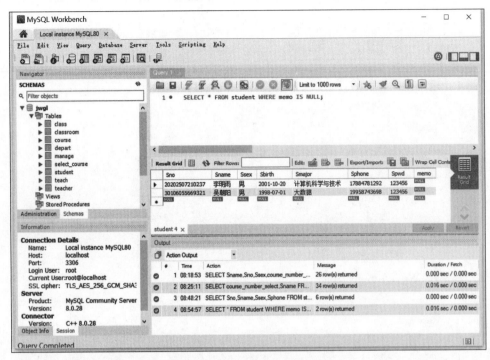

图 4.14　查询备注为空学生信息的结果

说明：一般不建议进行空值比较，因为这样会降低查询效率。

2. 模式匹配

在查询数据时，可能只想查询某列部分内容，或者并不清楚想查询的具体内容。例如，想查询一个班学生的姓氏，这时查询的只是姓名列的开始部分。再例如，上网查询论文，往往只会查询某个关键词，而不是具体的某个文章名字。这些查询称为模糊查询，也就是查询条件不确定，要用到模式匹配。

MySQL 8 支持标准的 SQL 模式匹配（LIKE），以及一种基于像 UNIX 实用程序如 vi、grep 和 sed 的扩展正则表达式模式匹配的格式（REGEXP）。

（1）LIKE 匹配

LIKE 匹配可以使用特殊符号"_"和"％"进行模糊查询，其中"_"代表任意一个字符，"％"代表 0 个或者多个字符。

【例 4.15】　查询所有姓"张"的学生学号（字段名：Sno）、姓名（字段名：Sname）、性别（字段名：Ssex）、联系电话（字段名：Sphone）。

查询语句如下：

```
SELECT Sno,Sname,Ssex,Sphone FROM student where Sname like"张％";
```

在 MySQL Workbench 中的查询结果如图 4.15 所示。

注释：本例的匹配规则是，匹配以"张"开头，后续任意字符的学生信息。按照中国的起名习惯，姓名中的第一个字就是姓（这里不考虑复姓的情况），查询到的就是全部姓"张"的

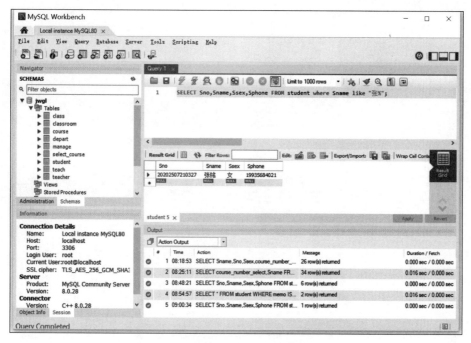

图 4.15　查询所有姓"张"学生信息的结果

学生。

【例 4.16】　查询所有学号以 2 开头,以 6 结尾的学生学号(字段名：Sno)和姓名(字段名：Sname)。

查询语句如下：

```
SELECT Sno,Sname FROM student WHERE Sno LIKE"2%6";
```

在 MySQL Workbench 中的查询结果如图 4.16 所示。

注释：本例不仅限定了学号的开头必须为 2,且进一步规定了学号的结尾为 6,中间为任意字符。

【例 4.17】　查询象湖校区的部门代码(字段名：Depart_no)、部门名称(字段名：Depart_name)、部门地址(字段名：Depart_place)。

查询语句如下：

```
SELECT
    Depart_no,Depart_name,Depart_place
FROM
    depart
WHERE
    Depart_place LIKE "%象湖%";
```

在 MySQL Workbench 中查询结果如图 4.17 所示。

注释："%"在匹配的开始、结尾和中间为"象湖"两个字,那么只要部门地址包含"象湖",不管"象湖"二字出现在开头、中间还是结尾,都会被查到。

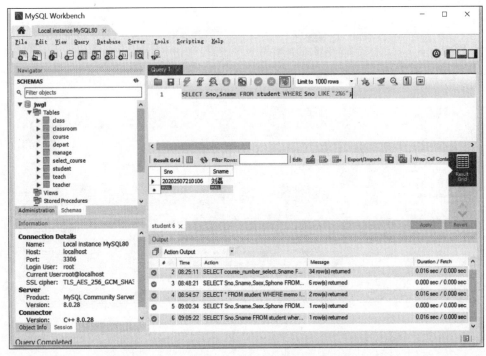

图 4.16　查询学号以 2 开头，以 6 结尾学生信息的结果

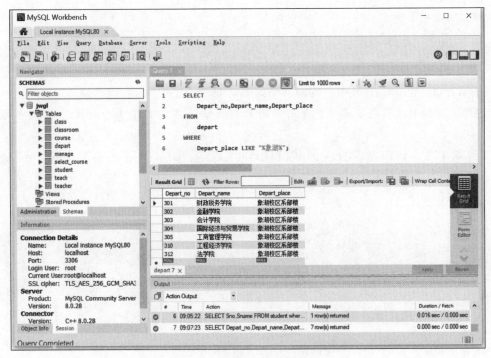

图 4.17　查询象湖校区部门信息的结果

【例4.18】　查询电话以1开头的考生学号(字段名：Sno)、姓名(字段名：Sname)、联系电话(字段名：Sphone)。

查询语句如下：

```
SELECT
    Sno, Sname, Sphone
FROM
    student
WHERE
    Sphone LIKE '$1%' ESCAPE '$';
```

在MySQL Workbench中的查询结果如图4.18所示。

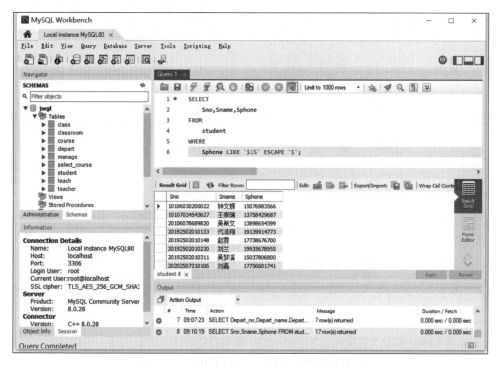

图4.18　查询电话以1开头考生信息的结果

注释：当要匹配的内容包含特殊字符时，可以使用ESCAPE定义转义字符。如本例中，ESCAPE定义了"$"为转义字符，那么LIKE语句里"$"后面的"_"将作为普通下画线使用。因为电话号码不包含符号，所以查询结果为空。

(2) REGEXP匹配

正则表达式定义了一个字符串的规则，是定义复杂查询的一个强有力的工具。MySQL采用Henry Spencer的正则表达式实施，其目标是符合POSIX 1003.2。MySQL中使用REGEXP操作符来进行正则表达式匹配。REGEXP操作符不是SQL标准，但是具有强大的功能。

REGEXP操作符有大量的特殊字符，具体如表4.2所示。

表 4.2　REGEXP 操作符的特殊字符

模式	描　　述
^	匹配输入字符串的开始位置。如果设置了 REGEXP 对象的 Multiline 属性,^ 也匹配 '\n' 或 '\r' 之后的位置
$	匹配输入字符串的结束位置。如果设置了 REGEXP 对象的 Multiline 属性,$ 也匹配 '\n'或 '\r' 之前的位置
.	匹配除 "\n" 之外的任何单个字符。要匹配包括 '\n' 在内的任何字符,请使用象 '[.\n]' 的模式
[...]	字符集合。匹配所包含的任意一个字符。例如,'[abc]' 可以匹配 "plain" 中的 'a'
[^...]	负值字符集合。匹配未包含的任意字符。例如,'[^abc]' 可以匹配 "plain" 中的 'p'
p1|p2|p3	匹配 p1 或 p2 或 p3。例如,'z|food' 能匹配 "z" 或 "food"。'(z|f)ood' 则匹配 "zood" 或 "food"
*	匹配前面的子表达式零次或多次。例如,zo * 能匹配 "z" 以及 "zoo"。* 等价于{0,}
+	匹配前面的子表达式一次或多次。例如,'zo+' 能匹配 "zo" 以及 "zoo",但不能匹配 "z"。+ 等价于 {1,}
{n}	n是一个非负整数。匹配确定的 n 次。例如,'o{2}'不能匹配 "Bob" 中的 'o',但是能匹配 "food" 中的两个 o
{n,m}	m 和 n 均为非负整数,其中 n≤m。最少匹配 n 次且最多匹配 m 次

【例 4.19】　查询姓"王"的学生学号(字段名：Sno)、姓名(字段名：Sname)。

查询语句如下：

```
SELECT
    Sno,Sname
FROM
    student
WHERE
    Sname REGEXP'^王';
```

在 MySQL Workbench 中的查询结果如图 4.19 所示。

注释：本例和例 4.15 实现了同样的效果,不过就效率而言,LIKE 查询的效率更高,而 REGEXP 能够实现的查询复杂度更高。

【例 4.20】　查询名字为两个汉字的学生学号(字段名：Sno)、姓名(字段名：Sname)、性别(字段名：Ssex)。

查询语句如下：

```
SELECT
    Sno,Sname,Ssex
FROM
    student
WHERE
    Sname REGEXP '^.{2}$';
```

在 MySQL Workbench 中的查询结果如图 4.20 所示。

注释：本例的匹配规则是以任意字符开始和结尾,重复出现 2 次。

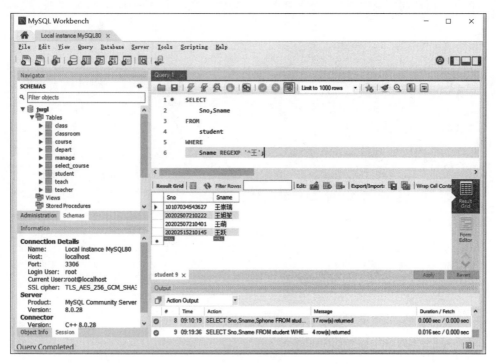

图 4.19 查询姓"王"学生信息的结果

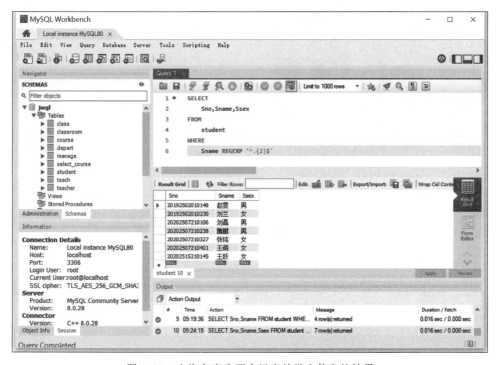

图 4.20 查询名字为两个汉字的学生信息的结果

【例 4.21】 利用 REGEXP 操作符查询学号中带数字 6 的学生学号(字段名:Sno)、姓名(字段名:Sname)。

查询语句如下:

```
SELECT
    Sno,Sname
FROM
    student
WHERE
    Sno REGEXP '0. * 6';
```

在 MySQL Workbench 中查询结果如图 4.21 所示。

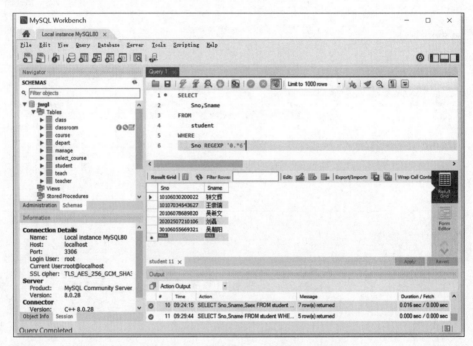

图 4.21 查询学号中带数字 6 的学生信息的结果

注释:点代表一个字符,星号代表匹配位于其之前 0 个或多个字符,组合在一起就是匹配任意一组字符,和 LIKE 查询中的%类似。

3. 范围比较

范围比较主要使用 BETWEEN 和 IN 关键字。其中 IN 关键字还可以在子查询中使用。

【例 4.22】 查询容量为 50~100 人的教室编号(字段名:Classroom_no)、教室地址(Classroom_place)、教室容量(Classroom_size)。

查询语句如下:

```
SELECT
    Classroom_no,Classroom_place,Classroom_size
```

```
FROM
    classroom
WHERE
    Classroom_size BETWEEN 50
AND 100;
```

在 MySQL Workbench 中的查询结果如图 4.22 所示。

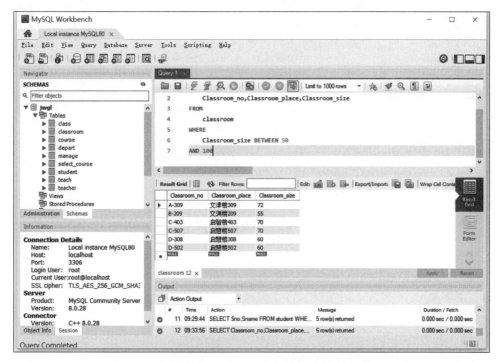

图 4.22 查询容量为 50～100 人的教室信息的结果

注释：如果要查询容量不在这个范围内的教室信息，可以在 BETWEEN 之前加 NOT。

【例 4.23】 查询课程"编译原理""数据结构"的课程号（字段名：course_number）、课程中文名（字段名：course_Chinese）、课程所属模块（字段名：course_module）、学分（字段名：course_credit）。

查询语句如下：

```
SELECT DISTINCT
    course_number,course_Chinese,course_module,course_credit
FROM
    course
WHERE
    course.course_Chinese IN (
        '编译原理','数据结构'
    );
```

在 MySQL Workbench 中查询结果如图 4.23 所示。

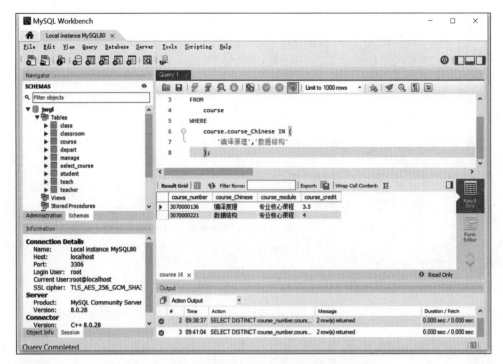

图 4.23　查询"编译原理""数据结构"课程信息的结果

注释：同 BETWEEN 一样，如果要查询不在这个范围内的内容，在 IN 之前加 NOT。

4. 子查询

视频讲解

当一个查询是另一个查询的条件时，被称为子查询。子查询可以使用几个简单命令构造功能强大的复合命令。一个子查询会返回一个标量（单一值）、一个行、一个列或一个表（一行或多行及一列或多列）。子查询最常用于 SELECT-SQL 命令的 WHERE 子句中，是一个 SELECT 语句，它嵌套在一个 SELECT 语句、SELECT…INTO 语句、INSERT…INTO 语句、DELETE 语句、UPDATE 语句，或嵌套在另一子查询中。本节主要介绍子查询在 WHERE 子句中的用法。

子查询语法如下：

```
expression [NOT] IN (sqlstatement)
comparison [ANY | ALL | SOME] (sqlstatement)
[NOT] EXISTS (sqlstatement)
```

语法说明：comparison 是一个表达式或一个比较运算符，将表达式与子查询的结果作比较。expression 用以搜寻子查询结果集的表达式。sqlstatement 是 SELECT 语句，遵从与其他 SELECT 语句相同的格式和规则，它必须括在括号之中。

子查询的主要优势如下。

- 子查询允许结构化的查询，这样就可以把一个语句的每个部分隔离开。
- 有些操作需要复杂的联合和关联。子查询提供了其他方法来执行这些操作。
- 在很多人看来，子查询是可读的。实际上，正是子查询的创新让人们称早期 SQL 为

"结构化查询语言"。

【例4.24】　查询20级计算机科学与技术专业每个班的学生学号(字段名：Sno)以及姓名(字段名：Sname)。

查询语句如下：

```
SELECT
    Sno,Sname
FROM
    student
WHERE
    Sno IN (
        SELECT Sno FROM class
        WHERE
            Cname LIKE'20 计算机科学与技术 % '
    );
```

在 MySQL Workbench 中查询结果如图4.24所示。

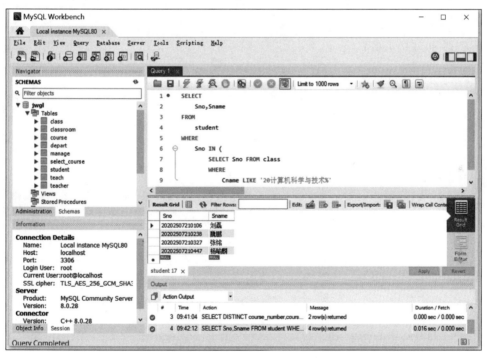

图4.24　查询20级计算机科学与技术专业班级班长信息的结果

注释：本例中,小括号内为独立查询,查询结果又成为了另外一个查询的条件,这就是子查询。对于包含子查询的阅读,大多数情况下可以从内到外,先读子查询,再读小括号外的查询。

【例4.25】　查询上课地点在"启慧楼502"和"启慧楼308"的课程号(字段名：course_number)以及课程中文名称(course_Chinese)。

查询语句如下：

```
SELECT DISTINCT
    course_Chinese,course_number
FROM
    course
WHERE
    course_number IN (
        SELECT course_number_manage FROM manage
        WHERE
            Classroom_no IN (
                SELECT Classroom_no FROM classroom
                WHERE
                    Classroom_place = '启慧楼 502'
                OR Classroom_place = '启慧楼 308'
            )
    );
```

在 MySQL Workbench 中的查询结果如图 4.25 所示。

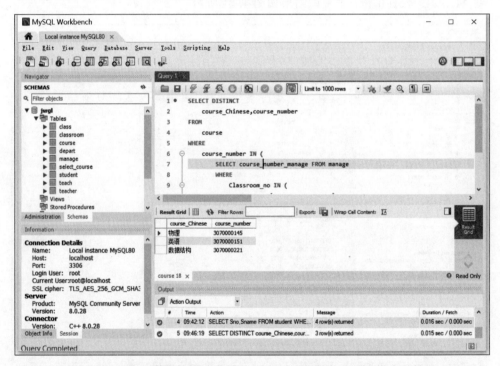

图 4.25　查询上课地点在"启慧楼 502"和"启慧楼 308"的课程信息的结果

注释：如本例所示，IN 子查询一次只能够返回一列数据，如果查询内容来源于 3 个表，需要使用嵌套子查询。如果想要进行行比较，可以使用"＝"，如例 4.26 所示。

【**例 4.26**】　查询和学号为 20202515210145 的学生同年出生、性别相同的学生姓名（字段名：Sname）、出生日期（字段名：Sbirth）。

查询语句如下：

```
SELECT
    Sname,Sbirth
FROM
    student
WHERE
    (YEAR(Sbirth), Ssex) = (
        SELECT YEAR (Sbirth),Ssex FROM student
        WHERE
            Sno = '20202515210145'
    );
```

在 MySQL Workbench 中的查询结果如图 4.26 所示。

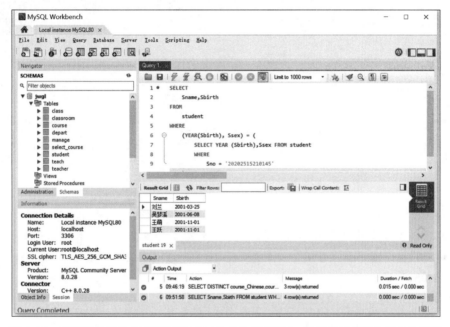

图 4.26　查询和学号为 20202515210145 的学生同年出生、性别相同的学生信息的结果

【例 4.27】　查询比姓"李"的学生年龄小的学生姓名(字段名：Sname)、出生日期(字段名：Sbirth)。

查询语句如下：

```
SELECT
    Sname,Sbirth
FROM
    student
WHERE
    Sbirth > ALL (
        SELECT Sbirth FROM student
        WHERE
            Sname LIKE'李%'
    );
```

在 MySQL Workbench 中的查询结果如图 4.27 所示。

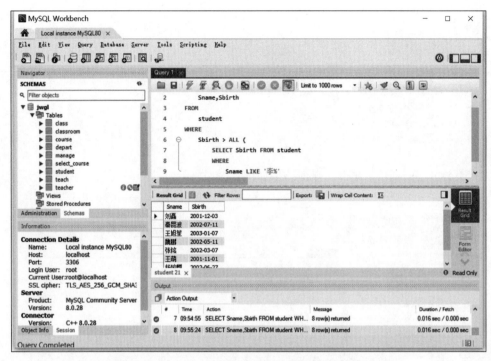

图 4.27　查询比姓"李"的学生年龄小的学生信息的结果

注释：ALL 子查询多用于全部类型的比较，如大于全部什么、小于全部什么。要特别注意的是，出生日期越小则年龄越大，出生日期越大则年龄越小。

【例 4.28】　查询不小于年龄最小的姓"杨"学生的学生姓名（字段名：Sname）、出生日期（字段名：Sbirth）。

查询语句如下：

```
SELECT
    Sname,Sbirth
FROM
    student
WHERE
    Sbirth > = ANY (
        SELECT Sbirth FROM student
        WHERE
            Sname LIKE '杨%'
    );
```

在 MySQL Workbench 中的查询结果如图 4.28 所示。

注释：SOME 和 ANY 是同义词，与 ALL 相反，这两个词只要和子查询结果集中的某个值比较成功就可返回 TRUE，否则返回 FALSE。

【例 4.29】　查询选了课程号为 3070000221 的学生学号（字段名：Sno）和姓名（字段名：Sname）。

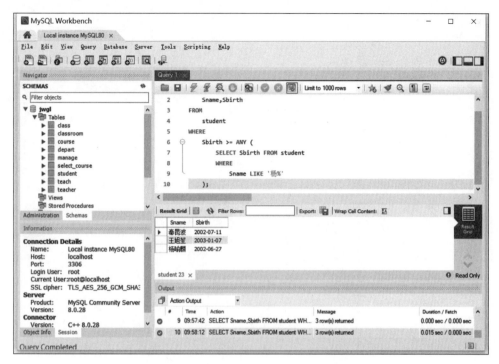

图 4.28　查询不小于年龄最小的姓"杨"学生的学生信息的结果

查询语句如下：

```
SELECT
    Sno,Sname
FROM
    student
WHERE
    EXISTS (
        SELECT * FROM select_course
        WHERE
            student.Sno = select_course.Sno_select
        AND course_number_select = '3070000221'
    );
```

在 MySQL Workbench 中的查询结果如图 4.29 所示。

注释：EXISTS 关键字用于判断子查询结果集是否为空，如果子查询为空返回 FLASE，否则返回 TRUE。

4.3.5　GROUP BY 子句

GROUP BY 子句通常和聚合函数同时使用，后跟列名或表达式，可使用 ASC(升序)或 DESC(降序)进行排序。并且，MySQL 还提供了 WITH ROLLUP 对分组结果进行汇总。

【例 4.30】　查询各门课程的中文名(字段名：course_Chinese)及选了该门课程的学生人数。

视频讲解

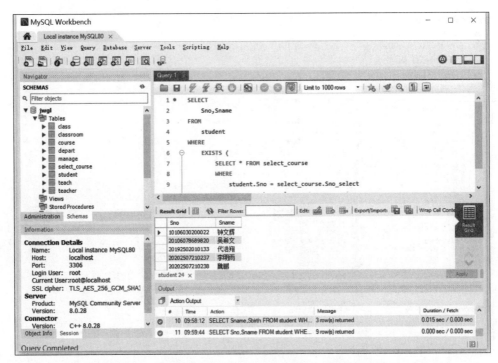

图 4.29　查询选了课程号为 3070000221 的学生信息的结果

查询语句如下：

```
SELECT
    course_Chinese,count( * ) AS '选课人数'
FROM
    course
GROUP BY
    course_Chinese;
```

在 MySQL Workbench 中的查询结果如图 4.30 所示。

注释：本例以课程名进行分组，然后再使用 COUNT 函数对每个分组进行人数统计。
除了统计数量外，还可使用聚合函数进行求平均、求和等操作。

【**例 4.31**】　查询各专业的男生人数、女生人数、专业总人数和学生总人数。

查询语句如下：

```
SELECT
    Smajor,Ssex,count( * ) AS '学生人数'
FROM
    student
GROUP BY
    Smajor,Ssex WITH ROLLUP;
```

在 MySQL Workbench 中的查询结果如图 4.31 所示。

注释：本例不仅使用了 GROUP BY 进行分组，还使用了 WITH ROLLUP 对结果进行

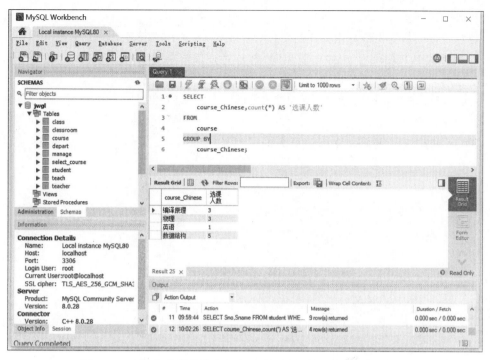

图4.30　查询各门课程的中文名及选了该门课程学生人数的结果

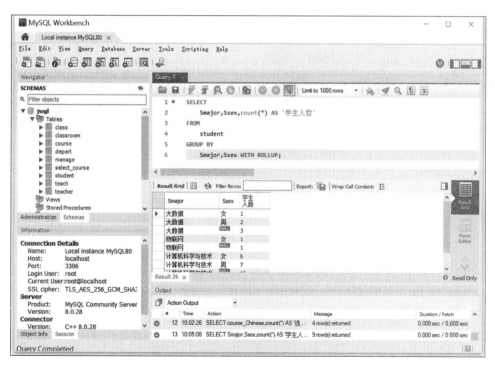

图4.31　查询各专业男生人数等信息的结果

了汇总。汇总时,根据 GROUP BY 后的列名,先汇总靠后的列,再汇总靠前的列,最后汇总所有的列。

当对查询的数据执行分组操作时,可利用 HAVING 子句根据条件进行数据筛选,它与前面学习过的 WHERE 子句的功能相同,都是对查询结果的筛选。不过 WHERE 子句的作用是在对查询结果进行分组前,将不符合 WHERE 条件的行去掉,即在分组之前过滤数据。HAVING 子句的作用是筛选满足条件的组,即在 GROUP BY 分组之后过滤数据,条件中经常包含聚合函数。

【例 4.32】 查询选课人数超过 5 人的课程号(字段名：course_number_select)及选课人数。

查询语句如下：

```
SELECT
    course_number_select,count( * ) AS '选课人数'
FROM
    select_course
GROUP BY
    course_number_select
HAVING
    count( * ) > 5;
```

在 MySQL Workbench 中的查询结果如图 4.32 所示。

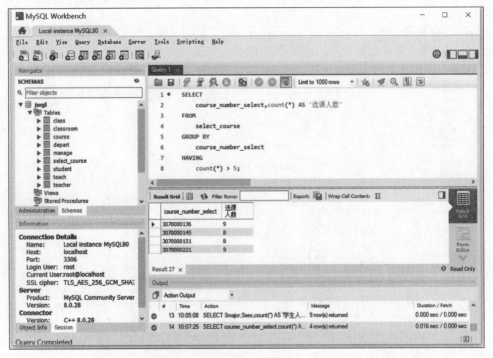

图 4.32 查询选课人数超过 5 人的课程号及选课人数的结果

4.3.6 ORDER BY 子句

在上网购物时经常会用到排序功能,例如,按照销量、价格、单击数等排序,这些功能在 MySQL 中就要用到 ORDER BY 子句。ORDER BY 子句用于根据指定的列对结果集进行排序,默认使用 ASC 关键字(升序)对记录进行排序。如果希望按照降序对记录进行排序,可以使用 DESC 关键字。

视频讲解

【例 4.33】 查询计算机科学与技术专业全部学生的学号(字段名:Sno)、姓名(字段名:Sname)、性别(字段名:Ssex)、出生日期(字段名:Sbirth)、专业(字段名:Smajor),并按照出生日期排序。

查询语句如下:

```
SELECT
    Sno,Sname,Ssex,Sbirth,Smajor
FROM
    student
WHERE
    Smajor = '计算机科学与技术'
ORDER BY
    Sbirth;
```

在 MySQL Workbench 中的查询结果如图 4.33 所示。

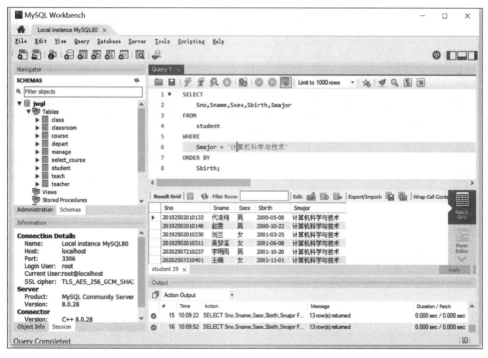

图 4.33 查询计算机科学与技术专业全部学生信息的结果

【例 4.34】 查询每个班的班长所在班级编号(字段名:Cno)、班级名称(字段名:

Cname)、班长学号（字段名：Sno），并按照班长的出生日期（字段名：Sbirth）进行排序。

查询语句如下：

```
SELECT
    Cno,Cname,Sno
FROM
    class
ORDER BY
    (
        SELECT Sbirth FROM student WHERE student.Sno = class.Sno
    );
```

在 MySQL Workbench 中的查询结果如图 4.34 所示。

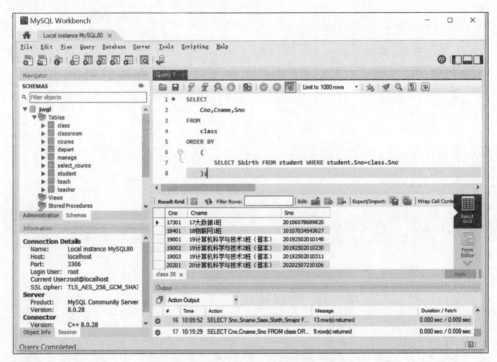

图 4.34　查询每个班班长的信息及排序结果

注释：可在 ORDER BY 中使用子查询。对空值进行排序时，空值为最小值。

4.3.7　LIMIT 子句

视频讲解

在 MySQL 8 中使用 SELECT 语句时，经常要返回前几行或中间某几行数据，这个时候怎么办呢？不用担心，MySQL 提供了这样一个功能：LIMIT 子句可以被用于强制 SELECT 语句返回指定的记录数。LIMIT 接受一个或两个数字参数，参数必须是一个整数常量。

如果给定两个参数，第一个参数用于指定第一个返回记录行的偏移量，第二个参数用于指定返回记录行的最大数目。

【例 4.35】　查询学生生日排在前 6 位的学生学号（字段名：Sno）、姓名（字段名：

Sname)、出生日期(字段名：Sbirth)。

查询语句如下：

```
SELECT
    Sno,Sname,Sbirth
FROM
    student
ORDER BY
    Sbirth
LIMIT 6;
```

在 MySQL Workbench 中的查询结果如图 4.35 所示。

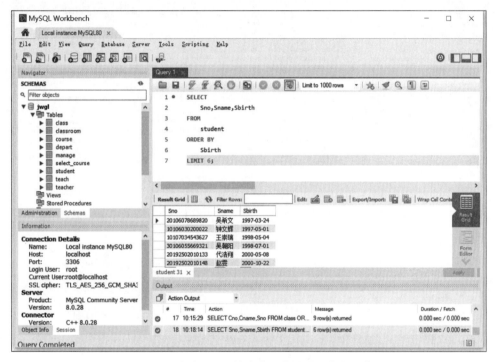

图 4.35　查询学生生日排在前 6 位的学生信息的结果

【例 4.36】　查询学生生日排在第 3～7 位的学生学号(字段名：Sno)、姓名(字段名：Sname)、出生日期(字段名：Sbirth)。

查询语句如下：

```
SELECT
    Sno,Sname,Sbirth
FROM
    student
ORDER BY
    Sbirth
LIMIT 2,5;
```

在 MySQL Workbench 中的查询结果如图 4.36 所示。

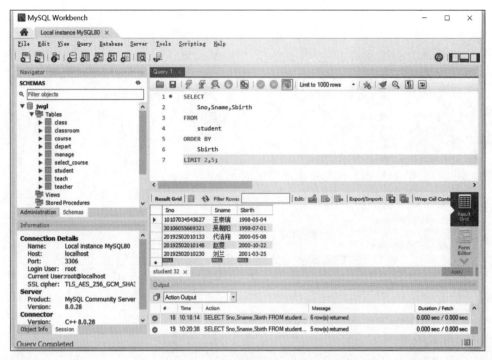

图 4.36　查询学生生日排在第 3～7 位的学生信息的结果

　　注释：LIMIT 统计起始位时，0 作为第一位，所以本例中虽然要求的是从第 3 位开始，写在代码中的却是 2。

4.4　任务实施

　　本节将使用已经学到的知识来完成教务管理系统项目中查询部分的功能。

　　【例 4.37】　查询教务管理数据库(库名：jwgl)中学生信息表(表名：student)的前 7 条信息，要求根据学号(字段名：Sno)升序排序。

　　查询语句如下：

```
SELECT * FROM jwgl.student ORDER BY Sno LIMIT 7;
```

　　在 MySQL Workbench 中查询及排序结果如图 4.37 所示。

　　【例 4.38】　学生登录教务管理系统时，输入账号 20202507210106、密码 123456，查询数据库判断此账号密码是否存在。

　　查询语句如下：

```
SELECT * FROM student
WHERE Sno = '20202507210106' AND Spwd = '123456';
```

　　在 MySQL Workbench 中的查询结果如图 4.38 所示。

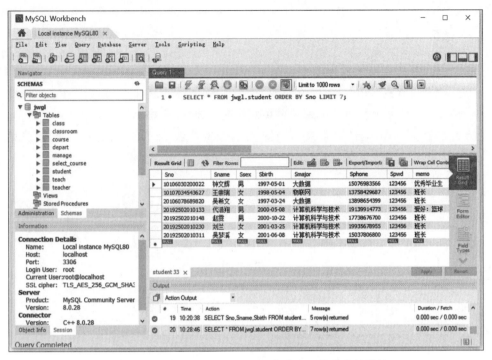

图 4.37　查询学生信息表中前 7 条信息及其排序的结果

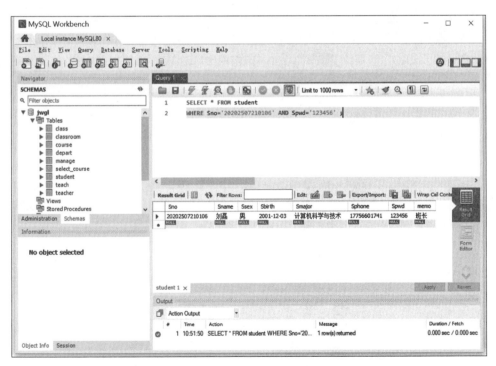

图 4.38　查询判断账号 20202507210106 是否存在的结果

　　注释：登录判断是所有网站都常用到的功能,需要对用户的账号密码进行判断。在教务管理系统中,学号就是学生的账号,密码默认为123456,可以由学生自由更改密码。判断方法就是根据在数据库中查询用户输入的账号和密码,如果能找到匹配的信息则说明账号和密码输入正确,否则说明账号和密码输入错误,不允许登录。要特别注意的是,为了防止用户密码泄露,存储在数据库中的密码都为加密后的密文,可以使用 PASSWORD 函数加密的密码。因为 PASSWORD 是不可逆的加密过程,也就是只能加密不能解密,所以对此种密码进行比对时,必须将用户输入的密码同样进行加密,然后比对。

　　【例 4.39】 查询出生日期在 2001 年之后的学生姓名(字段名：Sname)、出生日期(字段名：Sbirth),并按照出生日期排序。

　　查询语句如下：

```
SELECT
    Sname,Sbirth
FROM
    student
WHERE
    YEAR (student.Sbirth) > 2001
ORDER BY
    student.Sbirth;
```

　　在 MySQL Workbench 中的查询结果如图 4.39 所示。

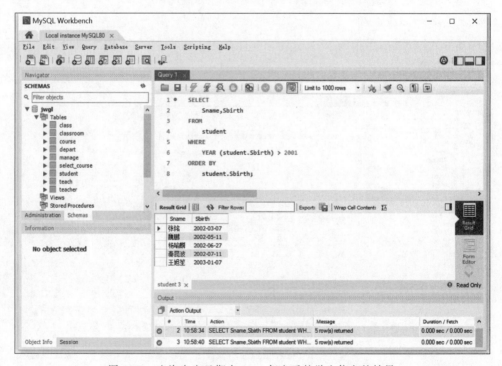

图 4.39　查询出生日期在 2001 年之后的学生信息的结果

　　注释：用户管理功能中,需要对用户信息进行必要的查询,例如,查询出生日期满足特定年份的学生信息,通常辅以某些条件排序,本例按照学生出生日期进行排序。

【例 4.40】 查询学生的备注(字段名:memo)信息,以"秦昆波"为例。

查询语句如下:

```
SELECT
    student.memo
FROM
    student
WHERE
    student.Sname = '秦昆波';
```

在 MySQL Workbench 中的查询结果如图 4.40 所示。

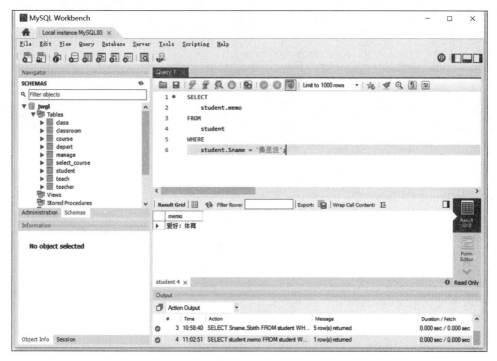

图 4.40　查询"秦昆波"备注信息的结果

注释:很多系统在用户登录后,都会提示用户的个人信息。本例以学生备注信息为示范。有兴趣的读者可以扩充数据库,增加登录地点字段,然后进行查询。

【例 4.41】 查询年龄大于 21 岁的学生学号(字段名:Sno)、姓名(字段名:Sname)、出生日期(字段名:Sbirth),按照年龄大小排序。

查询语句如下:

```
SELECT
    Sno,Sname,Sbirth
FROM
    student
WHERE
```

```
    YEAR (NOW()) - YEAR (student.Sbirth) > 21
ORDER BY
    YEAR(student.Sbirth);
```

在 MySQL Workbench 中的查询结果如图 4.41 所示。

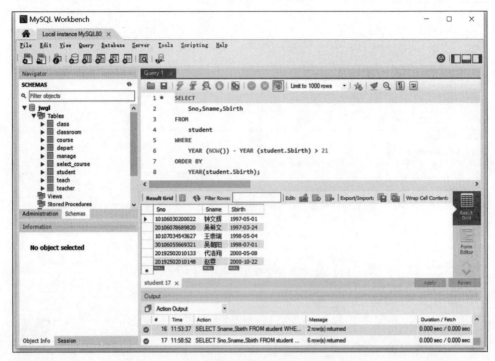

图 4.41 查询年龄大于 21 岁的学生信息的结果

注释：为了尽可能地根据需要查找学生信息，教务管理系统可以通过设置某些条件对查询的结果进行限制，如本例中查找年龄大于 21 岁的学生信息。

【例 4.42】 查询所有性别为"男"的学生学号（字段名：Sno）、姓名（字段名：Sname）、性别（字段名：Ssex）信息。

查询语句如下：

```
SELECT
    Sno, Sname, Ssex
FROM
    student
WHERE
    student.Ssex = '男';
```

在 MySQL Workbench 中的查询结果如图 4.42 所示。

注释：本例与例 4.41 的用法类似，通过对学生性别进行限制，查找学生性别为"男"的学生信息。

【例 4.43】 根据学生名字模糊查询名字中带有"王"字的学生学号（字段名：Sno）、姓名（字段名：Sname）、出生日期（字段名：Sbirth）。

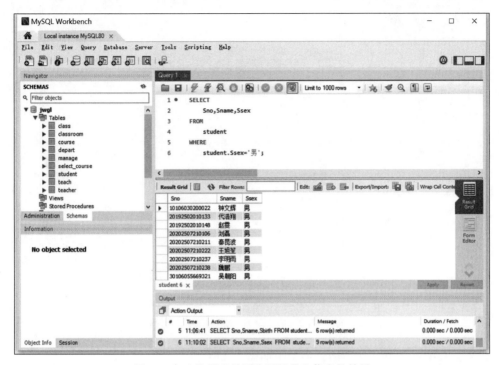

图 4.42　查询所有性别为"男"学生信息的结果

查询语句如下：

```
SELECT
    Sno,Sname,Sbirth
FROM
    student
WHERE
    student.Sname LIKE '%王%';
```

在 MySQL Workbench 中的查询结果如图 4.43 所示。

注释：在查询信息时往往使用模糊查询，例如，查询名字中带有"王"字的学生信息，只用输入"王"就可以查询到所要查找的学生信息。

【**例 4.44**】　查询某个学生的学号（字段名：Sno）、姓名（字段名：Sname）、选课课程号（字段名：course_number_select）、该课程分数（字段名：score），以学生"李明雨"为例。

查询语句如下：

```
SELECT
    Sno,Sname,course_number_select,score
FROM
    student,select_course
WHERE
    student.Sno = select_course.Sno_select
AND Sname = '李明雨';
```

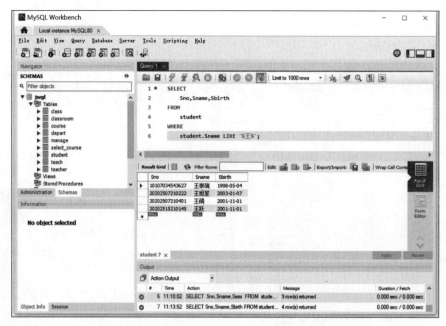

图 4.43　模糊查询名字中带有"王"字的学生信息的结果

在 MySQL Workbench 中的查询结果如图 4.44 所示。

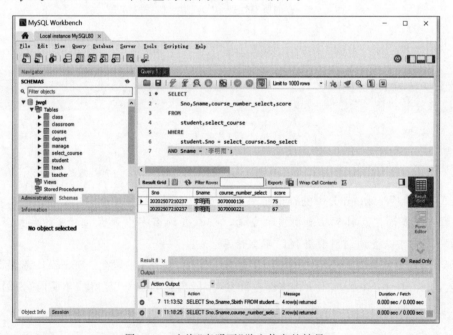

图 4.44　查询"李明雨"学生信息的结果

　　注释：根据用户名进行的信息查询是教务管理系统中常用的功能之一，通过输入学生姓名查询该学生的相关信息。

　　【**例 4.45**】　根据班级编号查询该班班长的名字（字段名：Sname）、学号（字段名：Sno）、选课课程号（字段名：course_number_select）、该课程成绩（字段名：score），以班级编号为 19002 为例。

查询语句如下：

```
SELECT
    Sname,student.Sno,course_number_select,score
FROM
    student,select_course,class
WHERE
    student.Sno = class.Sno AND student.Sno = select_course.Sno_select AND Cno = '19002';
```

在 MySQL Workbench 中的查询结果如图 4.45 所示。

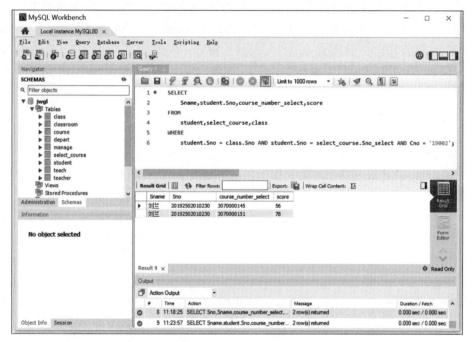

图 4.45 查询班级编号为 19002 的班长信息的结果

注释：在教务管理系统中，辅导员可以直接通过输入班级编号查询该班班长的相关信息。例如，要对某个班级下达任务或者通知信息时，可以通过这种方式找到该班班长的联系方式，将任务或者通知下发给班长。

4.5 任务小结

通过对"MySQL 8 数据库的查询与优化"项目的学习和训练，大家应该学会如何使用 SELECT 语句查询数据库中的信息，并对查询结果进行分组、统计、排序。现将以往学生学习本项目过程中的问题和经验总结如下。

问题 1：为什么会出现错误"[Err] 1064-You have an error in your SQL syntax；check the manual that corresponds to your MySQL server version for the right syntax to use near ';' at line 1?"？

解答1：在使用 MySQL 8 查询数据的过程中，经常要用到中文，很多学生在输入完汉字后就会忘记切换回英文输入法，导致使用了中文标点符号。而 MySQL 是不支持中文标点符号的，此类错误具有极强的迷惑性，中英文标点符号外观差别不大，不仔细看很难看出来，这就要求大家养成良好的书写习惯。

问题2：为什么会出现错误"［Err］1052-Column 'user_id' in field list is ambiguous"？

解答2：如果用到多表关联查询，必须指明两个表共有的字段来源于哪个表格。如果不指明，系统就会报错。

问题3：为什么多表关联查询会查询出很多不符合自己查询要求的数据？

解答3：多表关联查询时，如果使用 AND 语句，一定要指明表和表之间的连接字段。如果不指明，系统会默认返回所有可能组合方式，就会多出一大堆不应该出现的数据。

问题4：为什么会出现错误"［Err］1054-Unknown column 'testindof' in 'field list'"？

解答4：在查询时，一定要注意查询字段的正确书写格式，很多学生很容易误写要查询的字段，导致查询无法正常进行。本例中就是 testinfo 被不小心写成了 testindof 导致系统报错。

4.6　拓展提高

本项目重点讲解了 SELECT 查询和优化的常见用法，足以完成大部分中、小型系统开发中的查询功能。还有部分难度较大或者不太常用的 SELECT 查询，有能力的读者可以继续学习。

【例 4.46】　查询每名学生的选课信息及该课程的成绩，低于 60 分为不及格，大于 60 分为及格，其中大于 90 分为优秀，并将列名替换为课程成绩，以课程成绩升序排序。

查询语句如下：

```
SELECT
    Sno_select,Sname,course_Chinese,score,
CASE
    WHEN score < 60 THEN '不及格'
    WHEN score > = 60 AND score < 90 THEN '及格'
    WHEN score > 90 THEN '优秀'
END AS 课程成绩
FROM
    select_course, student, course
WHERE Sno_select = Sno AND course_number_select = course_number AND course_no_select = course
_no
ORDER BY score;
```

在 MySQL Workbench 中的查询结果如图 4.46 所示。

注释：CASE…WHEN…ELSE 语句可以用来将查询结果按照一定条件进行等级划分，常用于对考试成绩、工资收入支出、楼层高低等进行划分。不过此种划分方式更倾向于在页面层进行展现，而不是由数据库 SQL 代码来完成此种功能。

【例 4.47】　查询学号（字段名：Sno）为 20202507210106 和 20202507210211 的两位学生的姓名（字段名：Sname）和出生日期（字段名：Sbirth）。

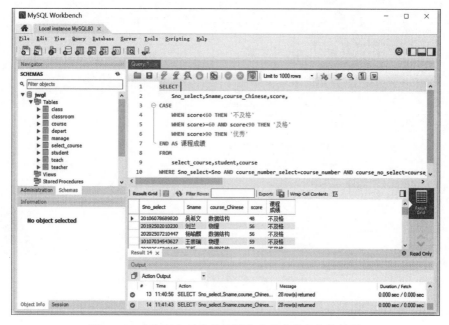

图 4.46　查询每名学生的选课信息及成绩考核的结果

查询语句如下：

```
SELECT Sname,Sbirth
FROM student
WHERE Sno = 20202507210106
UNION
SELECT Sname,Sbirth
FROM student
WHERE Sno = 20202507210211;
```

在 MySQL Workbench 中的查询结果如图 4.47 所示。

注释：UNION 可以用来将两条不同的查询语句结合在一起。在使用 SELECT 语句时，第一条 SELECT 语句的列名作为结果集的列名使用，并且两条 SELECT 语句查询的列数必须保持一致。可以使用如下代码替代：

```
SELECT Sname,Sbirth
FROM student
WHERE Sno = 20202507210106 OR Sno = 20202507210211;
```

【例 4.48】　查询所留手机号不符合手机号码格式的学生学号（字段名：Sno）、姓名（字段名：Sname）、手机号码（字段名：Sphone）。

查询语句如下：

```
SELECT
    Sno,Sname,Sphone
FROM
    student
```

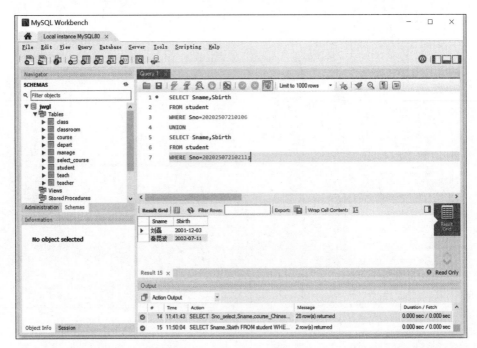

图 4.47 查询学号为 20202507210106 和 20202507210211 的学生信息的结果

```
WHERE
    Sphone NOT REGEXP '[1][3456789][0-9]{9}';
```

在 MySQL Workbench 中的查询结果如图 4.48 所示。

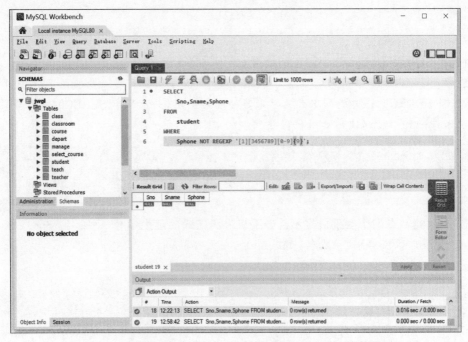

图 4.48 查询所留手机号不符合手机号码格式的学生信息的结果

　　注释：读者可以将某一位学生的手机号码修改为错误的手机号码格式，再执行该条语句查询结果。对用户手机号码格式的判断多用于用户注册时的校验，一般不使用 MySQL 来完成此功能。此种用法仅供读者拓宽 MySQL 正则表达式的使用方法，读者也可查询校验邮箱格式的正则表达式用法。

自测与实验 4　MySQL 8 数据库查询

1. 实验目的
（1）验证 SELECT 语句的用法。
（2）自行建立学籍管理数据库，并用 SELECT 语句对其中的记录进行查询。

2. 实验环境
（1）PC 一台。
（2）MySQL 8 数据库管理系统。

3. 实验内容
（1）用本项目相关知识与实例所述的方法练习 SELECT 语句的用法。
（2）用本项目相关知识与实例所述的方法对学生学籍管理数据库中的记录进行查询。

4. 实验步骤
参照相关知识与实例。

项目 5
MySQL 8视图、索引及其应用

5.1 项目描述

在图书馆查找需要的书,在《新华字典》里查找某个汉字,在十四亿多的中国人口数据中查找某个人等问题中,若没有索引目录,查找势必难如登天。而数据库存储数据的主要目的是方便用户查询。在 MySQL 8 中,为提高查询速度,需对数据表建立相应的索引,此外,为了能够根据用户的不同需求简化数据的查询操作,需要定义和使用视图。

本项目旨在通过实际操作,让读者学会 MySQL 8 的视图以及索引的使用,具体任务包括如下三方面。

(1) MySQL 8 中视图的创建、查询、更新、修改、删除。

(2) MySQL 8 中索引的创建、删除。

(3) MySQL 8 中数据完整性的实现方法。

5.2 任务解析

在实际应用中,根据用户的不同需求,在物理数据库上定义用户对数据库所要求的数据结构,这种根据用户观点所定义的数据结构就是视图。在 MySQL 8 中,视图一经定义,就可以像表一样进行查询、修改、删除和更新等操作。也就是说,使用视图可有效地简化数据查询操作。本项目将详细介绍视图的概念、功能、创建方法,及查询、更新、修改等操作。

索引是对数据表中的一列或多列的值进行排序的一种结构,使用索引可提高数据库中特定数据的查询速度。不合理的索引或者缺少索引都会对数据库和应用程序的性能造成影响。本项目将详细介绍索引的含义、作用与分类,索引的各种创建方法,索引与约束的关系,以及各种数据完整性的实现方法。

5.3 相关知识

5.3.1 MySQL 8 数据库视图

1. 视图概述

数据库中的视图是从一个或多个表中导出、供用户使用的虚拟表。视图是数据库用户使用数据库时的虚拟表。视图与表有很多相似的地方,视图也是由若干字段以及若干记录构成的,可以作为 SELECT 语句的数据源,甚至在某些特定条件下能够通过视图对表进行更新操作。然而,视图中的数据并不像表、索引那样需要占用存储空间,视图中保存的仅仅是一条 SELECT 语句,其源数据都来自数据库表,数据库表称为基本表或基表,视图称为虚表。基表的数据发生变化时,虚表的数据也会随之变化。

MySQL 8 实现了视图功能(包括可更新视图),且 MySQL 5 及以上版本提供了二进制版的视图功能。MySQL 8[视图允许用户像单个表那样访问一组关系(表),也能限制对行的访问(特定表的子集)]对于列控制的访问,可使用 MySQL 服务器中的高级权限系统。

与直接从数据库表中提取数据相比,视图的特点如下。

- 使操作简单化:使用视图可以简化数据的查询操作,对于经常使用但结构复杂的 SELECT 语句,建议将其封装为一个视图。
- 避免数据冗余:由于视图保存的是 SELECT 语句,所有的数据保存在数据库表中,因此,这样就可以用一个或多个表派生出来多个视图,为相应的应用程序提供服务的同时,还避免了数据冗余。
- 增强数据安全性:同一个数据库表可以创建不同的视图,并为不同的用户分配不同的视图;可以实现不同的用户只查询或修改与之相对应的数据,继而增强了数据的安全性。
- 逻辑数据独立性:若没有视图,应用程序一定是建立在数据库表上的。有了视图后,应用程序就可以建立在视图之上,从而使应用程序和数据库表结构在一定程度上逻辑分离。

视图在以下两个方面使应用程序和数据逻辑独立。

- 使用视图能够向应用程序屏蔽表的结构,即使表结构发生变化(例如,表的字段名发生变化),此时只需重新定义视图或者修改视图的定义,无须修改应用程序就可以解决应用程序相应的问题。
- 使用视图可以向数据库中的表屏蔽应用程序,此时即使应用程序发生了变化,只需重新定义视图或者修改视图的定义,无须修改数据库表结构就可使应用程序正常运行。

2. 创建视图

创建视图需要有 CREATE VIEW 的权限,并且对于查询涉及的列有 SELECT 权限。

视图中包含了 SELECT 语句查询的结果,因此,视图的创建基于 SELECT 语句和已存在的数据表,视图可以建立在一张表上,也可以建立在多张表上。

创建视图的语法格式如下:

```
CREATE
[OR REPLACE]
[ALGORITHM = {UNDEFINED | MERGE | TEMPTABLE}]
VIEW view_name [(column_list)]
AS select_statement
[WITH [CASCADED | LOCAL] CHECK OPTION]
```

参数说明如下。

view_name:视图名。

column_list：为视图的列定义明确的名称，可使用可选的 column_list 子句，列出由逗号隔开的列名。column_list 中的名称数目必须等于 SELECT 语句检索出的列数，但是在使用与源表或视图中相同的列名时可以省略 column_list。

OR REPLACE：给定了 OR REPLACE 子句，语句能够替换已有的同名视图。

ALGORITHM 子句：可选的 ALGORITHM 子句是对标准 SQL 语句的 MySQL 扩展，规定了 MySQL 的算法，算法会影响 MySQL 处理视图的方式。ALGORITHM 可取 3个值：UNDEFINED、MERGE 或 TEMPTABLE。如果没有 ALGORITHM 子句，默认算法是 UNDEFINED（未定义的）。如果指定了 MERGE 选项，会将引用视图的语句的文本与视图定义结合起来，使得视图定义的某一部分取代语句中的对应部分。MERGE 算法要求视图中的行和基表中的行一一对应，如果不具有该关系，必须使用临时表取而代之。如果指定了 TEMPTABLE 选项，视图的结果将被放置在临时表中，然后使用它执行语句。

select_statement：用来创建视图的 SELECT 语句，可在 SELECT 语句中查询多个表或视图。但对 SELECT 语句有以下限制。

- 定义视图的用户必须对所参照的表或视图有查询（即可执行 SELECT 语句）权限。
- 不能包含 FROM 子句中的子查询。
- 不能引用系统或用户变量。
- 不能引用预处理语句参数。
- 在定义中引用的表或视图必须存在。
- 若引用的不是当前数据库的表或视图时，要在表或视图前加上数据库的名称。
- 在视图定义中允许使用 ORDER BY 语句，如果从特定视图进行了选择，而该视图使用了自己的 ORDER BY 语句，则视图定义中的 ORDER BY 语句将被忽略。
- 对于 SELECT 语句中的其他选项或子句，若视图中也包含了这些选项，则效果未定义。例如，如果在视图定义中包含 LIMIT 子句，而 SELECT 语句使用了自己的 LIMIT 子句，则 MySQL 对使用的 LIMIT 语句未做定义。

WITH CHECK OPTION：指出在可更新视图上所进行的修改都要符合 select_statement 所规定的限制条件，这样可以确保数据修改后，可以通过视图看到修改的数据。当视图是根据其他视图定义时，WITH CHECK OPTION 给出两个参数：LOCAL 和CASCADED，它们决定了检查测试的范围。LOCAL 关键字使 CHECK OPTION 只对定义的视图进行检查，CASCADED 则会对所有视图进行检查。如果未给定任一关键字，则默认值为 CASCADED。

创建视图的指导原则如下。

- 只能在当前数据库中创建视图。
- 视图名称应遵循标识符的命名规则。
- 可以基于其他视图创建视图。
- 不能将默认值、规则和触发器与视图相关联。
- 不能为视图建立索引。
- 创建视图时不能使用临时表。
- 即使表被删除，视图定义仍将保留。
- 定义视图的查询不能包含以下语句：COMPUTE 子句、COMPUTE BY 子句、INTO 关键字。

3. 查看视图

查看视图是查看数据库中已创建的视图。用 MySQL Workbench 查看数据库视图的办法是在 SCHEMAS 中打开数据库,选择 Views 即可。

另外,在 MySQL 8 控制台下,也可通过 DESCRIBE(简写为 DESC)命令查看指定的视图。

4. 更新视图

更新视图是指通过视图来插入、更新或删除表中的数据,因为视图就是一个虚拟表,表中没有数据。视图更新时都是转到基本表上进行更新的,如果对视图增加或删除记录,实际上就是对其基本表增加或删除记录。

要通过视图更新基本表的数据,必须保证视图是可更新视图,即可以在 INSET、UPDATE 或 DELETE 等语句中使用它们。对于可更新的视图,在视图中的行和基表中的行之间必须具有一一对应的关系。

还有一些特定的其他结构,若使用这类结构,视图将变得不可更新。如果视图包含聚合函数、DISTINCT 关键字、GROUP BY 子句、ORDER BY 子句、HAVING 子句、UNION 运算符、位于选择列表中的子查询、FROM 子句中包含多个表、SELECT 语句中引用了不可更新视图、WHERE 子句中的子查询、引用 FROM 子句中的表或 ALGORITHM 选项指定为 TEMPTABLE(使用临时表总会使视图成为不可更新的)中的任何一种,那么它就是不可更新的。

更新视图的三个命令: INSERT、UPDATE 和 DELETE。

5. 修改视图

修改视图是指修改 MySQL 8 数据库中存在的视图,当基本表的某些字段发生变化时,可以通过修改视图来保持与基本表的一致性。MySQL 8 中通过 CREATE OR REPLACE VIEW 语句、ALTER 语句实现对视图的修改。

可以看到,修改视图的 CREATE OR REPLACE VIEW 语句和创建视图的语句是完全一样的。需要注意的是,在执行 CREATE OR REPLACE VIEW 语句时,若指定的视图名称已存在时,则该语句对视图进行修改;当视图不存在时创建视图。

在 MySQL 8 中,用 ALTER 语句修改视图的方法如下:

```
ALTER [ALGORITHM = {UNDEFINED | MERGE | TEMPTABLE}]
    VIEW view_name [(column_list)]
    AS select_statement
    [WITH [CASCADED | LOCAL] CHECK OPTION]
```

6. 删除视图

当不再需要视图时,可以将其删除,删除一个或多个视图可以使用 DROP VIEW 语句。语法如下:

```
DROP VIEW [IF EXISTS]
view_name [, view_name] …
[RESTRICT | CASCADE]
```

其中,view_name 是视图名,声明了 IF EXISTS,若视图不存在的话,就不会出现错误提示信息。也可以声明 RESTRICT 和 CASCADE,但它们没什么影响。

5.3.2 MySQL 8 索引

创建数据库表时,初学者通常仅仅关注数据表有哪些字段、字段的数据类型及约束条件这些信息,很容易忽视数据库表中的另一个重要概念索引。

1. 索引简介

想象一下《现代汉语词典》的使用方法,就可以理解索引的重要性。《现代汉语词典》全书将近 1800 页,收录汉字超过 1.3 万个,如何在众多汉字中找到某个字(如翔)? 从《现代汉语词典》的第一页开始逐页、逐字查找,直到查找到含有"翔"字的那一页,相信读者不会这样做。词典提供了音节表,音节表将汉字拼音 xiang 编入其中,并且音节表按 a 到 z 的顺序排列,故而读者可以轻松地在音节表中找到 xiang 1488,然后再从 1488 页开始逐字查找,这样可以快速地检索到"翔"字。音节表就是《现代汉语词典》的一个索引,其中,音节表中的 xiang 是索引的关键字,该关键字的值必须来自词典正文中的 xiang(或者说词典正文中 xiang 的复制),索引中的 1488 是"数据"所在的起始页。数据库表中存储的数据通常比《现代汉语词典》收录的汉字多得多,在没有索引的词典中查找某个字对读者而言变得举步维艰,同样,在没有索引的数据库表中寻找需要的数据对于数据库用户而言更是如同大海捞针。

- 索引的本质是什么? 本质上,索引是数据库表中某字段值的复制,该字段称为索引的关键字,索引的目的是提高查询效率。
- MySQL 数据库中,数据是如何检索的? 答案就是 MySQL 在检索表中的数据时,先按照索引关键字的值在数据库中进行查找,若能够查到,则可以直接定位到数据所在的起始页;如果没有查到,就只能全表扫描查找想要的数据了。
- 一个数据库表只能创建一个索引吗? 当然不是。想象一下《现代汉语词典》,除了将汉语拼音编入音节表实现汉字的检索功能外,还将所有汉字的偏旁部首编入部首检字表实现汉字的检索功能,部首检字表是《现代汉语词典》的另一个索引。同样对于 MySQL 数据库表而言,一个数据库表也可以创建多个索引。

在 MySQL 8 中,建立索引的主要作用如下。

- 通过创建唯一索引,可以保证数据库表中每行数据的唯一性。
- 可以大大提高数据的查询速度,这也是创建索引的主要原因。
- 在实现数据的参照完整性方面,可以加速表与表之间的连接。
- 在使用分组和排序子句进行数据查询时,也可以显著地减少查询中分组和排序的时间。

在 MySQL 8 数据库中,索引的设计不合理或者缺少索引都会对数据库和应用程序的性能造成影响。高效的索引是获得良好性能非常重要的一环。设计索引时,应该考虑以下原则。

- 索引并非越多越好。一个表中如果建立了大量的索引,不仅占用磁盘空间,还会影响 INSERT、DELETE、UPDATE 等语句的性能,因为当表中数据更改的同时,索引也会进行调整和更新。
- 数据量小的数据表最好不要使用索引。由于数据量小,查询花费的时间可能比遍历索引的时间还要多,索引可能不会产生优化效果。
- 避免对经常更新的数据表建立过多的索引,并且索引中的列尽可能少。但对经常用于查询的字段应该建立索引,且要避免添加不必要的字段。

- 在条件表达式中经常用到在不同值较多的列上建立索引，在不同值少的列上不要建立索引。
- 当唯一性是某种数据本身的特性时，指定唯一索引，提高查询速度。
- 在频繁进行排序或分组的列上建立索引。

2. 索引的分类

MySQL 8 的索引可以分成以下几类。

- 普通索引和唯一索引：普通索引是 MySQL 8 的基本索引类型，允许在定义索引的列中插入重复值和空值；唯一索引，索引列的值必须唯一，但允许值为空值。
- 单列索引和组合索引：单列索引即一个索引只包含单个列，一个表可以有多个单列索引；组合索引指在表的多个字段的组合上创建的索引，只有在查询条件中使用了这些字段的左边字段时，索引才会被使用。使用组合索引时遵循最左前缀组合。
- 全文索引：全文索引类型为 FULLTEXT，在定义索引的列上支持组的全文查找，允许在这些索引列中插入重复值和空值。全文索引可以在 CHAR、VARCHAR 或者 TEXT 类型的列上创建。MySQL 8 中只有 MySQL 存储引擎支持全文索引。
- 空间索引：空间索引是对空间数据类型的字段建立的索引。MySQL 8 中的空间数据类型有四种，分别是：GEOMETRY、POINT、LINESTRING 和 POLYGON。

3. 创建索引

MySQL 8 支持多种方法在单个或多个数据表的列上创建索引：在创建表的定义语句 CREATE TABLE 中指定索引列；使用 ALTER TABLE 语句在存在的表上创建索引；使用 CREATE INDEX 语句在已存在的表上添加索引。

在创建表时创建索引：使用 CREATE TABLE 创建表时，既可以定义列的数据类型，也可以定义主键约束、外键约束或者唯一性约束，而不论创建哪种约束，在定义约束的同时相当于在指定的列上创建了一个索引。创建表时创建索引的基本语法格式如下：

```
CREATE [TEMPORARY] TABLE [IF NOT EXISTS] tbl_name
    [ ( [column_definition] , … | index_definition] ) ]
    [table_option] [select_statement];
```

其中，index_definition 为索引项：

```
[CONSTRAINT [symbol]] PRIMARY KEY [index_type] (index_col_name, …)        /* 主键 */
| {INDEX | KEY} [index_name] [index_type] (index_col_name, …)             /* 索引 */
| [CONSTRAINT [symbol]] UNIQUE [INDEX] [index_name] [index_type] (index_col_name, …)
/* 唯一性索引 */
| [FULLTEXT | SPATIAL] [INDEX] [index_name] (index_col_name, …)           /* 全文索引 */
| [CONSTRAINT [symbol]] FOREIGN KEY [index_name] (index_col_name, …) [reference_definition]
/* 外键 */
```

说明：KEY 通常是 INDEX 的同义词。在定义数据表列选项时，也可以将某列定义为 PRIMARY KEY，但是当主键是由多个列组成的多列索引时，定义列时无法定义此主键，必须在语句最后加上一个 PRIMARY KEY(col_name，…)子句。

在 MySQL 8 中，用 CREATE INDEX 语句创建索引的语法格式如下：

```
CREATE [UNIQUE] [CLUSTER] INDEX <索引名>
ON <表名>(<列名>[<次序>][,<列名>[<次序>]]…);
```

其中：

- <表名>：要创建索引的基本表的名字。
- <列名>：可以建立在该表的一列或多列上，各列名之间用逗号分隔。
- <次序>：指定索引值的排列次序。升序（ASC）、降序（DESC）、默认值为 ASC。
- UNIQUE：此索引的每个索引值只对应唯一的数据记录。
- CLUSTER：表示要建立的索引是聚簇索引。

4. 删除索引

如果某些索引降低了数据库的性能，或者根本没有必要使用该索引，可以考虑删除该索引。MySQL 8 中使用 ALTER TABLE 或者 DROP INDEX 语句删除索引。DROP INDEX 语句在内部被映射到一个 ALTER TABLE 语句中。

使用 DROP INDEX 语句删除索引的语法格式如下：

```
DROP INDEX index_name ON tbl_name;
```

DROP INDEX 语句的语法相对简单，index_name 为要删除的索引名，tbl_name 为索引所在的数据表。

需要注意的是：DROP INDEX 语句不适用于用主键约束或唯一性约束创建的索引。DROP INDEX 也不能用于删除系统表的索引。

5. 索引与约束

MySQL 8 中表的索引与约束之间存在怎样的关系？约束分为主键约束、唯一性约束、默认值约束、检查约束、非空约束和外键约束。其中主键约束、唯一性约束以及外键约束与索引的联系较为紧密。

约束主要用于保证业务逻辑操作数据库时数据的完整性，而索引则是将关键字数据以某种数据结构的方式存储到外存，用于提升数据的检索性能。约束是逻辑层面的概念，而索引既有逻辑上的概念，更是一种物理存储方式，且事实存在，需要占用一定的存储空间。

对于一个 MySQL 8 数据库表而言，主键约束、唯一性约束以及外键约束是基于索引实现的。因此，对于主键约束、唯一性约束以及外键约束，创建约束的同时，会自动创建一个同名索引。

MySQL 8 数据库中删除了唯一性索引，其对应的唯一性约束也将自动删除。

5.4　任务实施

5.4.1　MySQL 8 数据库视图操作

【例 5.1】　假设 MySQL 8 中的当前数据库是 jwgl，创建该数据库上的视图 jwgl_view1，要求该视图中包括计算机科学与技术专业学生 2021—2022 学年第 2 学期的选课信息，要求呈现学生的学号、姓名、专业、选课名称信息。

MySQL Workbench 中的操作命令如下：

```
CREATE
    ALGORITHM = UNDEFINED
    DEFINER = `root`@`localhost`
    SQL SECURITY DEFINER
VIEW `jwgl_view1` AS
    select
        `student`.`Sno` AS `Sno`,
        `student`.`Sname` AS `Sname`,
        `student`.`Smajor` AS `Smajor`,
        `select_course`.`course_number_select` AS `course_number_select`
    from
        (`student`
        join `select_course`)
    where
        ((`student`.`Sno` = `select_course`.`Sno_select`)
            and (`student`.`Smajor` = '计算机科学与技术')) WITH CASCADED CHECK OPTION
```

在 MySQL Workbench 中的操作结果如图 5.1 所示。

图 5.1　视图 jwgl_view1 的查看结果

【例 5.2】　用 MySQL 8 在例 5.1 基础上创建新的视图 jwgl_view2，要求该视图以中文形式显示学号、姓名、课程号。

MySQL Workbench 中的操作命令如下：

```
CREATE
    ALGORITHM = UNDEFINED
    DEFINER = `root`@`localhost`
    SQL SECURITY DEFINER
VIEW `jwgl_view2` AS
    SELECT
        `jwgl_view1`.`Sno` AS `学号`,
```

```
        `jwgl_view1`.`Sname` AS `姓名`,
        `jwgl_view1`.`course_number_select` AS `所选课程的课程号`
FROM
        `jwgl_view1`
```

从例 5.2 可以看出，视图定义后，就可以如同查询基本表那样对该视图进行查询。

需要说明的是：在使用视图查询时，若其关联的基本表中添加了新的字段，则该视图将不包含该新字段；同时，如果与视图相关联的表或视图被删除，则该视图将不能再继续使用。

【例 5.3】 查看 MySQL 8 的视图信息。查看例 5.1 和例 5.2 创建的视图。

操作方法：用 MySQL Workbench 连接 MySQL 8 本地服务器的 jwgl 数据库，在 SCHEMAS 中选择数据库 jwgl，再选择 Views 即可，如图 5.2 所示。

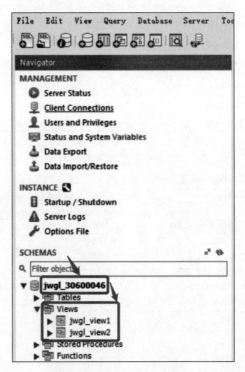

图 5.2 用 MySQL Workbench 查看数据库视图

【例 5.4】 在 MySQL 8 的控制台下，用 DESCRIBE 命令查看例 5.1 和例 5.2 创建的视图 jwgl_view1、jwgl_view2 分别如图 5.3 和图 5.4 所示。

【例 5.5】 在 MySQL 8 的控制台下用 SHOW CREATE VIEW 语句可查看视图的详细信息。基于该语句查看 jwgl_view2 的视图信息如图 5.5 所示。

【例 5.6】 用 INSERT 语句通过视图向基本表插入数据。在 MySQL 8 的数据库 jwgl 中创建视图 jwgl_view3，要求该视图中包含物联网应用技术专业学生的学号、姓名信息；显示视图 jwgl_view3 内容；向 jwgl_view3 视图中插入一条记录（20171606050107，杨超）并验证。

操作步骤 1：在 MySQL Workbench 中创建视图 jwgl_view3，实现代码如图 5.6 所示。

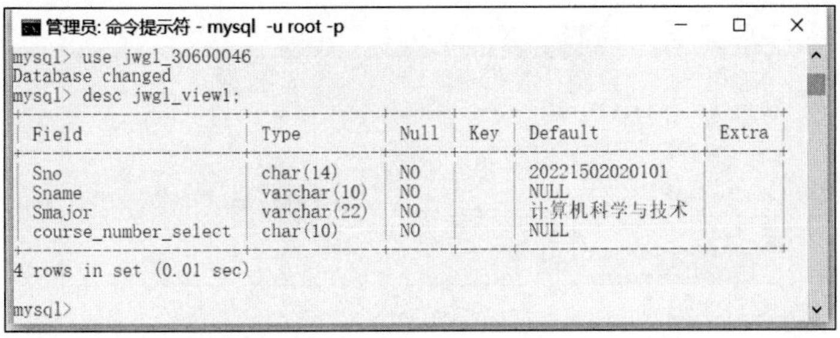

图 5.3　用 DESCRIBE 命令在控制台下查看 jwgl_view1 视图信息

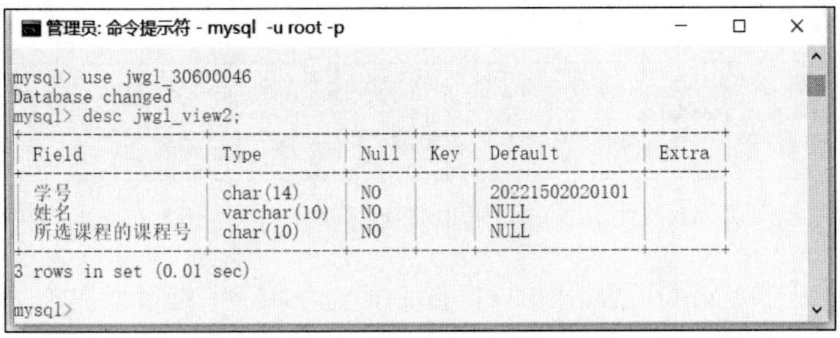

图 5.4　用 DESCRIBE 命令在控制台下查看 jwgl_view2 视图信息

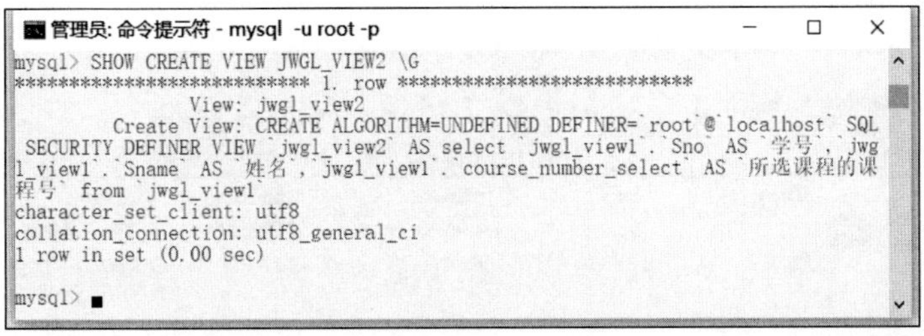

图 5.5　用 SHOW CREATE VIEW 语句在控制台下查看 jwgl_view2 视图信息

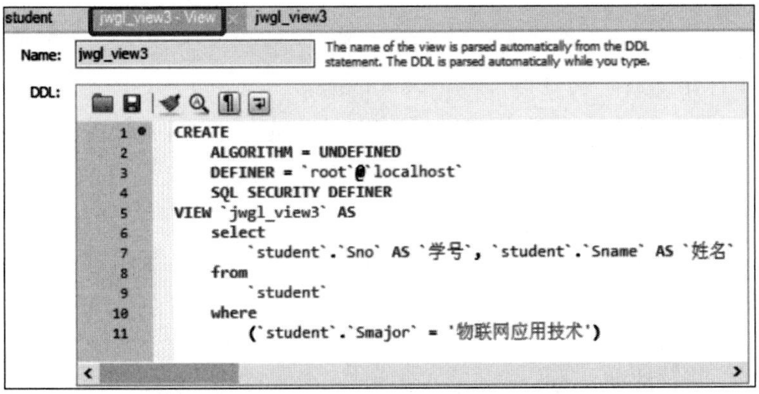

图 5.6　在 MySQL Workbench 中创建视图 jwgl_view3 的代码

操作步骤 2：在 MySQL Workbench 中显示视图 jwgl_view3 内容的代码如图 5.7 所示。

图 5.7　在 MySQL Workbench 中显示视图 jwgl_view3 内容的代码

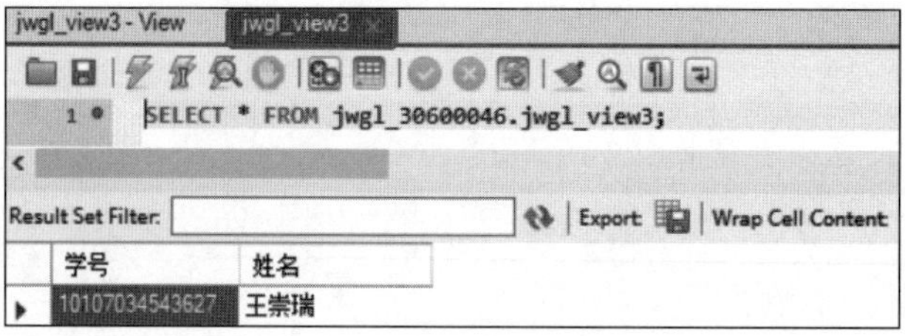

操作步骤 3：基于 MySQL Workbench 在视图 jwgl_view3 中插入一条记录（20171606050107，杨超），实现代码如图 5.8 所示。

图 5.8　在 MySQL Workbench 中向视图 jwgl_view3 添加记录的代码

操作步骤 4：基于 MySQL Workbench 验证学生信息表中是否添加了学号、姓名分别是 20171606050107、"杨超"的新记录，实现代码及验证结果如图 5.9 所示。

图 5.9　用 MySQL Workbench 验证基础数据表记录变化的实现代码及验证结果

需要说明的是：这里通过 INSERT 语句通过视图成功地向基本表插入数据时，记录中性别 Ssex、出生日期 Sbirth 等字段的值用默认值填充。

除了 INSERT 外，MySQL 8 还允许使用 UPDATE、DELETE 命令对视图的内容进行更新操作，用法同 MySQL 8 用 UPDATE、DELETE 命令操作一般的数据表，此处不再赘述。

【例 5.7】　基于数据库 jwgl 创建临时用的视图 jwgl_view，显示该视图全部内容后用 DROP 命令删除该视图。

操作步骤 1：创建视图 jwgl_view，实现代码如图 5.10 所示。

操作步骤 2：显示视图 jwgl_view 的全部内容，实现代码如图 5.11 所示。

操作步骤 3：用 DROP 命令删除视图 jwgl_view，实现代码如下：

```
DROP VIEW jwgl.jwgl_view;
```

```
1    USE `jwgl_30600046`;
2    CREATE
3        OR REPLACE ALGORITHM = UNDEFINED
4        DEFINER = `root`@`localhost`
5        SQL SECURITY DEFINER
6    VIEW `jwgl_view` AS
7        select
8            `class`.`Cno` AS `班级编号`,
9            `class`.`Cname` AS `班级名称`,
10           `class`.`Csunmebr` AS `班级人数`,
11           `class`.`Sno` AS `班长学号`
12       from
13           `class`;
```

图 5.10　创建数据库 jwgl 的视图 jwgl_view 的代码

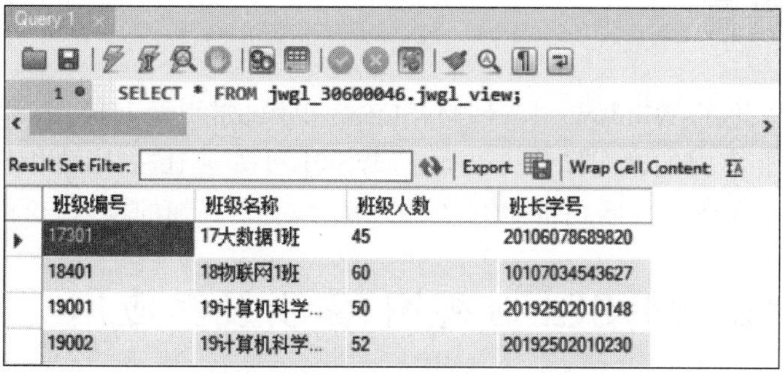

图 5.11　显示视图 jwgl_view 全部内容

5.4.2　MySQL 8 数据库索引操作

【例 5.8】　针对本项目前述的 MySQL 8 数据库 jwgl 的学生信息表创建唯一索引(索引名：Stusno_index)，并要求按照"学号"字段升序创建索引。

基于 MySQL Workbench 的操作命令如下：

```
CREATE UNIQUE INDEX Stusno_index ON jwgl.student(Sno);
```

【例 5.9】　将例 5.8 的索引名称修改为 Stusno_indexnew。

MySQL 8 的操作命令如下：

```
ALTER TABLE jwgl.student RENAME INDEX Stusno_index RENAME TO Stusno_indexnew;
```

补充说明：MySQL 5.7 及以下版本中的操作命令如下。

```
ALTER TABLE jwgl.student DROP INDEX Stusno_index;
ALTER TABLE jwgl.student ADD INDEX Stusno_indexnew(Sno);
```

5.5　任务小结

通过对"MySQL 8 视图、索引及其应用"项目的学习和训练，大家应该理解在 MySQL 8 中建立视图、索引的目的，操作方法及过程，同时掌握不再需要 MySQL 视图、索引时删除视图、索引的办法。

需要注意如下几点。

（1）视图是数据库中的虚拟表，它存储的是通过 SELECT 语句从其他表中整合而来的虚拟表。当其他表的内容改变时，视图的内容会随之改变，并且对视图的更新也会改变源表的内容。

（2）建立索引时，作为频繁查询条件的字段应该创建索引，唯一性太差的字段不适合建立索引，登录状态下更新非常频繁的字段不适合建立索引，不会出现在 WHERE 子句中的字段不该创建索引。

5.6　拓展提高

本项目重点讨论了 Windows 10 下 MySQL 8 视图、索引及其应用，通过实例着重介绍了 MySQL 8 视图、索引的常用操作方法，但 MySQL 8 如何让视图利用索引、索引的利弊、二级索引如何建立和使用等问题也是有必要了解的，请感兴趣的读者自行查阅相关资料。

自测与实验5　MySQL 8 视图、索引及其应用

1. 实验目的
（1）验证 MySQL 8 的视图操作。
（2）验证 MySQL 8 的索引操作。

2. 实验环境
（1）PC 一台。
（2）MySQL 8 数据库管理系统。

3. 实验内容
（1）MySQL 8 视图的创建、查询、更新、修改、删除操作。
（2）MySQL 8 中索引的创建、删除。

4. 实验步骤
参照本项目的任务实施。

MySQL 8内部存储过程与触发

6.1 项目描述

在大型数据库应用系统中,面对海量的访问,若每次都访问数据库并编译执行 SQL 代码,这无疑是可怕的。功能复杂的 SQL 代码,要求严格的数据触发管理及按时间要求的自动执行,让数据库管理员头痛不已。为了解决上述问题,本项目重点讲述 MySQL 8 的内部存储过程与触发,使得数据库管理系统能够更快速、更稳定、更安全地运行。

本项目旨在通过实际操作让读者掌握 MySQL 8 数据库的过程式存储对象,具体任务包括以下四方面。

(1) 掌握 MySQL 8 数据库的存储过程。

(2) 掌握 MySQL 8 数据库的存储函数。

(3) 掌握 MySQL 8 数据库的存储过程触发器。

(4) 掌握 MySQL 8 数据库的存储事件。

6.2 任务解析

本项目先通过存储过程基础知识的讲解,实现在 MySQL 8 中创建存储过程,并详细介绍了存储过程中会用到的变量声明、赋值、流程控制语句、错误处理程序和游标等知识。在此基础上,讲解了存储函数、触发器和事件,实现对数据库数据的动态管理。

6.3 相关知识

6.3.1 内部存储过程

从数据库理论角度看,常用的关系数据库语言的 SQL 语句在执行时需要先编译,然后执行。而数据库管理系统的存储过程是一组为了完成特定功能的 SQL 语句集,经编译后存储在数据库中,用户通过指定存储过程的名称并给定参数(若该存储过程带有参数)来调用执行它。

从程序设计角度看,DBMS 中的存储过程实际上就是一个可编程的函数,它在数据库中创建并保存,可由 SQL 语句和一些特殊的控制结构组成。当希望在不同的应用程序或平台上执行相同的操作,或者封装特定功能时,存储过程是非常有用的。数据库中的存储过程可被看作对编程中面向对象方法的模拟,它允许控制数据的访问方式。

DBMS 中的存储过程通常有以下优点。

- 存储过程增强了 SQL 语言的功能和灵活性。存储过程可以用流控制语句编写,有很强的灵活性,可以完成较复杂的判断和运算。

- 存储过程允许标准组件式编程。存储过程被创建后,在程序中可被多次调用,而不必重新编写该存储过程的 SQL 语句。此外,数据库专业人员可以随时对存储过程进行修改,且对应用程序源代码毫无影响。

- 存储过程能实现较快的执行速度。若某一操作包含大量的 Transaction-SQL 代码或分别被多次执行,那么存储过程要比批处理的执行速度快很多,因为存储过程是预编译的。在首次运行一个存储过程时,优化器对其进行分析优化,并且给出最终被存储在系统表中的执行计划。而批处理的 Transaction-SQL 语句在每次运行时都要进行编译和优化,速度相对要慢一些。

- 存储过程能够减少网络流量。针对同一个数据库对象的操作(如查询、修改),如果这一操作所涉及的 Transaction-SQL 语句被创建成一个存储过程,那么当在客户计算机上调用该存储过程时,网络中传送的只是该调用语句,从而大大减少了网络流量,并降低了网络负载。

- 存储过程可作为一种安全机制被充分利用。系统管理员通过对执行某一存储过程的权限进行限制,能够实现对相应数据访问权限的限制,避免了非授权用户对数据的访问,保证了数据的安全。

1. 存储过程的创建和调用

要在 MySQL 8 中创建存储过程,必须具有 CREATE ROUTINE 权限,并且 ALTER ROUTINE 和 EXECUTE 权限被自动授予它的创建者。如果二进制日志功能被允许,还需要 SUPER 权限。

MySQL 8 创建存储过程的语法格式如下:

```
CREATE PROCEDURE sp_name ([proc_parameter[, … ]]) [characteristic … ] routine_body
```

其中,proc_parameter 的参数为[IN | OUT | INOUT] param_name type。type 的类型为 Any valid MySQL data type。

存储过程特征 characteristic 的内容如下:

```
LANGUAGE SQL
| [NOT] DETERMINISTIC deterministic
| { CONTAINS SQL | NO SQL | READS SQL DATA | MODIFIES SQL DATA }
| SQL SECURITY { DEFINER | INVOKER }
| COMMENT 'string'
```

语法说明如下。

sp_name:存储过程的名称,默认在当前数据库创建,如需在其他数据库创建,则要在 sp_name 前加上数据库名。注意,存储过程名称应该避免和系统内置函数冲突,也不要使用系统关键字作为名称。

param_name:存储过程参数名称,可以有多个参数。

[IN|OUT|INOUT]：参数类型，包括输入参数 IN、输出参数 OUT、输入输出参数 INOUT。输入参数用于向存储过程传递数据，输出参数用于存储过程返回数据，输入输出参数两者兼备。当然，存储过程也可以没有参数。值得注意的是，参数名称不要和所调用的表格中的列名一样，否则 SQL 语句可能出错。

LANGUAGE SQL：指明使用 SQL 语言编写存储过程。这个选项可以不指定，目前仅支持 SQL 语言，未来可能支持 PHP 语言。

DETERMINISTIC：表示程序或线程是否对同样的输入参数产生同样的结果，默认为否定——NOT DETERMINISTIC。

SQL 内在特征：CONTAINS SQL 表示子程序不包含读或写数据的语句。NO SQL 表示子程序不包含 SQL 语句。READS SQL DATA 表示子程序包含读数据的语句，但不包含写数据的语句。MODIFIES SQL DATA 表示子程序包含写数据的语句。若这些特征没有明确给定，默认的是 CONTAINS SQL。

SQL SECURITY：可以用来指定子程序是使用创建子程序者的许可来执行，还是使用调用者的许可来执行，默认值是 DEFINER。创建者或调用者必须有访问子程序关联的数据库的许可，在 MySQL 8 中，必须有 EXECUTE 权限才能执行子程序，拥有这个权限的用户要么是定义者，要么是调用者，这取决于 SQL SECURITY 特征是如何设置的。

COMMENT 'string'：对存储过程的描述。

routine_body：存储过程体，存储过程的主体部分。存储过程实际完成的功能主要由主体部分来描述，以 BEGIN 开始，END 结尾，可以包含多条不同功能的 SQL 语句，每条语句同样以分号结尾。

需要注意的是，因为存储过程可能包含多条 SQL 语句，所以需要有开始标记和结束标记，分别为 delimiter ＄＄ 和 delimiter。

调用存储过程的语法格式如下：

```
CALL sp_name([parameter[,…]])
```

语法说明：CALL 语句调用 CREATE PROCEDURE 创建的存储过程，可用参数类型为 OUT 或者 INOUT 的参数给它的调用者传回值。存储过程名称后面需加括号，哪怕该存储过程没有参数传递。

【例 6.1】　创建存储过程，根据学生学号查询学生详细信息并执行该存储过程。

操作语句如下：

```
DROP PROCEDURE IF EXISTS message;
delimiter ＄＄
CREATE PROCEDURE message (in snum char(14))
BEGIN
SELECT * FROM student WHERE Sno = snum;
END ＄＄
CALL message('20106078689820');
```

在 MySQL Workbench 中验证存储过程的创建和调用如图 6.1 所示。

需要说明的是：本例创建的存储过程仅有一个输入参数。当存储过程创建后，就可以

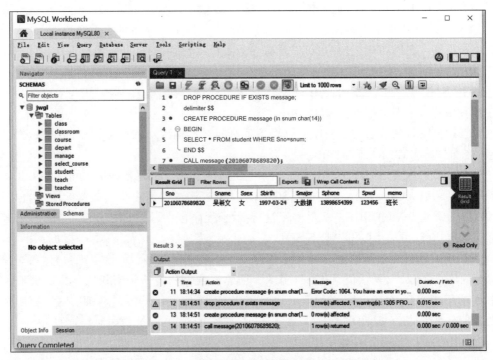

图 6.1　在 MySQL Workbench 中验证存储过程的创建和调用

调用存储过程来实现根据学生学号查询学生信息的功能；此外，因为存储过程 message 需要一个输入参数，所以调用时输入了参数 20106078689820，也就是查询学号为 20106078689820 的学生信息。

2. 存储过程体

存储过程的主体部分可包含任意类型的 SQL 语句，还可以包含存储过程、存储函数等本项目讲到的知识。过程体除了可以在存储过程中使用外，在本项目后续的存储函数、触发器、事件中均会使用，并且使用方法一致。这里以存储过程为例详细讲解过程体的各种用法，后续项目中不再详述。

创建存储过程时可以使用 DECLARE 声明局部变量，语法格式如下：

```
DECLARE var_name[, …] type [DEFAULT value]
```

语法说明：var_name 为变量名，type 为变量类型，DEFAULT 为变量默认值，可以没有默认值。要注意的是，通过 DECLARE 声明的是局部变量，不同于之前学过的用户变量，不需要使用@符号，并且只能在过程体中使用。

【**例 6.2**】　用 DECLARE 声明局部变量的方法在数据库 jwgl 上创建存储过程，输入课程号，要求返回课序号为 01 的中文课程名称（字段名：course_Chinese）。

操作语句如下：

```
delimiter $ $
CREATE PROCEDURE C6_2(in kechenghao char(40))
BEGIN
```

```
DECLARE kexuhao char(2);
SET kexuhao = '01';
SELECT course_Chinese AS 中文课程名 FROM course WHERE course_no = kexuhao and course_
number = kechenghao;
END $ $
```

在 MySQL Workbench 中,对默认数据库 jwgl 的验证过程和执行结果如图 6.2 所示。

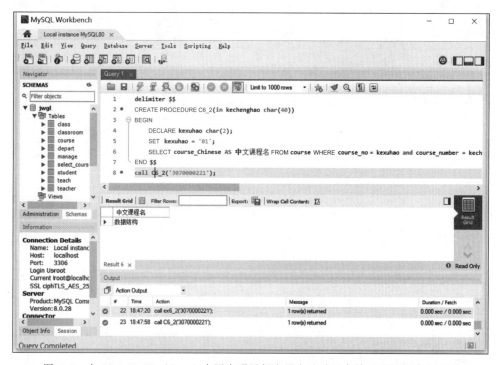

图 6.2 在 MySQL Workbench 中用声明局部变量方法验证存储过程的创建和调用

除了 SET 语句,还可以使用 SELECT…INTO 语句对变量进行赋值,语法格式如下:

```
SELECT col_name[, …] INTO var_name[, …] table_expr
```

语法说明: SELECT 语句把选定的列直接存储到变量,因此,只有单一的行可以被取回。其中,col_name 为列名,var_name 为要赋值的变量名,table_expr 为 SELECT 语句中的 FROM 子句及其之后部分。

【例 6.3】 创建一个存储过程,根据学号查询学生的姓名和专业。
操作语句如下:

```
delimiter $ $
CREATE PROCEDURE query()
BEGIN
DECLARE 姓名 char(10);
DECLARE 专业 char(22);
SELECT Sname,Smajor into 姓名,专业
```

```
FROM student
WHERE Sno = 20192502010230;
END $ $
```

注释：本例先声明了两个变量："姓名"和"专业"，然后使用 SELECT…INTO 语句将查询到的结果赋给这两个变量。

调用方法如下：

```
CALL query();
```

在 MySQL Workbench 中，对默认数据库 jwgl 的验证过程和执行结果如图 6.3 所示。

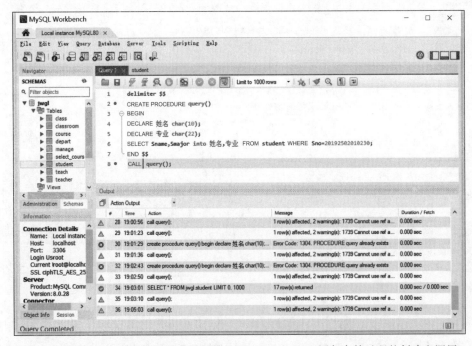

图 6.3　在 MySQL Workbench 中验证带 SELECT…INTO 语句存储过程的创建和调用

注释：本例既没有输入参数，也没有输出参数，调用后看不到任何结果。如果想知道运行结果，读者可以试着加入输出变量，然后查询。

3. 流程控制语句

在过程体中，可以使用的流程控制语句主要包括 IF 语句、CASE 语句、WHILE 语句、REPEAT 语句和 LOOP 语句。

1) IF 语句

IF 语句的语法格式如下：

```
IF search_condition THEN statement_list
    [ELSEIF search_condition THEN statement_list] …
    [ELSE statement_list]
END IF
```

语法说明：IF 实现了一个基本的条件构造。若 search_condition 求值为真，相应的 SQL 语句列表被执行；若没有 search_condition 匹配，在 ELSE 子句里的语句列表被执行。statement_list 可以包括一个或多个语句。

【例 6.4】 创建一个存储过程，判断输入的两个数字的大小。

操作语句如下：

```
delimiter $ $
CREATE PROCEDURE C6_4_compare(in a int,in b int,out c char(8))
BEGIN
IF a > b THEN
    SET c = '第一个大于第二个';
ELSEIF a < b THEN
    SET c = '第一个小于第二个';
ELSE
    SET c = '一样大';
END IF;
END $ $
```

调用方法如下：

```
CALL C6_4_compare(301,302,@c);
```

验证结果语句如下：

```
SELECT @c AS 比较结果;
```

在 MySQL Workbench 中，对本例的验证过程和执行结果如图 6.4 所示。

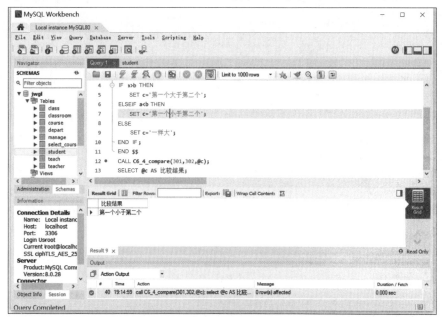

图 6.4 在 MySQL Workbench 中验证带判断语句存储过程的创建和调用

　　注释：本例共有2个输入参数,1个输出参数,对2个输入参数进行比较,并根据比较结果返回不同的值。这里输入的是301和302,301小于302,所以最后返回"第一个小于第二个"。

　　2) CASE语句

　　CASE语句的语法格式如下：

```
CASE case_value
    WHEN when_value THEN statement_list
    [WHEN when_value THEN statement_list] …
    [ELSE statement_list]
END CASE
```

　　或：

```
CASE
    WHEN search_condition THEN statement_list
    [WHEN search_condition THEN statement_list] …
    [ELSE statement_list]
END CASE
```

　　语法说明：CASE语句与之前项目里描述的CASE语句有所不同,这里的CASE语句不能有ELSE NULL子句,并且需要用END CASE替代END来终止。

　　CASE语句有两种格式,第一种格式中的case_value指的是要进行判断的值或表达式,而第二种格式中的CASE后面没有参数,需要比较的内容search_condition出现在WHEN之后。

　　【例6.5】　创建一个存储过程,根据部门编号判断该编号对应的二级学院名称。

　　操作语句如下：

```
delimiter $ $
CREATE PROCEDURE C6_5(in a int,out dname char(26))
BEGIN
CASE a
    WHEN 301 THEN SET dname = '财政税务学院';
    WHEN 302 THEN SET dname = '金融学院';
    WHEN 303 THEN SET dname = '会计学院';
    WHEN 304 THEN SET dname = '国际经济与贸易学院';
    WHEN 305 THEN SET dname = '工商管理学院';
    WHEN 306 THEN SET dname = '旅游管理学院';
    WHEN 307 THEN SET dname = '计算机与信息技术学院';
    ELSE SET dname = '无';
END CASE;
END $ $
```

　　调用方法如下：

```
CALL C6_5(307,@c);
SELECT @c AS 二级学院名称;
```

在 MySQL Workbench 中,对本例的验证过程和执行结果如图 6.5 所示。

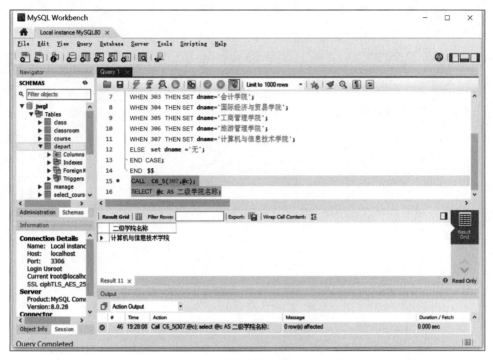

图 6.5　在 MySQL Workbench 中验证带 CASE 语句存储过程的创建和调用

注释:本例有一个输入参数、一个输出参数,所以在调用时需要给出一个具体的值,并且需要一个变量来接收存储过程返回的值。

本例还可以使用另外一种语法,代码如下:

```
CASE
WHEN a = 1 THEN SET dname = '财政税务学院';
WHEN a = 2 THEN SET dname = '金融学院';
WHEN a = 3 THEN SET dname = '会计学院';
WHEN a = 4 THEN SET dname = '国际经济与贸易学院';
WHEN a = 5 THEN SET dname = '工商管理学院';
WHEN a = 6 THEN SET dname = '旅游管理学院';
WHEN a = 7 THEN SET dname = '计算机与信息技术学院';
ELSE SET dname = '无';
END CASE;
```

3) WHILE 语句

WHILE 语句的语法格式如下:

```
[begin_label:] WHILE search_condition DO
    statement_list
END WHILE [end_label]
```

语法说明:statement_list 为 WHILE 语句内的语句或语句群,会被重复执行,直至 search_condition 为真。只有 begin_label 存在,end_label 才能被用,如果两者都存在,它们必须是一样的。

【例 6.6】 创建一个带 WHILE 循环的存储过程。

操作语句如下：

```
delimiter $ $
CREATE PROCEDURE whil(out b int)
BEGIN
DECLARE a int DEFAULT 10;
WHILE a > 0 do
SET a = a - 1;
END WHILE;
SET b = a;
END $ $
delimiter;
```

调用方法如下：

```
CALL whil(@b);
SELECT @b;
```

执行结果如下：

```
+------+
|  @b  |
+------+
|   0  |
+------+
1 row in set
```

注释：本例的判断条件是变量 a 是否大于 0，当 a 等于 0 时，循环就会终止，所以，最终变量 b 的值就是 0。

4) REPEAT 语句

REPEAT 语句的语法格式如下：

```
[begin_label:] REPEAT
    statement_list
UNTIL search_condition
END REPEAT [end_label]
```

语法说明：REPEAT 语句会重复执行 statement_list，直至满足 search_condition。

【例 6.7】 创建一个 REPEAT 循环，实现例 6.6 的效果。

操作语句如下：

```
delimiter $ $
CREATE PROCEDURE reap(out b int)
BEGIN
DECLARE a int DEFAULT 10;
REPEAT
```

```
SET a = a - 1;
    UNTIL a < 1
END REPEAT;
SET b = a;
END $ $
delimiter;
```

调用方法如下：

```
CALL reap(@b);
SELECT @b;
```

执行结果如下：

```
+------+
| @b   |
+------+
|   0  |
+------+
1 row in set
```

注释：本例是判断 a 小于 1，虽然最后的结果也是 0，但是判断方法和例 6.6 正好相反。本例是当 a 小于 1 时终止循环，而 WHILE 是当 a 大于 0 时继续，一个是终止的条件，另一个是继续的条件，其中差异希望读者仔细甄别。

5）LOOP 语句

LOOP 语句语法格式如下：

```
[begin_label:] LOOP
    statement_list
END LOOP [end_label]
```

语法说明：LOOP 语句允许某特定语句或语句群的重复执行，实现一个简单的循环构造，statement_list 是循环的语句。在循环内的语句一直重复直到循环退出，退出通常伴随着一个 LEAVE 语句。

【例 6.8】 创建一个带 LOOP 循环的存储过程。

操作语句如下：

```
delimiter $ $
CREATE PROCEDURE loo()
BEGIN
    SET @a = 3070000145;
    Label: loop
        SET @a = @a - 1;
        IF @a = 3070000136 THEN
        leave Label;
        END IF;
    END LOOP label;
END $ $
delimiter;
```

调用方法如下：

```
CALL loo();
SELECT @a;
```

执行结果如下：

```
+------+
| @a   |
+------+
|  -1  |
+------+
1 row in set
```

注释：本例变量@a初始值为3070000145（课程号），循环条件是判断@a是否等于3070000136（课程号）。要注意的是，LOOP循环本身并没有明确的跳出判断，需要通过其他语句辅助判断。

4. 定义条件和处理程序

定义条件和处理程序是事先定义程序执行过程中可能遇到的问题，并且可以在处理程序中定义解决这些问题的办法。这种方式可以提前预测可能出现的问题，并提出解决办法。这样可以增强程序处理问题的能力，避免程序异常停止，MySQL中都是通过DECLARE关键字来定义条件和处理程序。

1）定义条件

MySQL中可以使用DECLARE关键字来定义条件。其基本语法格式如下：

```
DECLARE condition_name CONDITION FOR condition_value
```

condition_value内容如下：

```
SQLSTATE [VALUE] sqlstate_value | mysql_error_code
```

语法说明：其中，condition_name参数表示条件的名称；condition_value参数表示条件的类型；sqlstate_value参数和mysql_error_code参数都可以表示MySQL的错误。例如，ERROR 1146（42S02）中，sqlstate_value值是42S02，mysql_error_code值是1146。

【例6.9】 对错误SQLSTATE 23000定义新的名称。

操作语句如下：

```
DECLARE ambiguous condition FOR SQLSTATE '23000';
```

注释：本行代码需要在存储过程中才生效，SQLSTATE 23000错误可以包含不能写入、列不能为空、列混淆等。

2）处理程序

MySQL中可以使用DECLARE关键字来定义处理程序。其基本语法格式如下：

```
        DECLARE handler_type HANDLER FOR condition_value[, …] sp_statement
handler_type:
    CONTINUE
    | EXIT
    | UNDO
condition_value:
    SQLSTATE [VALUE] sqlstate_value
    | condition_name
    | SQLWARNING
    | NOT FOUND
    | SQLEXCEPTION
    | mysql_error_code
```

语法说明如下。

handler_type：指明错误的处理方式。该参数有 3 个取值，这 3 个取值分别是 CONTINUE、EXIT 和 UNDO。CONTINUE 表示遇到错误不进行处理，继续向下执行；EXIT 表示遇到错误后马上退出；UNDO 表示遇到错误后撤回之前的操作，MySQL 中暂时还不支持这种处理方式。

condition_value：指明错误的类型。该参数有 6 个取值，sqlstate_value 和 mysql_error_code 与条件定义中的是同一个意思，condition_name 是 DECLARE 定义的条件名称。SQLWARNING 表示所有以 01 开头的 sqlstate_value 值；NOT FOUND 表示所有以 02 开头的 sqlstate_value 值；SQLEXCEPTION 表示所有没有被 SQLWARNING 或 NOT FOUND 捕获的 sqlstate_value 值。sp_statement 表示一些存储过程或函数的执行语句。

注意：通常情况下，在执行过程中遇到错误应立刻停止执行下面的语句，并且撤回前面的操作。但是，MySQL 中现在还不能支持 UNDO 操作。因此，遇到错误时最好执行 EXIT 操作。若事先能够预测错误类型，并且进行相应的处理，那么可以执行 CONTINUE 操作。

【例 6.10】 创建一个存储过程，查询工号为 30500034 的教师姓名和电话，若出现错误，程序继续运行。

操作语句如下：

```
delimiter $ $
CREATE PROCEDURE refer()
BEGIN
DECLARE ambiguous condition FOR SQLSTATE '23000';
DECLARE continue handler FOR ambiguous set @b = '程序错误,终止程序';
    SET @b = 0;
    SELECT Teacher_no, Teacher_name
    FROM teacher, teach
    WHERE Teacher_no = 30500034;
    SET @b = '程序错误,继续运行';
END $ $
delimiter;
```

调用方法如下：

```
CALL refer();
SELECT @b;
```

执行效果如下：

```
+------------------+
| @b               |
+------------------+
| 程序错误,继续运行 |
+------------------+
1 row in set (0.00 sec)
```

注释：本例过程体中的 SQL 查询代码没有指明 Teacher_no 属于哪个表，系统将会报错。因为使用处理程序，所以在发生这种错误时，程序会继续运行，并设置@b 为"程序错误,终止程序"。因后续代码又设置@b 为"程序错误,继续运行"，所以最终显示效果为最后设置的值。

5. 游标

关系数据库管理系统实质上是面向集合的，在 MySQL Server 中没有描述表中单一记录的表达形式，除非使用 WHERE 子句来限制只有一条记录被选中。因此，必须借助游标来进行面向单条记录的数据处理。由此可见，游标允许应用程序对查询语句 SELECT 返回的行结果集中每一行进行相同或不同的操作，而不是一次对整个结果集进行同一种操作。

游标的生命周期必须按如下顺序进行。

1）创建游标

```
DECLARE cursor_name CURSOR FOR select_statement;
```

这个语句声明一个游标。可以在子程序中定义多个游标，但在一个块中的每个游标必须有唯一的名字，要注意的是 SELECT 语句不能有 INTO 子句。

2）打开游标

```
OPEN calc_bonus;
```

3）使用游标

```
FETCH calc_bonus INTO re_id,re_salary,re_comm;
```

这个语句用来打开游标读取下一行(若有下一行)，并且前进光标指针。

4）关闭游标

```
CLOSE calc_bonus;
```

这个语句关闭先前打开的游标。若未被明确地关闭，游标在它被声明的复合语句的末尾被关闭。

【**例 6.11**】 创建一个存储过程，使用游标计算学生人数。

操作语句如下:

```
delimiter $ $
CREATE PROCEDURE coun(out a int)
BEGIN
DECLARE Sno char(12);
DECLARE EXIST boolean DEFAULT TRUE;
DECLARE numstu cursor FOR
SELECT Sno FROM student;
DECLARE continue handler FOR NOT FOUND
SET EXIST = FALSE;
SET a = 0;
OPEN numstu;
FETCH numstu INTO Sno;
WHILE EXIST do
SET a = a + 1;
FETCH numstu INTO Sno;
END WHILE;
CLOSE numstu;
END $ $
delimiter;
```

调用方法如下:

```
CALL coun(@a);
SELECT @a;
```

执行结果如下:

```
+------+
| @a   |
+------+
|  17  |
+------+
1 row in set (0.00 sec)
```

注释：本例声明了一个处理程序，当出错后会将变量 EXIST 赋值为 FALSE。在使用游标循环取数据时，数据取完时就会触发处理程序，从而改变 EXIST 的值，终止循环。有多少学生就会循环多少次，最后得到的就是学生人数。

修改存储过程。存储过程创建后，可以通过 ALTER 语句修改，语法格式如下：

```
ALTER {PROCEDURE | FUNCTION} sp_name [characteristic …]
characteristic:
    { CONTAINS SQL | NO SQL | READS SQL DATA | MODIFIES SQL DATA }
  | SQL SECURITY { DEFINER | INVOKER }
  | COMMENT 'string'
```

语法说明：其中，sp_name 参数表示存储过程或函数的名称；characteristic 参数指定存储函数的特性，在前面创建存储过程中已经详细介绍过，这里不再介绍。要注意的是，只能修改其特性而不能修改其中的具体代码。

【**例 6.12**】　修改创建的存储过程 bian，将读写权限改为 MODIFIES SQL DATA。
操作语句如下：

```
ALTER PROCEDURE bian
    MODIFIES SQL DATA ;
```

存储过程创建后可以使用 DROP 语句删除，语法格式如下：

```
DROP {PROCEDURE | FUNCTION} [IF EXISTS] sp_name
```

【**例 6.13**】　删除创建的存储过程 bian。
操作语句如下：

```
DROP PROCEDURE IF EXISTS bian;
```

6.3.2　存储函数

存储函数和存储过程都是存储程序，两者的定义语法很相似，但却是不同的内容。存储函数限制比较多，例如，不能用临时表，只能用表变量，还有一些函数都不可用等，而存储过程的限制相对就比较少。它们还有一些区别。

- 一般来说，存储函数实现的功能针对性比较强，而存储过程实现的功能要复杂一点。
- 存储函数将向调用者返回一个且仅返回一个结果值，存储过程将返回一个或多个结果集（存储函数做不到这一点），或者只是实现某种效果或动作而无须返回值。
- 存储函数嵌入在 SQL 语句中使用，可以在 SELECT 语句中调用，就像内建函数一样，如 cos() 函数、hex() 函数。而存储过程只能通过 CALL 语句进行调用。
- 存储函数的参数类型类似于 IN 参数，存储过程的参数类型有三种：IN 参数、OUT 参数、INOUT 参数。

1. 存储函数创建和调用

创建存储函数使用 CREATE FUNCTION 语句，语法格式和创建存储过程相似：

```
CREATE FUNCTION sp_name ([func_parameter[, … ]])
    RETURNS type
    [characteristic … ] routine_body
```

语法说明如下：

- func_parameter 是存储函数的参数，只能是 IN 类型的参数。
- RETURNS type 是存储函数返回值的数据类型。
- routine_body 是存储函数的过程体，用法和存储过程一致。要注意的是，在存储函数过程体中必须包含一个 RETURN 语句用以返回数据。

存储函数使用 SELECT 语句调用，调用语法格式如下：

```
SELECT sp_name ([func_parameter[, … ]])
```

【例6.14】 创建一个存储函数,返回一个学生的姓名。

操作语句如下:

```
delimiter $ $
CREATE FUNCTION fanname(snum char(14))
RETURNS char(8)
BEGIN
        DECLARE newname char(14);
        SELECT Sname INTO newname FROM student WHERE Sno = snum;
    RETURN newname;
END $ $
delimiter;
```

调用方法如下:

```
SELECT fanname(20192502010311);
```

执行结果如下:

```
+----------------------+
| fanname(20192502010311) |
+----------------------+
| 吴梦溪               |
+----------------------+
1 row in set (0.01 sec)
```

【例6.15】 调用例6.14的存储函数,根据输入的学号判断是否是"刘兰"。若是,则删除此学生信息;不是,则返回FLASE。

操作语句如下:

```
delimiter $ $
CREATE FUNCTION delname(snum char(14))
RETURNS boolean
BEGIN
DECLARE stuname char(14);
SET stuname = fanname(snum);
IF stuname = '刘兰' THEN
  DELETE FROM student WHERE Sname = stuname;
  RETURN TRUE;
ELSE
  RETURN FALSE;
END IF;
END $ $
delimiter;
```

调用方法如下:

```
SELECT delname (20192502010311);
```

执行结果如下：

```
+----------------------+
| delname(20192502010311) |
+----------------------+
|                    0 |
+----------------------+
1 row in set (0.00 sec)
```

2．存储函数的修改和删除

存储函数的修改和删除方法与存储过程类似，在这里不再详述。

其中修改存储函数语法如下：

```
ALTER FUNCTION sp_name [characteristic …]
```

删除存储函数语法如下：

```
DROP FUNCTION [IF EXISTS] sp_name
```

6.3.3 存储优化

优化存储过程有很多种方法，下面介绍最常用的 6 种方法。

1．使用 SET NOCOUNT ON 选项

使用 SELECT 语句时，除了返回对应的结果集外，还返回相应的影响行数。使用 SET NOCOUNT ON 后，除了数据集不会返回额外的信息，减小网络流量。

2．使用确定的 Schema

在使用表、存储过程、存储函数等时，最好加上确定的 Schema，这样可以使 MySQL 直接找到对应目标，避免去计划缓存中搜索。而且搜索会导致编译锁定，最终影响性能。如 SELECT ＊ FROM dbo. TestTable 比 SELECT ＊ FROM TestTable 要好。FROM TestTable 会在当前 Schema 下搜索，若没有就再去 dbo 下面搜索，影响性能。而且如果表是 csdn. TestTable，那么 SELECT ＊ FROM TestTable 会直接报找不到表的错误，所以写上具体的 Schema 也是一个好习惯。

3．少使用游标

总体来说，SQL 是个集合语言，对于集合运算具有较高的性能，而游标是过程运算。如对一个 100 万行的数据进行查询，游标需要读表 100 万次，而不使用游标只需要读取几次。

4．事务越短越好

MySQL 支持并发操作。如果事务过多过长，或是隔离级别过高，都会造成并发操作的阻塞、死锁。此时查询极慢，同时 CPU 占用率极低。

5．定义必要的约束

顾名思义，约束的作用就是对数据进行约束，数据库系统不允许把违反约束规则的数据

插入到数据库中。约束可以帮助我们尽早发现 SQL 中的逻辑错误,大部分程序缺陷是通过运行时的错误发现的,若不定义任何约束,等于放弃了很多检测错误的机会。

6. 创建必要的索引

当要从大量数据中查询数据时,索引可以大幅提高效率。

6.3.4　触发器

触发器是 MySQL 提供给程序员和数据分析员保证数据完整性的一种方法,它是与表事件相关的特殊的存储过程,它的执行不是由程序调用,也不是手工启动,而是由事件来触发,例如,当对一个表进行操作(INSERT,DELETE,UPDATE)时就会激活它。触发器经常用于加强数据的完整性约束和业务规则等。

触发器可以查询其他表,而且可以包含复杂的 SQL 语句。它们主要用于强制服从复杂的业务规则或要求。例如,可以根据客户当前的账户状态,控制是否允许插入新订单。

触发器也可用于强制引用完整性,以便在多个表中添加、更新或删除行时,保留在这些表之间所定义的关系。然而,强制引用完整性的最好方法是在相关表中定义主键约束和外键约束。

1. 创建触发器

触发器是与表有关的命名数据库对象,当表上出现特定事件时,将激活该对象。在 MySQL 8 中,使用 CREATE TRIGGER 来创建触发器。

创建触发器的语法格式如下:

```
CREATE TRIGGER trigger_name trigger_time trigger_event
    ON tbl_name FOR EACH ROW trigger_stmt
```

语法说明如下。

- trigger_name 是触发器的名字,触发程序与命名为 tbl_name 的表相关。tbl_name 必须引用永久性表。不能将触发程序与临时表或视图关联起来。
- trigger_time 是触发程序的动作时间。它可以是 BEFORE 或 AFTER,以指明触发程序是在激活它的语句之前或之后触发。
- trigger_event 指明了激活触发程序的语句类型。trigger_event 可以是下述值之一。
- INSERT:将新行插入表时激活触发程序,例如,通过 INSERT、LOAD DATA 和 REPLACE 语句。
- UPDATE:更改某一行时激活触发程序,例如,通过 UPDATE 语句。
- DELETE:从表中删除某一行时激活触发程序,例如,通过 DELETE 和 REPLACE 语句。

【例 6.16】　创建一个触发器,删除考生信息时将关于此考生的考场安排信息删除。

操作语句如下:

```
delimiter $ $
CREATE TRIGGER dell after DELETE
    on student FOR each row
BEGIN
    DELETE FROM testinfo WHERE zkzh = old.zkzh;
END $ $
delimiter;
```

注释：因为激活触发器的语句可能已经写入、修改或者删除了列，而我们又需要使用这样的列，那么就要使用临时表 OLD 来存放修改或者删除前的列，用临时表 NEW 来存放新写入的列或者修改后的列。因此，对于 INSERT 语句，只能使用 NEW；对于 DELETE 只能使用 OLD；对于 UPDATE 语句 NEW 和 OLD 都可以使用。

如果要验证本例，可以执行以下代码：

```
DELETE FROM student WHERE zkzh = '001';
```

此时查看数据库就会发现 testinfo 表中关于此学生的信息也被一并删除。

【例 6.17】 创建一个触发器，当新增考生信息后，自动添加此考生的考试信息。

操作语句如下：

```
delimiter $ $
CREATE TRIGGER ins after INSERT
    ON student FOR each row
BEGIN
    INSERT INTO testinfo values();
END $ $
delimiter;
```

2. 触发器的删除

触发器的删除依然使用 DROP 语句，语法格式如下：

```
DROP TRIGGER [ schema_name. ] trigger_name
```

语法说明：schema_name 为数据库名称，如果是当前数据库可以省略。trigger_name 是要删除的触发器名称。

【例 6.18】 删除触发器 ins。

操作语句如下：

```
DROP TRIGGER IF EXISTS ins;
```

6.3.5 事件

系统管理或者数据库管理中，经常要周期性地执行某一个命令或者 SQL 语句。对于 Linux 系统熟悉的人都知道 Linux 的 cron 计划任务，能很方便地实现定期运行指定命令的功能。MySQL 在 5.1 版本以后推出了事件调度器（Event Scheduler），和 Linux 的 cron 功能一样，能方便地实现 MySQL 数据库的计划任务，而且能精确到秒，使用起来非常简单和方便。

事件和触发器相似，都是在某些事情发生时自动启动。触发器是由于数据表中的数据变化而引起的，而事件是由调度时间来启动的，往往是一个时间点。

在使用事件这个功能时，首先要保证 MySQL 的版本是 5.1 以上，然后还要查看 MySQL 服务器上的事件是否开启。

查看事件是否开启,使用如下命令查看:

```
SHOW VARIABLES LIKE 'event_scheduler';
SELECT @@event_scheduler;
SHOW PROCESSLIST;
```

如果看到 event_scheduler 为 ON 或者 PROCESSLIST 中显示有 event_scheduler 的信息,说明已经开启了事件。如果显示为 OFF 或者在 PROCESSLIST 中查看不到 event_scheduler 的信息,那么说明事件没有开启,我们需要开启它。

开启 MySQL 的事件,可以使用如下命令:

```
SET GLOBAL event_scheduler = ON;
```

注意:还是要在 my. cnf 中添加 event_scheduler＝ON。因为如果没有添加的话,MySQL 重启事件又会回到原来的状态了。

1. 创建事件

```
CREATE
[DEFINER = { user | CURRENT_USER }]
EVENT
[IF NOT EXISTS]
event_name
ON SCHEDULE schedule
[ON COMPLETION [NOT] PRESERVE]
[ENABLE | DISABLE | DISABLE ON SLAVE]
[COMMENT 'comment']
DO event_body;
```

schedule:

```
AT timestamp [ + INTERVAL interval] …
| EVERY interval
[STARTS timestamp [ + INTERVAL interval] … ]
[ENDS timestamp [ + INTERVAL interval] … ]
```

interval:

```
 quantity {YEAR | QUARTER | MONTH | DAY | HOUR | MINUTE |
      WEEK | SECOND | YEAR_MONTH | DAY_HOUR |
DAY_MINUTE |DAY_SECOND | HOUR_MINUTE |
HOUR_SECOND | MINUTE_SECOND}
```

语法说明如下。

DEFINER:定义事件执行时检查权限的用户。

ON SCHEDULE schedule:定义执行的时间和时间间隔。

ON COMPLETION [NOT] PRESERVE:定义事件是一次执行还是永久执行,默认为一次执行,即 NOT PRESERVE。

ENABLE | DISABLE | DISABLE ON SLAVE：定义事件创建以后是开启，关闭，还是在从上关闭。如果是从服务器自动同步主上的创建事件的语句的情况下，会自动加上DISABLE ON SLAVE。

COMMENT 'comment'：定义事件的注释。

【例 6.19】　创建一个事件，立即启动，向 student 表中增加一条信息。

```
delimiter $ $
CREATE EVENT instu
ON schedule AT now()
DO
BEGIN
    INSERT INTO student values();
END $ $
delimiter;
```

事件创建后，读者可以打开数据库，看是否多了一条数据。

如果不希望立刻向数据库写入数据，而是延后一段时间写入，可以使用 INTERVAL。

```
CREATE EVENT instu
ON schedule AT now() + interval 30 second
```

【例 6.20】　创建一个事件，每个月启动一次，从下个月开始，至 2028 年结束。操作语句如下：

```
delimiter $ $
CREATE EVENT instu
ON schedule every 1 month
STARTS curdate() + interval 1 month
ENDS '2028 - 12 - 31'
DO
BEGIN
DELETE FROM testinfo;
END $ $
delimiter;
```

2. 事件的修改和删除

事件修改语法格式如下：

```
ALTER
    [DEFINER = { user | CURRENT_USER }]
    EVENT event_name
    [ON SCHEDULE schedule]
    [ON COMPLETION [NOT] PRESERVE]
    [RENAME TO new_event_name]
    [ENABLE | DISABLE | DISABLE ON SLAVE]
    [COMMENT 'comment']
    [DO event_body]
```

事件的修改语法和创建语法类似，具体内容请参考创建语法。

【例 6.21】　将例 6.20 创建的事件重命名为 insertstu。

操作语句如下：

```
ALTER EVENT instu
RENAME TO insertstu;
```

删除事件的语法格式如下：

```
DROP EVENT [IF EXISTS] event_name
```

【例 6.22】　将事件 insertstu 删除。

操作语句如下：

```
DROP EVENT IF EXISTS insertstu;
```

6.4　任务实施

前述章节介绍了存储过程、存储函数、触发器、事件的基本用法，本节将使用学到的知识完成网络商城项目中的过程式数据库对象开发。

【例 6.23】　创建存储过程，判断用户登录密码是否正确，如果正确返回 1，错误返回 0。

操作语句如下：

```
DROP PROCEDURE IF EXISTS denglu;
delimiter $ $
CREATE PROCEDURE denglu(in zh char(20),IN mima char(20),out result int)
BEGIN
DECLARE name char(8);
SELECT username INTO name FROM users WHERE username = zh and passwd = password(mima);
IF name = zh THEN
  SET result = 1;
ELSE
  SET result = 0;
END IF;
END $ $
delimiter;
```

调用方法如下：

```
CALL denglu('辰辰宝贝 521',123456,@a);
SELECT @a;
```

执行结果如下：

```
+------+
| @a   |
+------+
|  1   |
+------+
1 row in set
```

【例 6.24】 　创建存储过程，修改用户表、订单表和邮寄表中的用户 ID，以及用户表中的用户名。

操作语句如下：

```
DROP PROCEDURE IF EXISTS up;
delimiter $ $
CREATE PROCEDURE up(in oldid int(10),IN newid int(10),IN name char(20))
BEGIN
UPDATE users SET user_id = newid,username = name WHERE user_id = oldid;
UPDATE orders SET user_id = newid WHERE user_id = oldid;
UPDATE mail SET user_id = newid WHERE user_id = oldid;
END $ $
delimiter;
```

调用方法如下：

```
CALL up(17,1,'newname');
```

结果请查看相应表中的数据。

【例 6.25】 　创建触发器，当删除栏目时，自动删除栏目下的所有商品信息。

操作语句如下：

```
DROP TRIGGER IF EXISTS dellgood;
delimiter $ $
CREATE TRIGGER dellgood after DELETE
    ON categary FOR each row
BEGIN
    DELETE FROM goods WHERE cat_id = old.cat_id;
END $ $
delimiter;
```

请自行删除数据进行测试。

【例 6.26】 　创建触发器，当删除用户信息时，自动删除该用户的邮寄地址。

操作语句如下：

```
DROP TRIGGER IF EXISTS dellmail;
delimiter $ $
CREATE TRIGGER dellmail after DELETE
    ON users FOR each row
BEGIN
    DELETE FROM mail WHERE user_id = old.user_id;
END $ $
delimiter;
```

【例 6.27】 　创建事件，每年清理一次新闻表，将发布时间超过 3 年的新闻删除。

操作语句如下：

```
DROP EVENT IF EXISTS dellnews;delimiter $ $
CREATE EVENT dellnews
ON schedule every 1 year
STARTS now( )
DO
BEGIN
DECLARE id char(5);
DECLARE ctime datetime;
DECLARE exist boolean default true;
DECLARE num cursor FOR
SELECT news_id,create_time FROM news;
DECLARE continue handler FOR NOT FOUND
SET EXIST = FALSE;
OPEN num;
FETCH num INTO id,ctime;
WHILE EXIST DO
IF year(now( )) − year(ctime)> 3 THEN
DELETE FROM news WHERE news_id = id;
SET @a = 1;
END IF;
FETCH num INTO id,ctime;
END WHILE;
CLOSE num;
END $ $
delimiter;
```

　　注释：对数据库信息进行定期清理是很常用的功能。本例使用游标一行一行地读取新闻表中的信息，并判断是否为 3 年前的新闻。若是则删除，不是则继续循环读取，直到读完全部信息，触发处理程序，终止循序。

6.5　任务小结

　　通过对"MySQL 8 内部存储过程与触发"项目的学习和训练，读者应该学会如何创建存储过程、存储函数、触发器和事件。现将以往学生学习本项目过程中的问题和经验总结如下。

　　问题 1：为什么存储过程创建成功，但是调用存储过程时却提示错误？

　　解答 1：存储过程创建成功只能证明整个存储过程是符合语法规范的，并不意味着存储过程体中的 SQL 语句也是正确的。只有调用存储过程，才会运行过程体中的代码，SQL 代码中的错误这时才会暴露出来。同理，适用于存储函数、触发器、事件。

　　问题 2：为什么系统提示的错误在存储过程的代码中找不到？

　　解答 2：如果存储过程 A 调用了存储过程 B，则 A 在被调用时，B 出错依然会给予提示。这时如果确定出错代码不在 A 中，可以到 B 中去查询。同理，适用于存储函数、触发器、事件。

　　问题 3：为什么会出现错误"[Err] 1054-Unknown column 'testindof' in 'field list'"？

　　解答3：在查询时，一定要注意查询字段的正确书写格式，很多学生很容易误写要查询的字段，导致查询无法正常进行。本例中就是不小心把 testinfo 写成了 testindof 导致系统报错。

6.6　拓展提高

　　有能力的读者可以使用存储过程完成更加复杂的功能。分页显示信息是常用的信息显示方法，但是其实现方式复杂，这里给出 MySQL 8 的分页存储过程，有需要的读者可以根据自己的实际情况再进行修改。

```
DELIMITER $ $
DROP PROCEDURE IF EXISTS `dbcall`.`get_page`$ $
CREATE DEFINER = `root`@`localhost` PROCEDURE `get_page`(
/ * * // * Table name * /
tableName varchar(100),
/ * * // * Fileds to display * /
fieldsNames varchar(100),
/ * * // * Page index * /
pageIndex int,
/ * * // * Page Size * /
pageSize int,
/ * * // * Field to sort * /
sortName varchar(500),
/ * * // * Condition * /
strWhere varchar(500)
)
BEGIN
DECLARE fieldlist varchar(200);
IF fieldsNames = ''||fieldsNames = NULL THEN
SET fieldlist = ' * ';
ELSE
SET fieldlist = fieldsNames;
END IF;
IF strWhere = ''||strWhere = NULL THEN
IF sortName = ''||sortName = NULL THEN
SET @ strSQL = concat ('SELECT ', fieldlist, ' FROM ', tableName, ' LIMIT ', (pageIndex - 1) *
pageSize, ',', pageSize);
ELSE
SET @ strSQL = concat('SELECT ', fieldlist, ' FROM ', tableName, ' ORDER BY ', sortName, ' LIMIT ',
(pageIndex - 1) * pageSize, ',', pageSize);
END IF;
ELSE
IF sortName = ''||sortName = NULL THEN
SET @ strSQL = concat ('SELECT ', fieldlist, ' FROM ', tableName, ' WHERE ', strWhere, ' LIMIT ',
(pageIndex - 1) * pageSize, ',', pageSize);
ELSE
SET @ strSQL = concat('SELECT ', fieldlist, 'FROM ', tableName, 'WHERE ', strWhere,'
```

```
ORDER BY ',sortName,'LIMIT ',(pageIndex-1)*pageSize,',',pageSize);
END IF;
END IF;
PREPARE stmt1 FROM @strSQL;
EXECUTE stmt1;
DEALLOCATE PREPARE stmt1;
END$$
DELIMITER;
```

项目 7

MySQL 8 事务处理与并发访问

7.1 项目描述

如前所述,当下仍有不少的中小型网络选用 MySQL 数据库作为后台。但在实际应用中,肯定存在同一时刻有多个用户操作数据库(如秒杀、推广活动)的情形,也就是说,一定存在多个用户同时修改同一数据的情况发生。基于此,本项目将讲述 MySQL 8 数据库管理系统的事务处理和并发访问。

MySQL 8 数据库管理系统的并发是相对事务而言的,而并发控制从理论上来说又是一个庞大的话题。本项目旨在说明当存在多个用户对 MySQL 8 数据库进行写操作时,MySQL 8 如何保证数据的一致性。

简单起见,本项目仅从 MySQL 8 数据库服务器和存储引擎两个角度简单说明 MySQL 8 对并发读和并发写的控制方法。

具体任务包括以下三方面。

(1) MySQL 8 默认的事务隔离级别。

(2) MySQL 8 的并发连接数。

(3) MySQL 8 锁的争夺情况。

7.2 任务解析

由于篇幅有限,本项目仅介绍 Windows 10 下 MySQL 8 的事务处理和并发访问问题。

7.3 相关知识

7.3.1 MySQL 8 的事务处理

1. 事务概述

在 MySQL 8 数据库中,事务是 MySQL 8 数据库管理系统的执行单位,它由有限的数据库操作序列组成,但并不是任意的 MySQL 数据库操作序列都能成为事务。一般来说,事务必须满足 ACID 特性。

- 原子性(Atomicity):组成事务处理的语句形成了一个逻辑单元,不能只执行其中的一部分。换句话说,事务是不可分割的最小单元。例如,银行转账过程中,必须同时从一个账户减去转账金额，并加到另一个账户中，只改变一个账户是不合理的。

- 一致性（Consistency）：在事务处理执行前后，数据库是一致的。也就是说，事务应该正确地转换系统状态。例如，银行转账过程中，要么转账金额从一个账户转入另一个账户，要么两个账户都不变，没有其他的情况。

- 隔离性（Isolation）：一个事务处理对另一个事务处理没有影响。就是说，任何事务都不可能看到一个处在不完整状态下的事务。例如，银行转账过程中，在一个转账事务没有提交之前，另一个转账事务只能处于等待状态。

- 持久性（Durability）：事务处理的效果能够被永久保存下来。反过来说，事务应当能够承受所有的失败，包括服务器、进程、通信以及媒体失败等。例如，银行转账过程中，转账后账户的状态要能被保存下来。

简而言之，MySQL 8 的事务可以理解为是一段 SQL 语句的批处理，但是这个批处理是一个具有原子性、不可分割，要么全部执行（COMMIT），要么回滚（ROLLBACK）全都不执行的 SQL 语句序列。

2. 事务的使用情形

在 MySQL 8 中，只有 InnoDB/BDB 之类的 transaction_safe table 才支持 MySQL 事务。默认的 ENGINE MyISAM 是不支持事务的，SHOW ENGINE 可以看到支持的和默认的 ENGINE。可以在[mysqld]加入：default_storage_engine＝InnoDB；InnoDB 就是建立表的默认引擎。

建立 InnoDB 表：

```
CREATE TABLE … type = InnoDB;
ALTER TABLE table_name type = InnoDB;
```

查看已有表的类型：

```
SHOW CREATE TABLE table_name
```

3. 事务处理方法

MySQL 8 的事务处理主要有以下两种方法。

- 用 BEGIN、ROLLBACK 和 COMMIT 实现。BEGIN 用于开始一个事务，ROLLBACK 用于事务回滚，COMMIT 用于事务提交。
- 直接用 SET 来改变 MySQL 8 的自动提交模式。MYSQL 8 默认是自动提交的，也就是说一旦用户提交一个 QUERY 查询，系统就直接执行。但可以通过如下方式改变 MySQL 8 的自动提交模式，以实现 MySQL 8 的事务处理。
  - ◆ SET autocommit＝0 禁止自动提交
  - ◆ SET autocommit＝1 开启自动提交

注意：使用 SET autocommit＝0 时，以后所有的 SQL 语句都将作为事务处理，直到用 COMMIT 确认或 ROLLBACK 结束。第一种方法只将当前的 SQL 语句作为一个事务，所以一般建议使用第一种方法。

4. 事务隔离级别

MySQL 8 针对事务应该避免的现象定义了四个级别的事务隔离。这些不希望发生的现象如下。

- 脏读：一个事务读取了另一个未提交的并行事务写的数据。
- 不可重复读：一个事务重新读取前面读取过的数据，发现该数据已经被另一个已提交的事务修改过。
- 幻读：一个事务重新执行一个查询，返回一套符合查询条件的行，发现这些行因为其他最近提交的事务而发生了改变。

"脏读"的例子：张三的分数为 89，事务 A 中把他的分数改为 98，但事务 A 尚未提交。与此同时，事务 B 正在读取张三的分数，读取到张三的分数为 98。随后，事务 A 发生异常，而回滚了事务。张三的分数又回滚为 89。最后，事务 B 读取到张三的分数为 98 的数据即为脏数据，事务 B 做了一次脏读。MySQL 8 缺省的事物隔离级别就可以防止脏读。

不可重复读的例子：在事务 A 中，读取到张三的分数为 89，操作没有完成，事务还没提交。与此同时，事务 B 把张三的分数改为 98，并提交了事务。随后，在事务 A 中，再次读取张三的分数，此时分数变为 98。在一个事务中前后两次读取的结果并不致，导致不可重复读。

幻读的例子：目前分数为 90 分以上的学生有 15 人，事务 A 读取所有分数为 90 分以上的学生人数有 15 人。此时，事务 B 插入一条分数为 99 的学生记录。这时，事务 A 再次读取 90 分以上的学生，记录为 16 人，此时产生了幻读。

MySQL 8 的事务隔离级别如表 7.1 所示。

表 7.1　MySQL 8 的事务隔离级别

隔离级别	脏读	不可重复读	幻读
读未提交	可能	可能	可能
读已提交	不可能	可能	可能
可重复读	不可能	不可能	可能
可串行化	不可能	不可能	不可能

7.3.2　MySQL 8 并发访问

1. 并发访问概述

相对于串行访问来说，MySQL 8 数据库的并发访问机制能大大增加数据库资源的利用效率，提高数据库系统的吞吐量，从而可以支持更多的用户，并减少用户等待时间。然而，MySQL 8 的并发访问机制也会带来如前所述的脏读、不可重复读、幻读、更新丢失乃至死锁的问题。本项目前述内容已介绍脏读、不可重复读、幻读的含义，此处不再赘述。关于并发访问的更新丢失问题，说明如下。

更新丢失是指当两个或多个事务选择同一行，然后基于最初选定的值更新该行时，由于每个事务都不知道其他事务的存在，就会发生丢失更新问题，也就是说，最后的更新覆盖了由其他事务所做的更新。例如，两个编辑人员制作了同一文档的电子副本。每个编辑人员独立地更改其副本，然后保存更改后的副本，这样就覆盖了原始文档。最后保存其更改副本的编辑人员覆盖另一个编辑人员所做的更改。如果在一个编辑人员完成并提交事务之前，另一个编辑人员不能访问同一文件，则可避免此问题。

死锁是指两个或两个以上的事务在执行过程中,因争夺资源而造成的一种互相等待的现象,若无外力作用,它们都将无法执行,此时称系统处于死锁状态或系统产生了死锁,这些永远在互相等待的进程称为死锁进程。

2. 并发访问的实现

锁是计算机协调多个进程或线程并发访问某一资源的机制。在数据库中,除传统的计算资源(如 CPU、RAM、I/O 等)的争用以外,数据也是一种供许多用户共享的资源。如何保证数据并发访问的一致性、有效性是所有数据库必须解决的问题,锁冲突也是影响数据库并发访问性能的重要因素。从这个角度来说,锁对数据库而言显得尤其重要,也更加复杂。本节着重讨论 MySQL 8 锁机制的特点、常见的锁问题及解决 MySQL 8 锁问题的一些方法。

相对其他数据库而言,MySQL 的锁机制比较简单,其最显著的特点是不同的存储引擎支持不同的锁机制。如前所述,MySQL 常用的存储引擎有：MyISAM、MEMORY、BDB 和 InnoDB。MySQL 的四种存储引擎的锁机制如下。

- MyISAM 和 MEMORY 采用表级锁。
- BDB 采用页面锁或表级锁,默认为页面锁,BDB 现已被 InnoDB 取代。
- InnoDB 支持行级锁和表级锁,默认为行级锁。

3. 表级锁

鉴于表级锁是使用最为广泛的锁类型(MyISAM、MEMORY、BDB、InnoDB 四种存储引擎都支持),下面简要概述表级锁在 MySQL 8 并发访问中的作用。

MySQL 8 的表级锁的锁模式有两种模式：表共享读锁和表独占写锁。MyISAM 在执行查询语句(如 SELECT 语句)前,会自动给涉及的所有表加读锁,在执行更新操作(如 UPDATE、DELETE、INSERT 等语句)前,会自动给涉及的表加写锁,且 MySQL 的存储引擎 MyISAM 对表的操作方案如下。

- 对 MyISAM 表的读操作(加读锁),不会阻塞其他进程对同一表的读请求,但会阻塞对同一表的写请求。只有当读锁释放后,才会执行其他进程的写操作。
- 对 MyISAM 表的写操作(加写锁),会阻塞其他进程对同一表的读和写操作,只有当写锁释放后,才会执行其他进程的读写操作。

MySQL 8 的表级锁具有以下特点。

- 开销小。
- 加锁快。
- 不会出现死锁。
- 锁定粒度大。
- 发生锁冲突的概率最高。
- 并发度最低。

MySQL 8 的表级锁适合以查询为主,只有少量按索引条件更新数据的应用,如 Web 应用。

4. 行级锁

行级锁是 MySQL 8 中粒度最小的一种锁,它能大大减少数据库操作的冲突。但是粒度越小,实现的成本也越高。如前所述,只有 InnoDB 存储引擎才支持行级锁。

InnoDB 的行级锁分为共享锁(SLOCK)和排他锁(XLOCK)两种。SLOCK 允许事务读一行记录但不允许任何线程对该行记录进行修改；XLOCK 允许当前事务删除或更新一行记录，其他线程不能操作该记录。

共享锁的用法如下：

```
SELECT … LOCK IN SHARE MODE;
```

MySQL 8 会对查询结果的每行记录都添加共享锁。

共享锁的申请前提：当前没有线程对该结果集中的任何行使用排他锁，否则申请会阻塞。

共享锁的操作限制：使用共享锁线程与不使用共享锁线程对锁定记录的操作限制如表 7.2 所示。

表 7.2　InnoDB 存储引擎的共享锁线程对锁定记录的操作限制

线程	读取操作	写入操作	共享锁申请	排他锁申请
使用共享锁	可读	可写/不可写（报错）	可申请	可申请
不使用共享锁	可读	不可写（阻塞）	可申请	不可申请（阻塞）

关于共享锁的几点说明。

- 使用共享锁线程可对其锁定记录进行读取，其他线程同样也可对锁定记录进行读取操作，并且这两个线程读取的数据都属于同一个版本。
- 对于写入操作，使用共享锁线程需要分情况讨论，当只有当前线程对指定记录使用共享锁时，线程是可对该记录进行写入操作（包括更新与删除），这是由于在写入操作前，线程向该记录申请了排他锁，然后才进行写入操作；当其他线程也对该记录使用共享锁时，则不可进行写入操作，系统会有报错提示。不对锁定记录使用共享锁线程，当然是不可进行写入操作了，写入操作会阻塞。
- 使用共享锁进程可再次对锁定记录申请共享锁，系统并不报错，但是操作本身并没有太大意义。其他线程同样也可以对锁定记录申请共享锁。
- 使用共享锁进程可对其锁定记录申请排他锁，而其他进程是不可以对锁定记录申请排他锁，申请会阻塞。

排他锁的用法如下：

```
SELECT … FOR UPDATE;
```

MySQL 8 会对查询结果集中每行都添加排他锁，在事务操作中，任何对记录的更新与删除操作会自动加上排他锁。

排他锁的申请前提：当前没有线程对该结果集中的任何行使用排他锁或共享锁，否则申请会阻塞。

排他锁的操作限制：使用排他锁线程与不使用排他锁线程对锁定记录的操作限制如表 7.3 所示。

表 7.3　InnoDB 存储引擎的排他锁线程对锁定记录的操作限制

线程	读取操作	写入操作	共享锁申请	排他锁申请
使用排他锁	可读（新版本）	可写	可申请	可申请
不使用排他锁	可读（旧版本）	不可写（阻塞）	不可申请（阻塞）	不可申请（阻塞）

关于排他锁的几点说明。

- 使用排他锁线程可以对其锁定记录进行读取,读取的内容为当前事务的最新版本;而对于不使用排他锁的线程,同样是可以进行读取操作,这种特性是一致性非锁定读。即对于同一条记录,数据库记录多个版本,在事务内的更新操作会反映到新版本中,而旧版本会提供给其他线程进行读取操作。
- 使用排他锁线程可对其锁定记录进行写入操作;对于不使用排他锁线程,对锁定记录的写操作是不允许的,请求会阻塞。
- 使用排他锁进程可对其锁定记录申请共享锁,但是申请共享锁之后,线程并不会释放原先的排他锁,因此该记录对外表现出排他锁的性质;其他线程是不可对已锁定记录申请共享锁,请求会阻塞。
- 使用排他锁进程可对其锁定记录申请排他锁(实际上并没有任何意义);而其他进程是不可对锁定记录申请排他锁,申请会阻塞。

行级锁的特点如下。

- 开销大。
- 加锁慢。
- 会出现死锁。
- 锁定粒度最小。
- 发生锁冲突的概率最低。
- 发度最高。
- 行级锁更适合于有大量按索引条件并发更新少量不同数据,同时又有并发查询的应用,如一些在线事务处理(OLTP)系统。

5. 页面锁

页面锁仅用于 MySQL 的 BDB 存储引擎。鉴于 BDB 存储引擎现已被 InnoDB 取代,此处不再赘述。

7.4　任务实施

7.4.1　查询和修改事务隔离级别

MySQL 8 默认事务隔离级别是可重复读。该隔离级别能够确保 MySQL 不会幻读。在 Shell 下登录 MySQL 8,用 SQL 命令查询 MySQL 默认事务隔离级别的方法及显示结果如图 7.1 所示。

在控制台下查询 MySQL 的存储引擎 InnoDB 会话级别的事务隔离级别的方法及显示结果如图 7.2 所示。

在 Shell 下登录 MySQL 8,并用 SQL 命令修改事务隔离级别的方法如下:

```
mysql> SET global transaction isolation level read committed;
mysql> SET session transaction isolation level read committed;
```

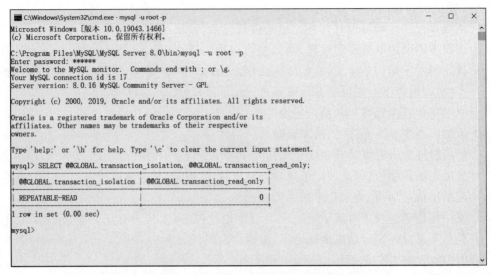

图 7.1　查询 MySQL 默认事务隔离级别的方法及显示结果

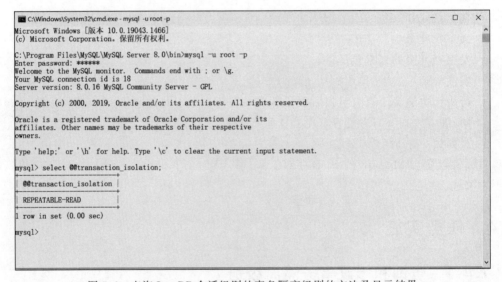

图 7.2　查询 InnoDB 会话级别的事务隔离级别的方法及显示结果

7.4.2　查询 MySQL 并发连接数量

在 Shell 下登录 MySQL 8 服务器，并用 SHOW 命令查询 MySQL 最大连接（用户）数的操作过程及结果如图 7.3 所示。

从上图可以看到：max_connections 的值为 151，表示最多允许 151 个用户同时连接 MySQL 数据库服务器。当用户访问数超过 151 时，MySQL 数据库服务器将难堪重负，甚至死锁。

需要说明以下两点。

- MySQL 中有一个与 max_connections 容易混淆的参数 max_user_connections。max_user_connections 是指每个数据库用户的最大连接数，简单说是指同一个账号

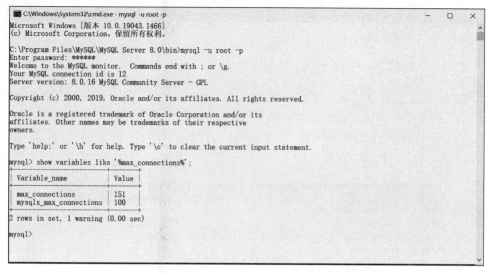

图 7.3　用 SHOW 命令查询 MySQL 最大连接数

能够同时连接到 MySQL 服务的最大连接数,当 max_user_connections 设置为 0 时表示不限制。然而,在 MySQL 中,普通用户的 MySQL 并发连接数是 20(即意同时允许 20 人用同一户名登录后读写一个帖子),而且只有 3 个是同时访问,其他 3 个是并发排队。

* MySQL 提供两个级别的并发控制:服务器级和存储引擎级。

7.4.3　查询 MySQL 表级锁争夺情况

MySQL 的默认存储引擎 MyISAM 是用表级锁对并发访问进行控制的。我们可以通过检查状态变量 table_locks_waited 和 table_locks_immediate 值的大小简单判定默认存储引擎 MyISAM 中表级锁的争夺情况,在 Shell 下登录 MySQL 8,并用 SQL 命令查询 MySQL 表级锁争夺情况的方法和步骤如图 7.4 所示。

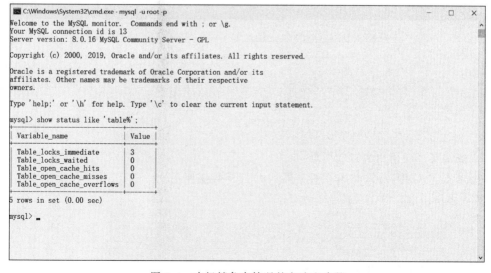

图 7.4　表级锁争夺情况的方法和步骤

在图 7.4 所示的查询结果中,如果 Table_locks_waited 变量的值比较大,则说明当前系统中存在着较严重的表级锁争用情况。

7.4.4　MySQL 8 存储引擎操作

1. 查询 MySQL 当前所用的存储引擎

在 MySQL 8 中,查询当前存储引擎信息的方法与步骤如下。

以 Root 用户登录 MySQL 服务器(如图 7.5 所示)后,在 Shell 下输入"show engines;",操作过程和结果如图 7.6 所示。

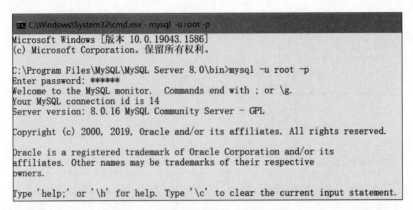

图 7.5　MySQL Server8 命令行窗口

图 7.6　用 SHOW ENGINES 命令行操作过程和结果

2. 查询某个表所用的存储引擎

在 MySQL 8 中,登录数据库服务器后并打开数据库后,在 Shell 下查询指定数据库的某个数据表所用的存储引擎的命令如下:

```
mysql > SHOW CREATE TABLE 表名;
```

验证操作过程及结果如图 7.7 所示。

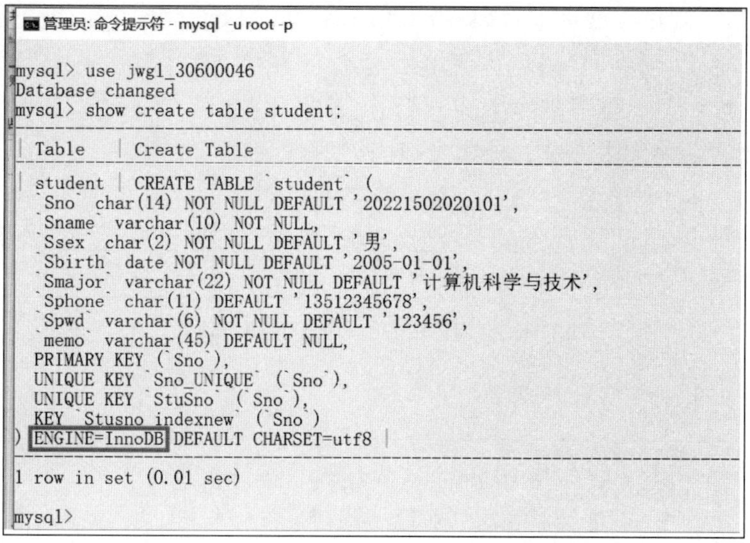

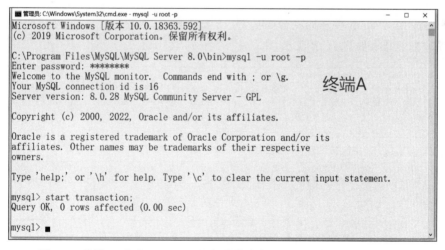

图 7.7　查询数据表所用的存储引擎信息

从图 7.7 可以看出，数据库 jwgl 的数据表 student 所用的存储引擎是 InnoDB。

7.4.5　MySQL 8 事务隔离与排他锁实例

功能：限制终端 A、B 对同一表中的某条记录同时进行查询、修改操作。

操作步骤 1：终端 A 登录 MySQL 8 服务器，将事务隔离级别设置为可重复读，操作方法和结果验证如图 7.8 所示。

图 7.8　终端 A 登录 MySQL 8 服务器并将事务隔离级别设置为可重复读

操作步骤 2：为记录添加排他锁。具体操作方法：针对数据库 jwgl 的学生信息表 student，为学号（字段名：Sno）10106030200022 的记录添加排他锁。操作过程和结果如图 7.9 所示。

操作步骤 3：终端 B 登录 MySQL 8 服务器，将事务隔离级别设置为可重复读，操作方

```
mysql> set session transaction isolation level repeatable read;
Query OK, 0 rows affected (0.00 sec)

mysql> start transaction;
Query OK, 0 rows affected (0.00 sec)

mysql> select * from jwgl.student where Sno = 10106030200022 for update;
```

Sno	Sname	Ssex	Sbirth	Smajor	Sphone	Spwd	memo
10106030200022	钟文辉	男	1997-05-01	大数据	15076983566	123456	优秀毕业生

```
1 row in set (0.00 sec)
```

图 7.9　查询数据表所用的存储引擎信息

法和结果验证如图 7.10 所示。

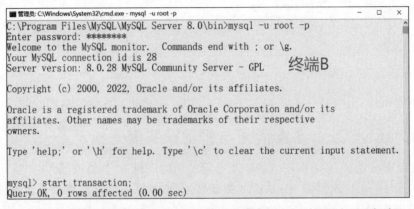

图 7.10　终端 B 登录 MySQL 8 服务器并将事务隔离级别设置为可重复读

操作步骤 4：终端 B 登录同一台 MySQL 8 服务器，修改终端 A 被添加排他锁的记录，操作过程和验证结果如图 7.11 所示。

```
mysql> select * from jwgl_30600046.student where 10106030200022 for update;
ERROR 1205 (HY000): Lock wait timeout exceeded; try restarting transaction
mysql> ■
```

```
mysql>  update jwgl_30600046.student set Ssex = '女' where Sno = 10106030200022;
ERROR 1205 (HY000): Lock wait timeout exceeded; try restarting transaction
mysql> ■
```

图 7.11　终端 B 登录 MySQL 8 服务器并修改记录

7.5　任务小结

本项目以多个用户同时存取 MySQL 8 数据库为研究对象，给出了 MySQL 8 保证数据一致性的方法，并从 MySQL 8 数据库服务器和存储引擎角度介绍了 MySQL 对并发读和并发写的控制方法,详细介绍了以下内容。

(1) MySQL 默认的事务隔离级别的查询、修改方法。

(2) MySQL 并发连接数的查询方法。

(3) MySQL 锁争夺情况的查询方法。

7.6　拓展提高

7.6.1　并发插入技术

在 MySQL 8 中,数据表被加上一个读锁后,其他进程原则上无法对此表进行更新操作。然而,MyISAM 存储引擎通过设置不同的系统变量 concurrent_insert 值,用以控制其并发插入的行为,其值可以为 0、1 或 2,具体方法如下。

- concurrent_insert 设置为 0 时,不允许并发插入。
- concurrent_insert 设置为 1 时(默认设置),如果表中没有被删除的行,MyISAM 允许在一个进程读表的同时,另一个进程从表尾插入记录。
- concurrent_insert 设置为 2 时,无论表中有没有被删除的行,都允许在表尾并发插入记录。

7.6.2　锁调度技术

当一个进程请求某个表的读锁,同时另一个进程请求同一表的写锁,此时 MySQL 将会如优先处理进程呢? 这就要用到 MySQL 的锁调度技术。一般情况下,MySQL 认为写请求一般比读请求要重要,也就是说,当同时存在读写请求时,MySQL 将会优先执行写操作。因此,在 MyISAM 存储引擎中,表在进行大量的更新操作时(特别是更新的字段中存在索引时),会造成查询操作很难获得读锁,从而导致查询阻塞。此时,用户可以通过以下设置来调节 MyISAM 的调度行为。

- 通过指定启动参数 LOW-PRIORITY-UPDATES,使 MyISAM 存储引擎默认给予读请求以优先的权利。
- 通过执行命令 SET LOW_PRIORITY_UPDATES＝1,使该连接发出的更新请求优先级降低。
- 通过指定 INSERT、UPDATE 或 DELETE 语句的 LOW_PRIORITY 属性,降低该语句的优先级。

可以看出,以上三种办法要么是设置更新优先,要么是设置查询优先。但从应用经验看,不能盲目将 MySQL 设置为读优先,因为长时间运行的查询操作也会使写进程“饿死”。所以,如有必要,最好根据用户的实际情况来决定设置哪种操作优先。遗憾的是这三种方法没有从根本上同时解决查询和更新的问题。

7.6.3　锁竞争削减技术

从技术角度和经验看,数据库工程师在数据库设计与优化过程中,可以采取以下措施来降低 MySQL 锁竞争的不利情况。

措施 1：利用 LOCK TABLES 来提高更新速度。

对于数据表更新操作而言，锁定数据表比不锁定数据表的更新操作更快。如果一个表更新频率比较高，如超市的收银系统，那么可以通过使用 LOCK TABLES 选项来提高更新速度。更新的速度提高了，与 SELECT 查询作业的冲突就会明显减少，锁竞争的现象也能够得到明显的抑制。

措施 2：将某个表分为几个表来降低锁竞争。

一个大型的购物超市，如沃尔玛，其销售记录表每天的更新操作非常多。如果用户在更新的同时，另外有用户需要对其进行查询，显然锁竞争的现象会比较严重。针对这种情况，可以人为地将某张表分为几个表，如可以为每一台收银机专门设置一张数据表。如此，各台收银机之间的用户操作都是在自己的表中完成，相互之间不会产生干扰。在数据统计分析时，可以通过视图将他们整合成一张表。

措施 3：调整某个作业的优先级。

默认情况下，在 MySQL 数据库中，更新操作比 SELECT 查询有更高的优先级。例如，在用户甲对数据表 A 进行查询但尚未完成时，如果用户乙先发出了一个查询申请，然后用户丙再发出一个更新请求。当用户甲的查询作业完成之后，系统会先执行谁的请求呢？注意，默认情况下系统并不遵循先来后到的规则，即不会先执行用户乙的查询请求，而是执行用户丙的更新进程。这主要是因为，更新进程比查询进程具有更高的优先级。

但是在有些特定的情况下，可能这种优先级不符合企业的需求。此时数据库管理员需要根据实际情况来调整语句的优先级。如果确实需要调整优先级，可以通过以下几种方式来实现。

一是使用 LOW_PRIOITY 属性。这个属性可以将某个特定的语句的优先级降低。如可以调低某个特定的更新语句或者插入语句的优先级。需要注意的是，这个属性只有对特定的语句有用。即其作用域只针对某个特定的语句，而不会对全局造成影响。

二是使用 HIGH_PRIOITY 属性。与 LOW_PRIOITY 属性对应，有一个 HIGH_PRIOITY 属性。顾名思义，这个属性可以用来提高某个特定的 SELECT 查询语句的优先级。如上面案例，在用户丙的查询语句中加入 HIGH_PRIOITY 属性，那么用户甲查询完毕之后，会立即执行用户丙的查询语句。等到用户丙执行完毕之后，才会执行用户乙的更新操作。可见，此时查询语句的优先级得到了提升。需要注意，跟 LOW_PRIOITY 属性一样，这个作用域也只限于特定的查询语句，而不会对没有加这个参数的其他查询语句产生影响。也就是说，其他查询语句如果没有加这个属性，那么其优先级别仍然低于更新进程。

三是使用 SET LOW_PRIORIT_UPDATES=1 选项。以上两个属性都是针对特定的语句，而不会造成全局的影响。如果现在数据库管理员需要调整某个连接优先级别，该如何实现呢？如上例，现在用户需要将用户丙连接的查询语句的优先级别提高，而不是每次查询时都需要使用上面的属性。此时就需要使用 SET LOW_PRIORIT_UPDATES=1 选项。通过这个选项可以制定具体连接中的所有更新进程都是用比较低的优先级。注意，这个选项只针对特定的连接有用，对于其他的连接不适用。

四是采用 LOW_PRIORITY_UPDATES 选项。上面谈到的属性，前面两个针对特定的语句，后面一个是针对特定的连接，都不会对整个数据库产生影响。如果需要在整个数据库范围之内，降低更新语句的优先级，是否可以实现？如上面案例，在不使用其他参数的情况下,就让用户丙的查询语句比用户乙的更新具有更先执行? 如果用户有这种需求的话,可以使用 LOW_PRIORITY_UPDATES 选项来启动数据库。采用这个选项启动数据库时,系统会给数据库中所有的更新语句比较低的优先级。此时用户丙的查询语句就会比用户乙的更新请求更早执行。而对于查询作业来说,不存在锁定的情况,为此用户甲的查询请求与用户丙的查询请求可以同时进行。通过调整语句执行的优先级,可以有效降低锁竞争的情况。

可见,可以利用属性或者选项来调整某条语句的优先级。如现在有一个应用,主要供用户来进行查询。更新的操作一般都是由管理员来完成,并且对于用户来说更新的数据并不敏感。此时基于用户优先的原则,可以考虑将查询的优先级别提高。如此的话,对于用户来说,其遇到锁竞争的情况就会比较少,从而可以缩短用户的等待时间。在调整用户优先级时,需要考虑其调整的范围。即只是调整特定的语句,还是调整特定的连接,又或者对整个数据库生效。

措施 4:对于混合操作的情况,可以采用特定的选项。

有时会遇到混合操作的作业,如同时存在更新操作、插入操作和查询操作时,要根据特定的情况,采用特定的选项。如现在需要对数据表同时进行插入和删除的作业,此时如果能够使用 INSERT DELAYED 选项,将会给用户带来很大的帮助。再如对同一个数据表执行 SELECT 和 DELETE 语句会有锁竞争的情况。此时数据库管理员也可以根据实际情况来选择使用 DELETE LIMINT 选项来解决所遇到速度问题。

通常情况下,锁竞争与死锁不同,并不会对数据库的运行带来很大的影响。只是可能会延长用户的等待时间。如果用户并发访问的概率并不是很高,此时锁竞争的现象就会很少,那么采用上面的这些措施并不会带来多大的收益。相反,如果用户对某个表的并发访问比较多,特别是不同的用户会对表执行查询、更新、删除、插入等混合作业,那么采取上面这些措施可以在很大程度上降低锁冲突,减少用户的等待时间。

在分发注册密码的 Web 交互程序中,普通的,不考虑并发的设计如下。

设计一个表:一个字段是 ID,另一个字段是需要分发的密码,再一个是标志位,标志该密码是否已经分发,初始是 0。

程序设计:从表里找到一个标志位为 0 的密码,设置该标志位为 1,然后发给用户。

但这个方法导致的问题是当用户的访问是高并发时,多个用户会得到相同的密码,原因如下(仅供参考)。

MySQL 的数据库操作方式类似操作系统的读写锁,允许多个读锁同时操作,此时是不允许写的,当读锁放开时允许写,同理,当写锁起作用时,读锁是阻塞的。所以,当用户高并发时,多个读锁可以一起读,第一个读锁释放后,它要将标志位置为 1,但由于有其他读锁在读,所以第一个操作的写锁阻塞在这里,不能够将刚读到的这一行的标志字段,及时设置为 1。并发的其他读锁读到的标志位还是 0,当所有的并发读锁都释放后,所有操作的写锁开始起作用,多个并发的写操作阻塞执行,依次将该位置为 1。这样多个并发的操作读的都是一条数据。

解决这个问题的方法是,利用 MySQL 的读写锁的机制,对于这种机制,写锁一定是互斥的,虽然允许同时多个读操作,但永远只允许一个写操作。对于多个读数据的操作并发执行造成的问题,要尽量避免;同时,需要在读取时也加锁,不允许并发读取。

由于在写入时锁是互斥的，所以再建立一个表，只保存一个字段即可，就是一个自增的ID，当有操作需要申请密码时，先在这个表里插入一条空数据，这样返回一个 MySQL 分配的自增 ID，用这个 ID 去第一个表里取相应该 ID 的密码就可以了。

不会出现多个用户得到同样密码的解释是，此时多个并发的操作肯定可以得到不同的ID，因为在插入时写锁是互斥的，并发的多个操作要想写数据表，就会阻塞排队，第一个操作写入后，释放了该锁，获得 MySQL 分配的 ID，其后的操作需要执行 INSERT 操作，MySQL 就会将这个操作顺序插入数据表的不同行，返回不同的 ID，此时虽然操作是并发的，同时到达的，但对于 MySQL 来说，是一条一条执行插入语句，所以操作的是不同的行，返回不同的 ID，这样在第一个表里找到的就是不同的密码，用户分配到的也是不同的密码。

当这个分配的 ID 大于密码表里 ID 总数时，表示密码全部发送完。

7.6.4　死锁避免技术

如果使用 INSERT…SELECT 语句备份表且数据量较大，在单独的时间点操作，避免与其他 SQL 语句争夺资源，或使用 SELECT INTO OUTFILE 加上 LOAD DATA INFILE 代替 INSERT…SELECT，这样不仅快，而且不会要求锁定。

一个锁定记录集的事务，其操作结果集应尽量简短，以免一次占用太多资源，与其他事务处理的记录冲突。

更新或者删除表数据，SQL 语句的 WHERE 条件都是主键或索引，避免两种情况交叉，造成死锁。对于 WHERE 子句较复杂的情况，将其单独通过 SQL 得到后，再在更新语句中使用。

SQL 语句的嵌套表不要太多，能拆分就拆分，避免占用资源同时等待资源，导致与其他事务冲突。

对定点运行脚本的情况，避免在同一时间点运行多个对同一表进行读写的脚本，特别注意加锁且操作数据量比较大的语句。

应用程序中增加对死锁的判断，如果事务意外结束，重新运行该事务，减少对功能的影响。

7.6.5　性能优化技术

基于 MySQL 数据库构建高并发网站时，建议采用下述性能优化方案。

- 表字段分割。对用户访问量大、行数多的 MySQL 数据表，最好使表中字段的个数尽可能少，可通过垂直分割技术，将不在 SELECT 列表的数据分割出去。例如，将文章正文内容字段从文章信息表中分出去（因为该字段一般较长，影响查询时的行扫描速度），将正文内容字段单独设计一张表 articleContent（articleID，articleContext），通过关联技术实现文章正文内容的查询。
- 频繁更新的字段需要做表的垂直分割。在做更新操作时，一般会做行锁定，有的会设置成表锁定。因为 MySQL 数据库在做查询操作时，更新操作没完成前，所有查询都需要排队等待。
- 尽量做 CACHE 字段，减少表的关联查询。
- 对一些非重要、非实时性强的数据，做定时更新，而不是实时更新。

- 索引。好的索引对查询的效果可以提升成百上千倍,但前提是有一个好的数据表结构设计。索引太多容易引起更新变慢。
- 定期重建索引。使用一定时间后,会有索引碎片的问题。
- 过滤慢查询,一般系统查询时间超过 0.1 秒的都要检查。
- 善用 EXPLAIN 分析查询成本。
- 配置参数优化。如临时表大小、锁机制、数据库引擎类型。

自测与实验 7　MySQL 8 数据库的并发访问与控制

1．实验目的
(1) 验证 MySQL 默认的事务隔离级别的查询方法。
(2) 验证 MySQL 默认的事务隔离级别的修改方法。
(3) 验证 MySQL 并发连接数的查询方法。
(4) 验证 MySQL 表级锁争夺情况的查询方法。

2．实验环境
(1) PC 一台。
(2) 具备 MySQL 数据库的操作环境。

3．实验内容
(1) 学会在 Shell 下用 MySQL 命令查询 MySQL 的事务隔离级别。
(2) 学会在 Shell 下用 MySQL 命令修改 MySQL 的事务隔离级别。
(3) 学会在 Shell 下用 MySQL 命令查询 MySQL 的并发连接数。
(4) 学会在 Shell 下用 MySQL 命令查询 MySQL 表级锁的争夺情况。

4．实验步骤
参照本项目的任务实施方法。

项目 8

MySQL 8数据库的备份与恢复

8.1 项目描述

数据库中包含非常重要的信息,数据备份与恢复是为了防止操作失误或系统故障导致重要数据丢失,或者在数据出现不满足一致性、完整性时,或者当用户需求改变等,并且需要将数据恢复到改变以前的状态时,能够根据之前某一状态的副本(备份数据)将数据恢复到某一初始的正常状态。数据库备份就是将数据库中的数据以及保证数据库正常运行的有关信息保存起来,以备数据库还原时使用,数据库还原是指加载数据库到系统中的进程。

MySQL 数据库备份与恢复的具体任务包括以下三方面。

(1) 使用 MySQL 可视化管理工具 MySQL Workbench 备份和恢复数据库。

(2) 使用命令 mysqldump 备份、恢复 MySQL 数据库。

(3) 使用 SQL 语句导入、导出文件。

8.2 任务解析

如前所述,MySQL 数据库可能工作在 Windows 操作系统下,也可能工作在 Linux 或其他操作系统下。同时,备份 MySQL 数据库的方式有很多种,效果也不一样。本项目主要介绍以下内容。

• 使用 MySQL Workbench 备份和恢复 MySQL 数据库。

• 在 Windows 操作系统下用 MySQL 8 命令对数据库进行备份和恢复。

8.3 相关知识

视频讲解

8.3.1 备份需要考虑的问题

在备份 MySQL 8 数据库时,需要考虑以下问题。

• 可以容忍丢失多长时间的数据。

• 恢复数据要在多长时间内完成。

• 恢复时是否需要持续提供服务。

• 恢复的对象,是整个库?多个表?还是单个库?单个表?

8.3.2　备份的类型

1. 根据是否需要数据库离线分类

在备份 MySQL 8 数据库时,根据是否需要数据库离线,将 MySQL 8 数据库的备份分为冷备、温备和热备。

- 冷备:需要关闭 MySQL 服务,读写请求均不允许。
- 温备:服务在线,但仅支持读请求,不允许写请求。
- 热备:备份的同时,业务不受影响。

需要说明如下:

- 冷备、温备、热备的选择取决于业务需求,与备份工具无关。
- MySQL 的默认存储引擎 MyISAM 不支持热备。
- MySQL 的事务型存储引擎 InnoDB 支持热备,但需专门工具。

2. 根据要备份的数据集合的范围分类

- 完全备份:备份全部字符集。
- 增量备份:仅备份上次完全备份或增量备份已经改变了的数据,不能单独使用,要借助完全备份,备份的频率取决于数据的更新频率。
- 差异备份:仅备份上次完全备份以来改变了的数据。

建议的恢复策略:完全＋增量＋二进制日志,完全＋差异＋二进制日志。

3. 根据备份数据或文件分类

- 物理备份:直接备份数据文件,其优点是,备份和恢复操作都比较简单,能够跨 MySQL 的不同版本,恢复速度快,属于文件系统级别的备份。
- 逻辑备份:备份表中的数据和代码,其优点是,恢复简单,备份的结果为 ASCII 文件,可以编辑,与存储引擎无关,可以通过网络备份和恢复。其缺点是,备份或恢复都需要 MySQL 服务器进程参与,备份结果占据更多的空间,浮点数可能会丢失精度,恢复之后需要重建。

8.3.3　备份的对象

备份的对象包含以下几方面。

- 数据。
- 配置文件。
- 代码:存储过程、存储函数、触发器。
- 操作系统相关的配置文件。
- 二进制日志。

8.3.4　备份与恢复的方法

1. 工具法

工具法是借助 MySQL Workbench、Navicat、phpMyAdmin 等 MySQL 的可视化管理工具备份与恢复 MySQL 数据库,具体方法详见本项目的任务实施章节。

需要说明的是:当需要备份的 MySQL 数据库体积比较大时,作为 Web 应用的

phpMyAdmin 可能会遭遇超时而操作失败。所以，学习使用 SQL 语句法和命令行模式下备份和恢复 MySQL 数据库还是有必要的。

2. SQL 语句法

```
mysql > USE hellodb;                       //打开 hellodb 库
mysql > SELECT * FROM students;        //查看 students 的属性
mysql > SELECT * FROM students WHERE Age > 30 into outfile '/tmp/stud.txt'; //将年龄大于 30 岁
的同学的信息备份出来
```

注意：备份的目录路径必须让当前运行 MySQL 服务器的用户具有访问权限，且备份完成之后需要把备份的文件从 tmp 目录复制走，否则就失去备份的目的了。

视频讲解

3. 直接复制法

直接复制法是用命令的方式备份和恢复 MySQL 数据库，相关的命令及其用法如下。

命令名称：mysqldump。

功能描述：在 Windows、Linux 操作系统下备份 MySQL 数据库。

常用格式如下：

```
mysqldump - h hostname - u username - p password databasename > backupfile.sql
```

参数说明如下。

- -h：表示需要指定一个数据库主机名。
- -u：表示需要指定一个 MySQL 用户名来连接数据库服务。在项目 1 中，安装 MySQL 时使用的是默认的户名 Root。
- -p：意味着你需要有一个有效且与用户名对应的密码。在项目 1 中，"-p"后的密码是安装 MySQL 时 Root 用户的密码。
- databasename > backupfile.sql 表示把待备份的数据库备份到当前目录下的 backupfile.sql 文件中。

mysqldump 支持的全部参数。

- -add-locks：在每个表导出之前增加 LOCK TABLES，并且之后增加 UNLOCK TABLE（为了使得更快地插入 MySQL）。
- -add-drop-table：在每个 CREATE 语句之前增加一个 DROP TABLE，以删除数据表。
- -allow-keywords：允许创建是关键词的列名字，但建议在列名的左侧添加表名作为前缀。
- -c,-complete-insert：使用完整的 INSERT 语句（用列名字）。
- -C,-compress：如果客户和服务器均支持压缩，压缩两者间所有的信息。
- -delayed：用 INSERT DELAYED 命令插入行。
- -e,-extended-insert：使用全新多行 INSERT 语法（给出更紧缩并且更快的插入语句）。
- -♯,-debug[＝option_string]：跟踪程序的使用（为了调试）。
- -help：显示一条帮助消息并且退出。
- -fields-terminated-by＝…：与-T 一起使用，且有相应的 LOAD DATA INFILE 子

句相同的含义。

- -fields-enclosed-by＝…：与-T 一起使用，且有相应的 LOAD DATA INFILE 子句相同的含义。
- -fields-optionally-enclosed-by＝…：与-T 一起使用，且有相应的 LOAD DATA INFILE 子句相同的含义。
- -fields-escaped-by＝…：与-T 一起使用，且有相应的 LOAD DATA INFILE 子句相同的含义。
- -fields-terminated-by＝…：与-T 一起使用，且有相应的 LOAD DATA INFILE 子句相同的含义。
- -F,-flush-logs：在开始导出前，洗掉在 MySQL 服务器中的日志文件。
- -f,-force：即使在一个表导出期间得到一个 SQL 错误，继续运行。
- -h,-host＝：从命名的主机上的 MySQL 服务器导出数据。默认主机是 localhost。
- -l,-lock-tables：为开始导出锁定所有表。
- -t,-no-create-info：不写入表创建信息（CREATE TABLE 语句）。
- -d,-no-data：不写入表的任何行信息。如果只想得到一个表结构的导出，这是很有用的。
- -opt：同-quick,-add-drop-table,-add-locks,-extended-insert,-lock-tables 一样。
- -p your_pass,-password[＝your_pass]：与服务器连接时使用的口令。如果不指定"＝your_pass"部分，mysqldump 需要用户从终端输入口令。
- -P port_num,-port＝port_num：与一台主机连接时使用的 TCP/IP 端口号。（这用于连接到 localhost 以外的主机，因为它使用 UNIX 套接字。）
- -q,-quick：不缓冲查询，直接导出至 stdout。
- -S /path/to/socket,-socket＝/path/to/socket：与 localhost 连接时（它是默认主机）使用的套接字文件。
- -T,-tab＝path-to-some-directory：对于每个给定的表，创建一个 table_name.sql 文件，它包含 SQL CREATE 命令和一个 table_name.txt 文件，文件 table_name.txt 包含数据。注意，这只有在 mysqldump 运行在 mysqld 守护进程运行的同一台机器上时才工作。txt 文件的格式根据-fields-xxx 和 -lines-xxx 选项来定。
- -u user_name,-user＝user_name：与服务器连接时，MySQL 使用的用户名。默认值是 UNIX 登录名。
- -O var＝option,-set-variable var＝option：设置一个变量的值。可能的变量被列在该命令的后面。
- -v,-verbose：冗长模式。打印出程序所做的更多的信息。
- -V,-version：打印版本信息并且退出。
- -w,-where＝ 'where-condition'：只导出被选择了的记录。注意，引号是强制的。

mysqldump 命令的工作原理很简单，它先查出需要备份的表的结构，再在文本文件中生成一个 CREATE 语句。然后，将表中的所有记录转换为一条 INSTERT 语句。这些 CREATE 语句和 INSTERT 语句都是恢复时使用的。恢复数据时就可以使用其中的 CREATE 语句来创建表。使用其中的 INSERT 语句来恢复数据。它可以实现整个服务器备份，也可以实现单个或部分数据库、单个或部分表、表中的某些行、存储过程、存储函数、触发器的备份；并且能自动记录备份时刻的二进制日志文件及相应的位置。对于 InnoDB 存储引擎来说支持基于单事务模式实现热备，对于 MyISAM 则最多支持温备。

值得一提的是，如果数据库体积比较大，通常会对备份出来的文件进行压缩，备份和压缩可以在同一行命令内完成。Linux 操作系统下的方法如下：

```
mysqldump - u username - p password databasename | gzip > backupfile.sql.gz
```

其中的扩展名.gz 表示是压缩文件。

命令名称：MySQL。

命令功能：恢复 MySQL 数据库。

命令格式如下：

```
mysql - h hostname - u username - p password databasename < backupfile.sql
```

命令说明：用 CAT 命令把 SQL 脚本内容输出给 MySQL 程序以便恢复，mysql 后面的"-u""-p"参数的功能与 mysqldump 命令一样。

注意：如果是在 Linux 操作系统下恢复已压缩的 MySQL 数据库备份文件，则需用以下命令才能恢复：

```
gunzip < backupfile.sql.gz | mysql - u username - p password databasename
```

说明：gunzip 命令用于解压缩，然后把脚本内容输出给 MySQL 程序以便恢复。

将数据库转移到新服务器的命令操作如下：

```
mysqldump - u username - p password databasename | mysql - host = *.*.*.* - C databasename
```

8.4　任务实施

视频讲解

8.4.1　在 Windows 10 下用 MySQL Workbench 导出和导入数据库

1. 在 Windows 10 下用 MySQL Workbench 导出 MySQL 数据库

在 MySQL Workbench 中，MySQL 8 数据库的备份和恢复可通过 Data Export（数据导出）和 Data Import/Restore（数据导入/恢复）来实现的，具体的实现步骤如下。

步骤 1：启动 MySQL Workbench 并连接数据库，在 Navigator 窗格中依次选择 Data Export→Administration-Data Export 选项卡，如图 8.1 所示。

步骤 2：选择待导出的数据库（也可以选择存储过程、事务、触发器）。此处选择 jwgl_30600046 数据库，如图 8.2 所示。

步骤 3：在图 8.3 所示的界面中选择导出文件的存放路径和文件名后，单击 Start Export 按钮，导出过程和结果分别如图 8.4、图 8.5 所示。

需要说明的是，图 8.3 所示的 Data Export 的 Option 选项提供了两种选择，分别是 Export to Dump Project Folder 和 Export to Self-Contained File，前者是每个表对应一个 SQL 文件（见图 8.5），后者是所有表导出到一个 SQL 文件中。

在实际应用中，若用户通过 MySQL Workbench 把 MySQL 8 导出的 SQL 文件导入

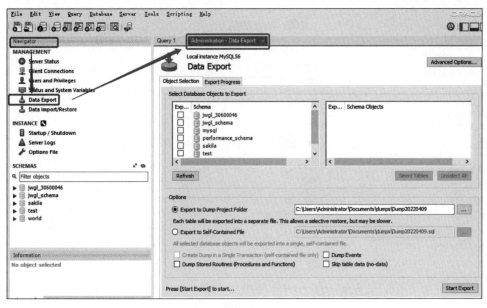

图 8.1　启动并连接 MySQL 数据库的 MySQL Workbench 界面

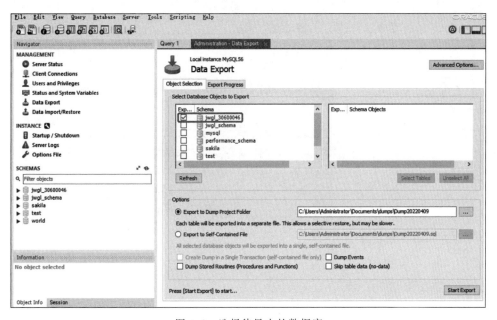

图 8.2　选择待导出的数据库

MySQL 5 时,会报告 1273 错误。其原因是版本不兼容,解决方法和步骤简述如下。

步骤 1：用记事本打开备份的数据库文件(xxx. sql)。

步骤 2：将 SQL 文件中的全部 utf8mb4_general_ci 替换成 utf8_general_ci。

步骤 3：将 SQL 文件中的全部 utf8mb4 替换成 utf8。

步骤 4：按照 MySQL Workbench 的 Data Import 操作方法导入即可。

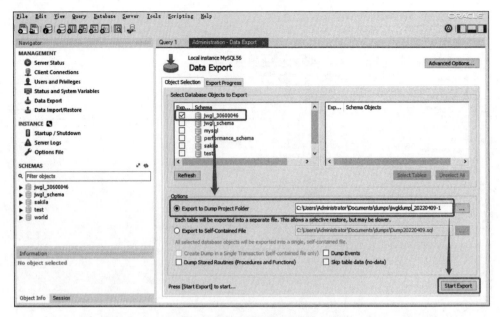

图 8.3 选择导出路径、文件名

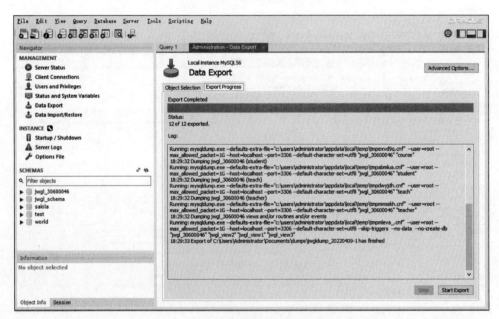

图 8.4 数据库导出过程

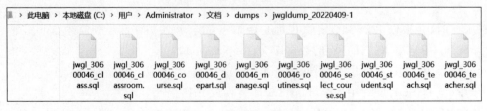

图 8.5 数据库导出结果

2. 在 Windows 10 下用 MySQL Workbench 导入 MySQL 数据库

步骤 1：启动 MySQL Workbench 并连接数据库，在图 8.6 所示的界面中单击 Data Import/Restore 选项。

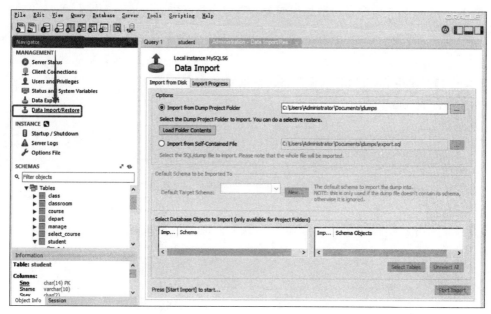

图 8.6　启动并连接 MySQL 数据库之后的 MySQL Workbench 界面

步骤 2：在图 8.6 所示的界面的 Option 组框中，根据"多个 SQL 文件选 Import from Dump Project Folder""单独 SQL 文件选 Import from Self-Contained File"的原则选择已备份的 MySQL 数据库文件，然后再选择数据库和数据表，最后单击 Start Import 按钮，如图 8.7 所示。

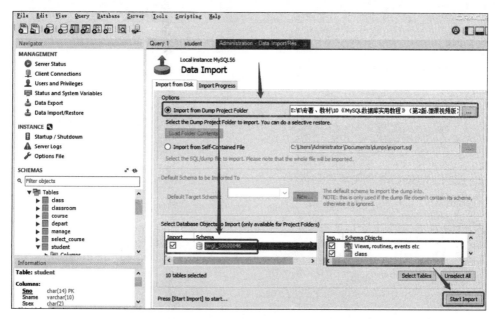

图 8.7　基于 MySQL Workbench 导入数据库

8.4.2 使用命令 mysqldump 备份和使用 mysql 命令恢复数据库

1. 使用 mysqldump 命令备份数据库

使用 mysqldump 命令备份数据库或表。其命令格式如下：

mysqldump － u <用户名> － h <主机名> － p<密码> <数据库名>[表名 [表名…]] ><备份文件的名>.sql

【例 8.1】 使用 mysqldump 命令备份数据库 jwgl 的所有表。

在控制台下该命令的用法如下：

```
mysqldump － u root － h localhost － p
jwgl > d:\database_bak\D_jxgl_bak.sql
```

操作过程和结果截图如图 8.8 所示。

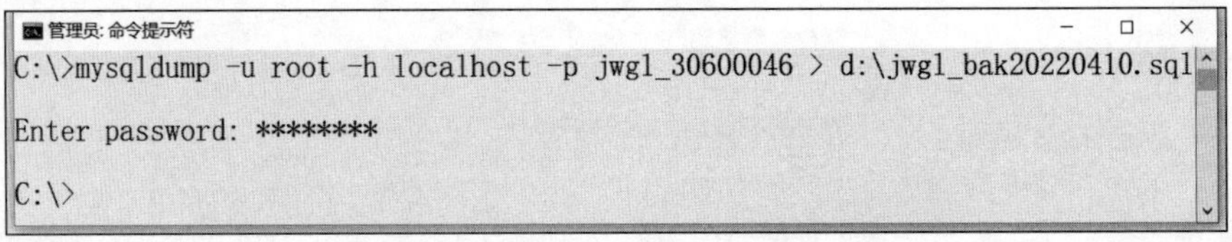

```
■ 管理员: 命令提示符                                              ─  □  ×
C:\>mysqldump -u root -h localhost -p jwgl_30600046 > d:\jwgl_bak20220410.sql
Enter password: ********

C:\>
```

图 8.8 在控制台下用 mysqldump 命令备份数据库

【例 8.2】 使用 mysqldump 命令备份数据库 jwgl 的表 student。

操作过程和结果截图如图 8.9 所示。

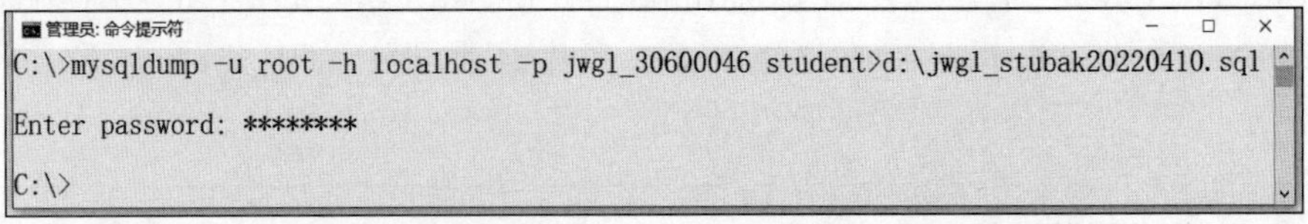

```
■ 管理员: 命令提示符                                              ─  □  ×
C:\>mysqldump -u root -h localhost -p jwgl_30600046 student>d:\jwgl_stubak20220410.sql
Enter password: ********

C:\>
```

图 8.9 在控制台下用 mysqldump 命令备份数据库指定的表

需要说明的是：在控制台下，可以使用 mysqldump 命令同时备份多个数据库。其命令格式如下：

mysqldump － u <用户名> － h <主机名> － p<密码> －－ databases <数据库名>[<数据库名>…] ><备份文件的名>.sql

2. 使用 MySQL 命令恢复数据库

命令格式如下：

mysql － u <用户名> － p [数据库名] < 文件名.sql

【例 8.3】 使用 MySQL 命令将例 8.2 的备份文件恢复到数据库 jwgl 中。

操作过程和结果截图如图 8.10 所示。

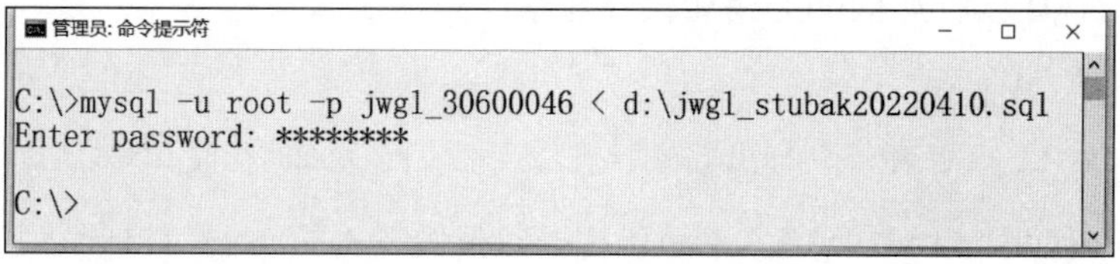

```
管理员：命令提示符                                              —    □    ×

C:\>mysql -u root -p jwgl_30600046 < d:\jwgl_stubak20220410.sql
Enter password: ********

C:\>
```

图 8.10　在控制台下用 MySQL 命令恢复备份的数据库

8.4.3　使用 SQL 语句导入导出文件

1. 将 SQL 查询语句的结果导出到指定文件

语句用法如下：

```
SELECT * FROM <表名> [WHERE 条件] INTO OUTFILE '目标文件' [选项];
```

不难看出，以上语句的前半部分是一个普通的查询语句。该语句的后半部分"INTO OUTFILE '目标文件' [选项]"负责将查询结果数据输出到指定的文件。

【例 8.4】　使用 SELECT INTO OUTFILE 语句，备份 jwgl 数据库中的 student 表中的学号和姓名两列数据，要求字段值之间用","隔开，SQL 语句如下：

```
USE jwgl;
SELECT Sno AS 学号, Sname AS 姓名 FROM student INTO outfile 'd:/student_bak.txt'
fields TERMINATED BY ','
optionally ENCLOSED BY '"'
lines TERMINATED BY '\r\n';
```

执行的结果截图如图 8.11 所示。

图 8.11　在 SQL 语句将查询结果输出到记事本文件

2. 使用 LOAD DATA INFILE 语句恢复数据

语法格式如下：

```
LOAD DATA INFILE '文件名.txt' INTO TABLE <表名> [选项] [IGNORE 行数 LINES];
```

【例 8.5】 使用 LOAD DATA INFILE 语句把例 8.4 的 txt 文件恢复到 jwgl 数据库中 student 表中。SQL 语句如下：

```
USE jwgl;
LOAD DATA INFILE 'd:\student_bak.txt' INTO table student
fields TERMINATED BY ','
optionally ENCLOSED BY '"'
lines TERMINATED BY '\r\n';
```

8.5　任务小结

本项目通过实例，介绍了在 Windows 10 下用 MySQL Workbench 备份和恢复数据库、使用命令 mysqldump 备份数据库、使用 MySQL 命令恢复数据库、使用 SQL 语句将 SELECT 结果输出到记事本文件、用 LOAD DATA INFILE 将记事本文件内容导入数据库等内容，旨在使读者掌握备份与恢复 MySQL 数据库的目的，为防止操作失误或系统故障导致重要数据丢失提供了保障。

自测与实验 8　MySQL 8 数据库的备份与恢复

1. 实验目的
（1）验证用 MySQL Workbench 备份还原数据库。
（2）使用命令 mysqldump 备份和使用 MySQL 命令恢复数据库。
（3）使用 SQL 语句导入导出文件备份还原数据库。

2. 实验环境
（1）PC 一台。
（2）具备 MySQL 8 数据库的操作环境。

3. 实验内容
（1）用 MySQL Workbench 备份还原数据库。
（2）使用命令 mysqldump 备份和使用 MySQL 命令恢复数据库。
（3）使用 SQL 语句导入导出文件备份还原数据库。

4. 实验步骤
参照本项目的任务实施方法。

项目9
MySQL 8系统管理与运行维护

9.1 项目描述

除了访客外,无论是 MySQL 的管理员还是一般用户,都涉及数据库的连接和相关操作。本项目旨在通过实例,使读者学会 MySQL 8 的系统管理和基本的运行维护,具体任务包括以下五方面。

（1）MySQL 8 用户的查看、创建、删除、更改密码。

（2）MySQL 8 超级用户为普通用户授予权限、回收权限。

（3）MySQL 8 服务器的启动诊断、数据表维护、日志文件查看。

（4）MySQL 8 服务器的性能提升。

（5）MySQL 8 服务器的升级。

9.2 任务解析

MySQL 8 数据库系统的管理和维护对保障数据库的安全稳定运行至关重要。一般地,MySQL 8 将用户分为 Root 用户和普通用户,Root 用户是超级管理员,拥有所有权限,而普通用户只拥有被授予的各种权限。

本项目旨在通过实例,介绍 MySQL 8 用户的查看、创建、删除、更改密码的方法,介绍 MySQL 8 超级用户为普通用户授予权限、回收权限的方法。在 MySQL 服务器维护方面,本项目将介绍 MySQL 8 服务器的启动诊断、数据表维护、日志文件查看等方法,并介绍 MySQL 8 服务器的性能提升及升级途径。

9.3 相关知识

9.3.1 MySQL 8 的用户

MySQL 用户是指能够连接 MySQL 数据库服务器并能进行相关操作的人。如项目 1 所述,在安装 MySQL 8 的过程中,系统会自动生成一个名为 Root 的管理员用户。然而,在实际应用过程中,管理 MySQL 8 数据库服务器一般不止一人,不应该改也不可能允许所有的数据库用户都以 Root 用户访问 MySQL 8 数据库。因此,创建数据库用户、限制访问、限制资源使用等,成为运行、管理和维护 MySQL 8 数据库服务器人员的必备技能之一。

1. 查看用户

在 MySQL 8 服务启动后，在 Shell 下查看 MySQL 数据库服务器用户信息的命令是 SELECT，用法如下。

命令格式：

```
mysql> SELECT 用户信息字段列表 FROM mysql.user;
```

命令举例：

```
mysql> SELECT host, user FROM mysql.user;
```

相关说明：用户信息字段列表中的相邻字段之间用逗号隔开，mysql.user 表保存的是用户的登录信息。

2. 创建用户

在 MySQL 数据库服务器中创建新用户的常用命令是 CREATE，用法如下。

命令格式：

```
mysql> CREATE user 用户名 IDENTIFIED BY '密码';
```

相关说明：MySQL 5.0 及以上版本支持该命令，且命令中的密码须用单引号或双引号引起来。

3. 删除用户

在 MySQL 数据库服务器中创建新用户的命令是 DELETE，用法如下。

命令格式：

```
mysql> DELETE FROM mysql.user WHERE <条件>;
```

相关说明：以上命令中的<条件>须能够唯一识别用户。

4. 更改密码

在 MySQL 数据库服务器中更改用户密码的命令是 UPDATE，用法如下。

命令格式：

```
mysql> UPDATE mysql.user SET password = PASSWORD('新密码') WHERE user = '用户名';
```

相关说明：以上命令中的"新密码"和"用户名"必须添加引号。

9.3.2 MySQL 权限

MySQL 权限是保障系统安全的一道防线，首先 MySQL 需要限制非法用户连接 MySQL 数据库服务器，其次还要验证用户的操作权限。MySQL 的权限系统在实现上比较简单，相关权限信息主要存储在几个被称为 grant tables 的系统表中，即 mysql.user、mysql.db、mysql.host、mysql.table_priv 和 mysql.column_priv。由于权限信息数据量比较小，而且访问又非常频繁，所以 MySQL 在启动时，就会将所有的权限信息都加载到内存中。正因如此，当使用上述修改权限表内容的办法修改用户的操作权限之后，必须执行 FLUSH PRIVILEGES 命令重新加载 MySQL 的权限信息。但这种强行修改 MySQL 权限表的方法风险太大，一般也不建议使用。

MySQL 中的权限分为以下五个级别。

- Global Level：Global Level 的权限控制又称为全局权限控制，所有权限信息都保存在 mysql. user 表中。Global Level 的所有权限都是针对整个 mysqld 的，对所有的数据库下的所有表及所有字段都有效。如果一个权限是以 Global Level 来授予的，则会覆盖其他所有级别的相同权限设置。

- Database Level：与 Global Level 的权限相比，Database Level 主要少了以下几个权限：CREATE USER、FILE、PROCESS、RELOAD、REPLICATION CLIENT、REPLICATION SLAVE、SHOW DATABASES、SHUTDOWN、SUPER 和 USAGE 权限，没有增加任何权限。

- Table Level：Table Level 的权限作用是授权语句中所指定数据库的指定表。该权限由于其作用域仅限于某个特定的表，所以权限种类也比较少，仅有 ALTER、CREATE、DELETE、DROP、INDEX、INSERT、SELECT、UPDATE 这八种权限。

- Column Level：Column Level 级别的权限仅有 INSERT、SELECT 和 UPDATE 这三种。Column Level 的权限授权语句语法基本和 Table Level 差不多，只是需要在权限名称后面将需要授权的列名列表通过括号括起来。注意，当某个用户在向某个表插入（INSERT）数据时，如果该用户在该表中某列上面没有 INSERT 权限，则该列的数据将以默认值填充。这一点和很多其他的数据库都有一些区别，是 MySQL 在 SQL 上面所做的扩展。

- Routine Level：Routine Level 的权限主要只有 EXECUTE 和 ALTER ROUTINE 两种，主要针对的对象是 PROCEDURE 和 FUNCTION。

对上述 MySQL 的五级权限，MySQL 数据库服务器允许合法用户进行登录，也就是说，所有的合法用户都具有 USAGE 权限。合法用户登录 MySQL 数据库服务器后能够进行什么样的操作，依赖于用户的权限。在 MySQL 中，用户可拥有的权限如表 9.1 所示。

表 9.1 MySQL 用户权限信息一览表

权 限	权 限 级 别	权 限 说 明
CREATE	数据库、表或索引	创建数据库、表或索引权限
DROP	数据库或表	删除数据库或表权限
GRANT OPTION	数据库、表或保存的程序	赋予权限选项
REFERENCES	数据库或表	
ALTER	表	更改表，例如添加字段、索引等
DELETE	表	删除数据权限
INDEX	表	索引权限
INSERT	表	插入权限
SELECT	表	查询权限
UPDATE	表	更新权限
CREATE VIEW	视图	创建视图权限
SHOW VIEW	视图	查看视图权限
ALTER ROUTINE	存储过程	更改存储过程权限
CREATE ROUTINE	存储过程	创建存储过程权限
EXECUTE	存储过程	执行存储过程权限
FILE	服务器主机上的文件访问	文件访问权限

续表

权　　限	权限级别	权　限　说　明
CREATE TEMPORARY TABLES	服务器管理	创建临时表权限
LOCK TABLES	服务器管理	锁表权限
CREATE USER	服务器管理	创建用户权限
PROCESS	服务器管理	查看进程权限
RELOAD	服务器管理	执行 flush hosts, flush logs, flush privileges, flush status, flush tables, flush threads, refresh, reload 等命令的权限
REPLICATION CLIENT	服务器管理	复制权限
REPLICATION SLAVE	服务器管理	复制权限
SHOW DATABASES	服务器管理	查看数据库权限
SHUTDOWN	服务器管理	关闭数据库权限
SUPER	服务器管理	执行 KILL 线程权限

MYSQL 的权限分布（就是针对表、列、过程可以设置何种权限）如表 9.2 所示。

表 9.2　MYSQL 的权限分布信息一览表

权限分布	可能的设置的权限
表权限	SELECT, INSERT, UPDATE, DELETE, CREATE, DROP, GRANT, REFERENCES, INDEX, ALTER
列权限	SELECT, INSERT, UPDATE, REFERENCES
过程权限	EXECUTE, ALTER ROUTINE, GRANT

9.3.3　用户权限管理

1. 授予权限

命令格式如下：

```
mysql> GRANT 权限列表 ON 数据库.表 TO 用户名@"登录主机" IDENTIFIED BY "密码" WITH GRANT
OPTION;
```

参数说明如下。

- 权限列表：all privileges——所有权限，单独列举权限时相邻两个权限之间需用逗号隔开。
- 数据库：数据库名或者 *，* 表示所有数据库。
- 表：表名或者 *，* 表示该数据库下的所有表。
- 登录主机：可以是 IP、IP 段、域名以及％，％表示任何主机，localhost 表示本地主机（MySQL 数据库服务器所在的主机）。
- WITH GRANT OPTION：这个选项表示该用户可以将自己拥有的权限授权给别人。

注意事项：在使用 GRANT 命令时，不指定 WITH GRANT OPTION 选项将导致用户不能使用 GRANT 命令创建用户或者给其他用户授权。此外，GRANT 命令可以重复给用户添加权限，前后权限进行叠加。

2. 撤销权限

命令格式如下：

REVOKE 权限 ON 数据库.表 FROM 用户名@"登录主机";

相关说明：本命令的数据库、表、登录主机的用法同 GRANT 命令。

3. 查看权限

命令格式如下：

SHOW GRANTS FOR 用户名@"登录主机";

相关说明：该命令可省略 FOR 语句，其作用是查看当前用户在本地主机的操作权限。

9.3.4　MySQL 安全

如前所述，创建新的 MySQL 用户、给用户赋予一定的操作权限都是保障 MySQL 安全的措施。此外，在保障 MySQL 安全方面还有以下策略。

1. 安全隐患及其处置

- 匿名账号问题：有些版本的 MySQL 安装完之后会安装一个空账号（User＝""），此账号对 test 数据库有完全权限，为避免此账号登录后建立大表，占用磁盘空间，影响系统安全，建议删除匿名账号，操作命令是：

mysql＞DROP User ''@'localhost';

- 空密码的 Root 账号问题：Root 账号的密码对 MySQL 系统的安全至关重要，建议为 Root 账号设置高强度的密码，并且限定只能通过 localhost 进行访问。
- 账号过度授权问题：如果对仅需查询的用户授予了除 SELECT 之外的其他权限，则存在安全隐患。
- 一般用户对 User 表的存取权限问题：除 Root 外，任何用户不应有 MySQL 库 User 表的存取权限，否则将可以通过修改 Root 用户密码，获得高级别数据库权限。
- 不要把 file、process 或 super 权限授予管理员以外的账号。
- 会产生保密信息外泄，查看管理员执行的动作，普通用户执行 KILL 命令等严重的安全隐患。
- LOAD DATALOCAL 带来的安全问题：可以任意加载本地文件到数据库。
- DROP TABLE 命令的安全隐患：该命令不收回以前的相关访问授权。
- REVOKE 命令漏洞：如果执行了命令"GRANT ALL PRIVILEGES ON ＊.＊ TO guest@localhost;"，则命令"REVOKE ALL PRIVILEGES ON ＊.＊ FROM guest@localhost;"将不起作用，必须针对每个数据库单独进行 REVOKE。

2. MySQL 安全策略

安全管理角度的安全策略：访问 MySQL 数据库必须首先访问数据库的某个权限，即以某个权限模式用户的身份登录，大部分的安全管理主要通过模式用户的权限来实现。由于 MySQL 的相关权限信息主要存放在表 mysql. user、mysql. db、mysql. host、mysql. table_priv 和 mysql. column_priv 中，且 MySQL 启动时已装入内存。因此，应尽量使用 GRANT、REVOKE、CREATE USER 及 DROP USER 来进行用户和权限的变更操作。

防范故障角度的安全策略：数据文件是操作系统级的对象，因此一般来讲具有一定的脆弱性且依赖操作系统的性能特点。由于磁盘介质的因素，一个大的数据文件上个别数据块的损坏可能导致整个数据文件的不可用，这对一个系统来说是灾难性的，而且大的表空间或数据文件的恢复是困难和耗时的。巨大对象的分区在性能角度之外也有安全的因素，当磁盘错误使一个巨大表中一个单独的数据块不能读写时可能导致整个表不可用，必须恢复包含该表的整个表空间。考虑到数据仓库问题，建议对数据量大且不进行写操作的表，使用 myisampack 工具，生成压缩、只读的 MyISAM 表（可以压缩 40%～50% 的表文件空间）。系统上线后，随着数据量的增加，会发现数据目录下的磁盘空间越来越小，会造成一定的安全隐患。可以采取两种措施：一种针对 MyISAM 存储引擎的表，在建表时分别指定数据目录和索引目录到不同的磁盘空间，而默认会同时放在数据目录下；另外一种针对 InnoDB 存储引擎的表，因为数据文件和索引文件是在一起的，所以无法将它们分离。当磁盘空间不足时，可以增加一个新的数据文件，这个文件放在有充足空间的磁盘上。

建立容灾与备份机制。建立主从数据库集群，采用 MySQL 复制以达到如下目的。

- 如果主服务器出现问题，可以快速切换到从服务器。
- 可以在从服务器上执行查询操作，降低主服务器的访问压力。
- 可以在从服务器上执行备份，以避免备份期间影响主服务器的工作。

应注意的问题：由于实现的是异步的复制，所以主、从服务器之间存在一定的差距。在从服务器上进行的查询操作要考虑到这些数据的差异，一般只有对实时性要求不高的数据可以通过从服务器查询。

定期备份文件与数据，通过各种方式保存文件与数据，具体措施如下。

- 制定一份数据库备份/恢复计划，并对计划进行仔细测试。
- 启动数据库服务器的二进制变更日志，该功能的系统开销很小（约为 1%）。
- 定期检查数据表，防患于未然。
- 定期对备份文件进行备份，以防备份文件失效。
- 把 MySQL 的数据目录和备份文件分别放到两个不同的驱动器中，以平衡磁盘 I/O 和增加数据的安全。

3. 其他安全设置

MySQL 数据库系统本身还带有一些选项，适当地使用这些选项将会使数据库更加安全，具体如下。

（1）使用 skip-network：在网络上不允许 TCP/IP 连接，所有到数据库的连接必须由命名管道（Named Pipes）或共享内存（Shared Memory）或 UNIX 套接字 SOCKET 文件进行。这个选项适合应用和数据库共用一台服务器的情况，其他客户端将无法通过网络远程访问数据库，大大增强了数据库的安全性，但同时也带来了管理维护上的不方便。MySQL 仅能通过命名管道或共享内存（在 Windows 中）或 UNIX 套接字文件（在 UNIX 系统中）来和客户端连接交互。

（2）使用安全套接字（Secure Socket Layer，SSL）：SSL 是一种安全协议，最初由

Netscape 公司所开发,用以保障在 Internet 上数据传输的安全,利用数据加密技术,可确保数据在网络上的传输过程中不会被截取。应用场景,在主从数据库复制过程中,通过认证用户和服务器,确保数据发送到正确的客户和服务器,通过加密数据以防止数据中途被窃取,通过维护数据的完整性,确保数据在传输过程中不被破坏,用法请参见 9.6 节。

9.4 任务实施

9.4.1 MySQL 的用户管理实例

1. 查询用户

以 Root 用户连接 MySQL 数据库服务器之后,在 Shell 命令行中输入以下命令:

```
mysql > SELECT host, user FROM mysql.user;
```

上述命令的操作过程及结果如图 9.1 所示。

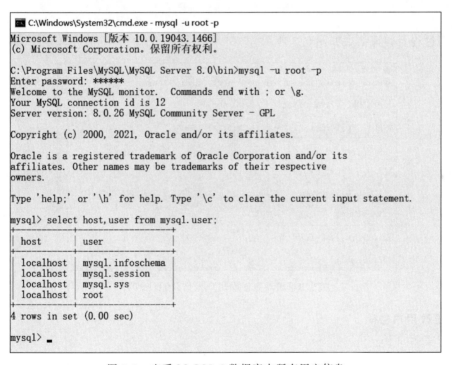

图 9.1 查看 MySQL 8 数据库中所有用户信息

2. 创建用户

以 Root 用户连接 MySQL 数据库服务器之后,在 Shell 命令行中输入以下命令:

```
mysql > CREATE user user_tmp IDENTIFIED BY '234678';
```

注意:密码需用单引号或双引号引起来。

该例子操作成功的验证结果如图 9.2 所示。

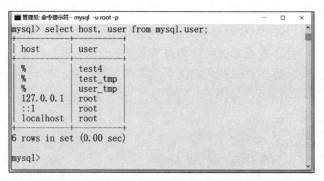

图 9.2　创建数据库用户 user_tmp 操作及验证结果

3. 删除用户

以 Root 用户连接 MySQL 数据库服务器之后，在 Shell 命令行中可用 DELETE 命令删除已有用户，命令格式如下：

```
mysql > DELETE FROM mysql.user WHERE user = "user_tmp";
```

操作过程及验证结果如图 9.3 所示。

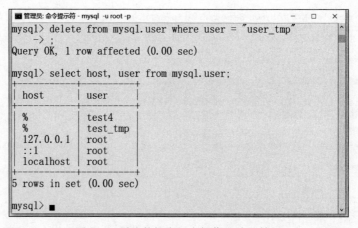

图 9.3　删除数据库用户操作及验证结果

4. 更改用户密码

操作实例如下：

```
mysql > UPDATE mysql.user SET password = PASSWORD('111111') WHERE user = 'user7';
```

上述例子的操作和验证结果如图 9.4 所示。

9.4.2　用户权限管理实例

1. 为 MySQL 数据库服务器用户添加权限

操作实例如下：

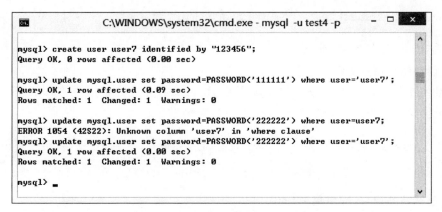

图 9.4　更改 MySQL 数据库服务器用户密码操作及验证结果

```
mysql > GRANT SELECT, INSERT, UPDATE ON *.* TO test4@"%" IDENTIFIED BY '123456';
```

上述例子的操作及验证结果如图 9.5 所示。

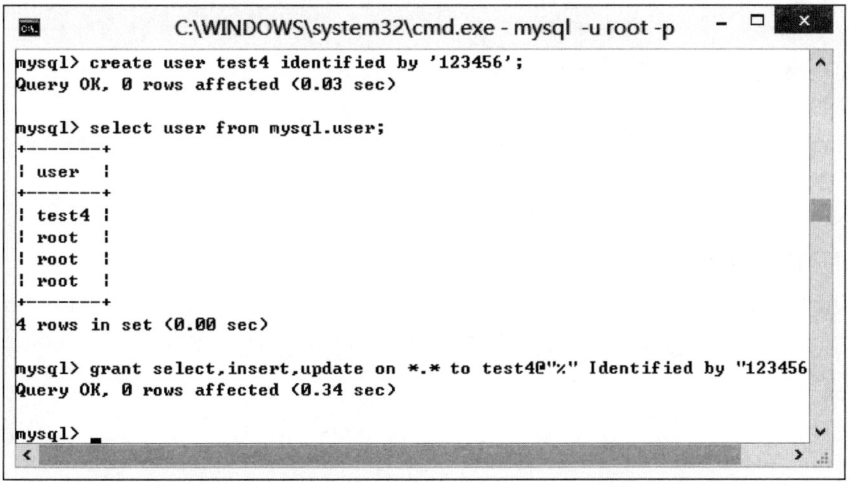

图 9.5　为 MySQL 数据库用户添加权限的操作过程和验证结果

若只允许上述的用户 test4(密码：123456)在 localhost 上登录，并可以对数据库 mydb 进行查询、插入、修改和删除的命令如下：

```
mysql > GRANT SELECT, INSERT, UPDATE, DELETE ON mydb. *  TO test4 @ localhost IDENTIFIED BY
"123456";
```

如果不想为 test4 用户设置密码，可以用以下命令将密码取消：

```
mysql > GRANT SELECT, INSERT, UPDATE, DELETE ON mydb. * TO test4@localhost IDENTIFIED BY "";
```

指定用户对数据库 mydb 具有查询、插入、修改和删除权限，且拥有数据库 mydb 创建、删除数据表权限的命令如下：

```
mysql > GRANT SELECT, INSERT, UPDATE, DELETE, CREATE, DROP ON mydb. *  TO test @ localhost
IDENTIFIED BY "123456";
```

2. 创建超级用户实例

创建一个只允许从本地登录的超级用户 zhangsan，并允许该用户将权限赋予别的用户，密码为 123456 的操作命令如下：

```
mysql > GRANT ALL PRIVILEGES ON *. *  TO zhangsan@ 'localhost' IDENTIFIED BY 123456' WITH GRANT
OPTION;
```

3. 创建网站用户（程序用户）的实例

创建一个一般的程序用户，这个用户对数据库 test 只拥有 SELECT、INSERT、UPDATE、DELETE、CREATE TEMPORARY TABLES 权限（如果有存储过程还需要加上 EXECUTE 权限），一般是指定内网 192.168.100 网段，操作命令如下：

```
mysql > GRANTUSAGE, SELECT, INSERT, UPDATE, DELETE, SHOW VIEW, CREATE TEMPORARY TABLES, EXECUTE
ON test. *  TO webuser@ '192.168.100. % ' IDENTIFIED BY 'test@feihong.111';
```

4. 创建普通用户（仅有查询权限）的实例

```
mysql > GRANT USAGE, SELECT ON *. *  TO ptuser@'192.168.100. % ' IDENTIFIED BY '123456';
```

其中，ptuser 是用户的名称，123456 是 ptuser 的密码。

5. 用户操作权限刷新实例

当使用 GRANT 命令对用户权限实施操作（尤其是对那些权限表 user、db、host 等进行 UPDATE 或者 DELETE 更新）后，都建议用如下命令进行权限刷新：

```
mysql > flush privileges;
```

6. 用户操作权限查看实例

使用如下命令可以方便地查看到某个用户的权限：

```
mysql > SHOW GRANTS FOR webuser @ '192.168.100. % ';
```

7. 用户操作权限回收实例

将前面创建的 webuser 用户的 DELETE 权限回收，使用如下命令：

```
mysql > REVOKE DELETE ON test. *  FROM 'webuser'@'192.168.100. % ';
```

8. 删除用户并回收权限实例

如前所述，删除用户虽然可以使用 DELETE 命令，但使用 DELETE 删除后用户的权限并未删除，新建同名用户后又会继承以前的权限。因此，一般建议使用 DROP USER 命令删除用户，例如，要删除'webuser'@'192.168.100.％'用户采用如下命令：

```
mysql > DROP USER 'webuser'@'192.168.100.%';
```

9.4.3 MySQL 数据库维护

1. 诊断启动问题

MySQL 服务器启动问题的根源一般在于对 MySQL 进行了不当的配置或对 MySQL 服务器进行了异常更改。由于多数 MySQL 服务器是作为系统进程或服务自动启动的,且 MySQL 服务器在异常启动时会产生错误报告,但这些错误报告消息在系统启动过程中用户可能看不到。

基于此,建议尽量手动启动 MySQL 服务器。基于 Shell 的命令行启动 MySQL 服务器的命令是 MySQLd,其主要参数的含义说明如下。

- Help:显示帮助。
- safe-mode:以最佳配置的方式装载 MySQL 服务器。
- verbose:显示全文本消息。
- version:仅显示 MySQL 的版本信息,但不启动 MySQL 服务器。

2. 数据表的维护

MySQL 提供了一系列维护数据表的语句,可以用来保证数据表正确性和正常运行。主要的数据表维护语句说明如下。

语句 ANALYZE TABLE:用来检查数据表的表键是否正确。

语句 CHECK TABLE:用来针对许多问题对表进行检查。在 MyISAM 表上还可以对索引进行检查,CHECK TABLE 语句对 MyISAM 表检查时的常用参数及其含义如下。

- CHANGED:检查最后一次检查以来改动过的表。
- EXTENDED:执行最彻底的检查。
- FAST:快速检查数据表是否正常关闭。
- MEDIUM:检查所有被删除的链接并进行键校验。
- QUICK:只进行快速扫描。

语句 REPAIR TABLE:用于检查 MyISAM 表访问产生不正确或不一致的情况,并修复数据表。

语句 OPTIMIZE TABLE:用于收回删除表数据所占用的空间,进而优化表的性能。

3. 查看日志文件

MySQL 的日志文件保存了 MySQL 的错误信息、查询信息、数据更新信息等。因此,在维护 MySQL 时,有必要根据需求查看相关的日志文件。MySQL 的日志分为以下几类。

- 错误日志:包含启动、关闭 MySQL 的错误问题及错误细节。此日志通常名为 hostname.err,位于 data 目录中,可用 log-error 命令行选项更改。
- 查询日志:记录所有的 MySQL 活动,在诊断问题时非常有用。该日志文件可能会很快地变得非常大,因此不应该长期使用它。此日志通常名为 hostname.log,位于 data 目录中,可以用 log 命令行选项进行更改。
- 二进制日志:记录更新过数据(或者可能更新过数据)的所有语句。此日志通常名为 hostname-bin,位于 data 目录内,可以用 log-bin 命令行选项更改。注意,这个日志文件是 MySQL 5 中添加的,其他版本的 MySQL 使用的是更新日志。

- 缓慢查询日志:此日志记录执行缓慢的任何查询。该日志在确定数据库何处需要优化时很有用,日志文件名通常名为 hostname-slow.log,位于 data 目录中,可以用 log-slow-queries 命令行选项进行更改。

9.4.4 MySQL 的性能提升

在提高 MySQL 数据库服务器的性能方面,建议实施以下措施。

- 采用硬件先进的服务器。
- 部署在专用的服务器上。
- 使用过程中需要优化内存分配、缓冲区大小等(查看当前配置可用"SHOW VARIABLES;"和"SHOW STATUS;")。
- MySQL 是多用户多线程的 DBMS,也就是说,它经常同时执行多个任务。如果这些任务中的某个执行缓慢,则所有的请求都可能会执行缓慢。遇到 MySQL 服务器性能显著变慢时,可使用 SHOW PROCESSLIST 显示所有活动进程的执行情况,必要时还可以用 KILL 命令终结某个特定的进程(使用这个命令需要以管理员身份登录)。
- 进行查询时,不要总是简单地使用 SELECT 语句,应该尝试连接、并、子查询等,找出最佳的方法。如使用 EXPLAIN 语句让 MySQL 解释它将如何执行一条 SELECT 语句。
- 尽量使用存储过程(因为存储过程的执行速度快于逐条语句的执行速度)。
- 数据类型、长度要得当。
- 一般不要使用 SELECT * FROM(因为数据量大时很耗时间)。
- 对于支持可选的 DELAYED 关键字的操作(如 INSERT),尽量使用 DELAYED 关键字,以便将控制权立即返回给调用程序,进而提高效率。
- 在导入数据时,应该关闭自动提交,导入完成后重建索引。
- 索引数据库以改善数据检索的性能。确定索引什么不是一个微不足道的任务,需要分析使用的 SELECT 语句以找出重复的 WHERE 和 ORDER BY 子句。
- 尽管索引能够改善数据检索的性能,但会损害数据的插入、删除、更新速度。对于查询少但更新多的数据表尽量不建索引。
- 最好使用 FULLTEXT 而不用 LIKE(因为 LIKE 很慢)。

9.4.5 MySQL 的版本升级

MySQL 数据库的版本更新很快,新的特性也随之不断地更新,更主要的是解决了很多影响我们应用的 Bug,为了让我们的 MySQL 变得更美好,有必要去给它升级,尽管你会说它现在已经运行得很好,很稳定,完全够用了。下面我们来看看几种常用的升级方法。

1. 适用于任何存储引擎

步骤 1:下载并安装好新版本的 MySQL 数据库,并将其端口改为 3307(避免和旧版本的 3306 冲突),启动服务。

步骤 2:在新版本下创建同名数据库。

命令如下：

```
MySQLdump - p3307 - uroot CREATE MySQLsystems_com
```

步骤 3：在旧版本下备份该数据库。

命令：MySQLdump - p3306 - uroot MySQLsystems_com > MySQLsystems_com.bk

注意：可以加上-opt 选项，这样可以使用优化方式将数据库导出，减少未知的问题。

步骤 4：将导出的数据库备份导入到新版本的 MySQL 数据库中。

命令如下：

```
MySQL - p3307 - uroot MySQLsystems_com < MySQLsystems_com.bk
```

步骤 5：再将旧版本数据库中的 data 目录下的 MySQL 数据库全部覆盖到新版本中。

命令如下：

```
cp - R /opt/MySQL - 5.1/data/MySQL /opt/MySQL - 5.4/data
```

注意：大家也都知道这个默认数据库的重要性。

步骤 6：在新版本下执行 MySQL_upgrade 命令，其实这个命令包含以下三个命令。

```
MySQLcheck - check - upgrade - all - databases - auto - repair
MySQL_fix_privilege_tables
MySQLcheck - all - databases - check - upgrade - fix - db - names - fix - table - names
```

注意：在每一次的升级过程中，我们都应该去执行 MySQL_upgrade 命令，它通过 MySQLcheck 命令帮我们去检查表是否兼容新版本的数据库同时做出修复，还有个很重要的作用是使用 MySQL_fix_privilege_tables 命令去升级权限表。

步骤 7：关闭旧版本，将新版本的数据库的使用端口改为 3306，重新启动新版本 MySQL 数据库。到此，一个简单环境下的数据库升级就结束了。

2. 适用于 MyISAM 存储引擎

步骤 1：下载并安装好新版本的 MySQL 数据库，并将其端口改为 3307，启动服务。

步骤 2：从旧版本 MySQLsystems_com 数据库下将所有 frm、MYD 和 MYI 文件复制到新版本的相同目录下。

步骤 3：之后的步骤依然同于本小节 1. 中升级方法的步骤 5~7。

9.5　任务小结

MySQL 8 数据库管理系统的管理和运行维护经验如下。

服务器的启动和关闭经验：最好使用命令行方式手工启动和终止 MySQL 服务器，并且最好掌握在系统启动和关闭时如何自动启动和关闭，以便 MySQL 服务器崩溃或启动异常时能够快速诊断和处理。

用户账号维护经验：应该了解 MySQL 用户和 UNIX、Linux、Windows 操作系统用户之间的区别。应该知道怎样通过指定哪些用户可以连接到服务器和从哪里进行连接来建立 MySQL 用户账号。还应该给新的用户建议合适的连接参数，以使他们成功地连接到服务器。

日志文件维护经验：应该了解可以维护的日志文件的类型，以及在何时和怎样完成日志文件的维护，因为日志的循环和终止对防止日志填满文件系统是必要的。

服务器优化经验：想要使得 MySQL 服务器以最佳状态运行，提高服务器运行性能的最简单、有效的方法就是购买更多、更好的内存。但在技术层面，优化服务器的相关操作方法也十分有用，例如，对以数据检索为主的 MySQL 服务器和对以插入、更新操作为主的 MySQL 服务器，优化的策略就不尽相同。

MySQL 8 更新经验：由于新的 MySQL 版本频繁出现，应该知道怎样始终跟上这些版本以利用故障修复和新的特性。需要了解不进行版本升级的理由，并且掌握怎样在稳定版本和开发者版本之间进行选择。

9.6 拓展提高

如前所述，在 MySQL 中使用 SSL 进行传输，是保障 MySQL 安全的重要措施之一。但该方法需要在命令行或选项文件中设置 SSL 选项，下面以命令行为例说明具体的操作方法。

9.6.1 安装证书管理工具

步骤 1：下载 Win32OpenSSL-0_9_8g.exe。

步骤 2：安装。双击 Win32OpenSSL-0_9_8g.exe 按提示进行安装（安装目录：C:\OpenSSL）。

步骤 3：在 C:\OpenSSL\bin 目录下创建 root、server、client 三个子路径。

步骤 4：妥善保管创建证书时输入的用户名、密码。

9.6.2 创建根证书并自签名

步骤 1：创建私钥。进入 DOS 窗口，进入 C:\OpenSSL\bin 路径，然后输入 openssl genrsa -out root/root-key.pem 1024 命令并按 Enter 键。

步骤 2：创建证书请求。继续输入 openssl req -new -out root/root-req.csr -key root/root-key.pem，然后按 Enter 键，要求输入一系列信息，可根据实际情况输入，但是 CommonName 一定要输入 Root。

步骤 3：自签署根证书。继续输入 openssl x509 -req -in root/root-req.csr -out root/root-cert.pem -signkey root/root-key.pem -days 3650，然后按 Enter 键。

步骤 4：查看根证书内容。要先进入证书所在路径，例如，C:\OpenSSL\bin\root，然后输入 keytool -printcert -file root-cert.pem，按 Enter 键。

9.6.3 创建服务器证书并用根证书签署

步骤 1：创建私钥。进入 DOS 窗口，进入 C:\OpenSSL\bin 路径，然后输入 openssl genrsa -out server/server-key.pem 1024 命令，按 Enter 键。

步骤 2：创建证书请求。继续输入 openssl req -new -out server/server-req.csr -key server/server-key.Pem 命令，然后按 Enter 键，要求输入一系列信息，可根据实际情况输

入,但是 CommonName 一定要输入 localhost 或服务器的域名(假设存在域名)。

步骤3:签署服务器证书。继续输入 openssl x509 -req -in server/server-req. csr -out server/server-cert. pem -signkey server/server-key. pem -CA root/root-cert. pem -CAkey root/root-key. pem -CAcreateserial -days 3650 命令,然后按 Enter 键。

步骤4:查看服务器证书内容。要先进入证书所在路径,例如,C:\OpenSSL\bin\server,然后输入 keytool -printcert -file server-cert. pem 命令,然后按 Enter 键。

9.6.4　创建客户证书并用根证书签署

步骤1:创建私钥。进入 DOS 窗口,进入 C:\OpenSSL\bin 路径,然后输入 openssl genrsa -out client/client-key. pem 1024 命令,按 Enter 键。

步骤2:创建证书请求。继续输入 openssl req -new -out client/client-req. csr -key client/client-key. pem,然后按 Enter 键,要求输入一系列信息,可根据实际情况输入,CommonName:输入用户 ID。

步骤3:签署客户证书。继续输入 openssl x509 -req -in client/client-req. csr -out client/client-cert. pem -signkey client/client-key. pem -CA root/root-cert. pem -CAkey root/root-key. pem -CAcreateserial -days 3650,然后按 Enter 键。

步骤4:查看客户证书内容。要先进入证书所在路径,例如,C:\OpenSSL\bin\client,然后输入 keytool -printcert -file client-cert. pem,然后按 Enter 键。

完成以上步骤后,将所生成的证书 root、server 和 client 文件夹,复制到 C:\mysll 目录下。至此,已部署完在启动服务器时所用的有关选项指明证书文件和密钥文件。

说明:在建立加密连接前准备的三个文件及其作用如下。

- CA 证书:由可信赖第三方出具,用来验证客户端和服务器端提供的证书。CA 证书可向商业机构购买,也可自行生成。
- 证书文件:用于在连接时向对方证明自己的身份。
- 密钥文件:用来对加密连接上传输的数据进行加密和解密。

MySQL 服务器端的证书文件和密钥文件必须首先安装,在 myssl 目录里的几个文件如下。

- root-cert. pem——CA 证书。
- server-cert. pem——服务器证书。
- server-key. pem——服务器公共密钥。

9.6.5　在主数据库创建从数据库操作所用的用户并指定用 SLL 认证

```
CREATE USER 'test_guest'@'localhost' IDENTIFIED BY '1234';
GRANT ALL PRIVILEGES ON music_shop. * TO 'test_guest'@'10.12.1.42' REQUIRE ssl;
```

9.6.6　关闭主数据库

```
mysql > mysqladmin - uroot shutdown;
```

9.6.7　重启服务器使配置生效

```
mysql > mysqld -- ssl - ca = C:\myssl\server\root - cert.pem -- ssl - cert = C:\myssl\server\
server - cert.pem -- ssl - key = C:\myssl\server\server - key.pem;
```

9.6.8　用从数据库客户程序建立加密连接

```
mysql > mysql - u test_guest -- ssl - ca = C:\myssl\client\root - cert.pem -- ssl - cert = C:\
myssl\client\client - cert.pem -- ssl - key = C:\myssl\client\client - key.pem;
```

配置完成后，调用 mysql 程序运行\s 或 SHOW STATUS LIKE 'SSL%' 命令，如果看到 SSL：的信息行就说明是加密连接了。如果把 SSL 相关的配置写进选项文件，则默认是加密连接的。也可用 mysql 程序的 skip-ssl 选项取消加密连接。

自测与实验 9　MySQL 8 系统管理

1. 实验目的

（1）验证 MySQL 8 用户的查看、创建、删除和更改方法。

（2）验证 MySQL 8 用户权限的查看、授予和撤销方法。

（3）验证 MySQL 8 服务器带参数命令行的启动、数据表维护、日志查看方法。

2. 实验环境

（1）PC 一台。

（2）具备 MySQL 8 数据库的操作环境。

3. 实验内容

（1）学会在 Shell 下用 MySQL 8 命令对用户进行如下操作。

- 查询用户信息。
- 创建新的用户。
- 删除旧有用户。
- 更改用户密码。

（2）学会在 Shell 下用 MySQL 8 命令对用户权限进行如下管理和操作。

- 为 MySQL 数据库服务器用户添加权限。
- 创建超级用户。
- 创建网站用户（程序用户）。
- 创建普通用户（仅有查询权限）。
- 刷新用户操作权限。
- 查看用户操作权限。
- 回收用户操作权限。
- 删除用户并回收权限。

（3）学会在 Shell 下用 MySQL 命令对 MySQL 8 进行如下维护。

- 带参数的命令行方式启动 MySQL。
- 维护数据表。
- 查看日志。

4. 实验步骤

参照本项目的任务实施方法。

项目10
基于Java的教务管理系统
MySQL 8数据库设计实现
与测试

10.1 项目描述

本项目旨在基于 MySQL 8 数据库,以 Java 编程语言为例,介绍在 Windows 10 下设计与实现基于 Java 的教务管理系统 MySQL 数据库项目的具体开发过程、方法和步骤。

具体任务:基于 Java,设计并实现教务管理系统 MySQL 8 数据库及测试程序。

10.2 任务解析

本项目根据应用本科、职业本科、高职高专等院校教务管理的基本需要,讲述教务管理系统(Demo)数据库的设计方法;基于 MySQL 8 实现数据库,并基于 Java 语言编写测试程序。

教务管理系统(Demo)的基本情况和功能要求如下。

- 用户登录过程中,可从"学生""教师""管理员(行使教学秘书任务的教师)"下拉菜单中选择登录角色。
- 学生以学号为账号,教师和管理员以工号为账号,师生都凭账号、密码登录系统。
- 教师、学生的账号和初始密码由管理员批量导入(如通过 Excel 文件的方式导入)。
- 一个学生只能归属一个行政班级,一个班级有多名学生;一位教师可归属于多个部门(如行政兼课老师可归属于多个部门),一个部门包含多位教师;一门课程可由多位老师讲授,一位教师也可讲授多门课程。
- 管理员登录系统后,具有对师生管理、选课管理、课表管理、成绩管理四个模块进行操作的全部权限。
- 教师登录系统后能够录入、查询、修改、导出(打印)课程成绩。
- 学生登录系统后能够查询可选课程、选择课程、查看已选课程、删除已选课程、查询课表、导出(打印)课表、查询成绩。

10.3 相关知识

一般地,数据库设计是指对于一个给定的应用环境,构造优化的数据库逻辑模式和物理结构,并据此建立数据及其应用系统,使之能够有效地存储和管理数据,满足各种用户的应用需求,包括信息管理要求和数据操作要求。广义地讲,数据库设计是数据库及其应用系统的设计,即设计整个数据库应用系统,狭义地讲,是设计数据本身,即设计数据库的各级模式并建立数据库,是数据库应用系统设计的一部分。

在本项目的相关知识中,作者从广义的数据库设计视角,参考软件工程规范,在借鉴数据库及其应用系统开发传统经验基础上,基于 Java 语言,在讲述教务管理系统数据库设计的需求分析、概要设计、逻辑结构设计、物理结构设计、数据库实施、数据库运行和维护 6 个阶段的数据库项目开发流程之后,再介绍本项目需求分析所需的数据流图知识。

10.3.1 数据库项目开发流程

1. 需求分析

数据库设计流程中需求分析阶段的主要任务是通过调查、收集与分析,获得用户对数据库的信息要求、处理要求、安全性要求、完整性要求等,即调查、分析的重点是数据和处理。

在本项目中,教务管理系统数据库需求分析阶段的主要任务是通过对应用本科、职业本科、高职高专等院校教务管理涉及的教务处、开课院(部)等部门以及学生、教师等用户进行详细调查,明确学生、教师、教务管理人员等用户对教务管理系统的不同需求,完成调查分析用户活动的任务。不难理解,教务管理系统数据库设计的需求既包括学生、班级、课程、开课院部、教师、教师等数据需求,也包括选课、授课、排课等教学业务的处理需求,还包括用户的安全性、完整性等需求。

从软件工程视角看,需求分析是数据库设计流程的第一步,是整个数据库设计的基础,也是最困难和最耗费时间的一步。因为需求分析是否做得充分和准确,直接决定了在其上构建数据库的速度与质量,需求分析做不好有可能导致整个数据库设计返工。

2. 概念结构设计

数据库设计过程中的概念结构设计又称为概要设计,其任务是将需求分析阶段形成的数据库实体以实体属性图的形式呈现;通常,根据实体与实体之间的联系,抽象出局部 E-R (Entity-Relation)图;最后,再将局部 E-R 图集成为数据库的全局 E-R 图。

在本项目中,教务管理系统数据库的概念结构设计任务就是形成该数据库的全局 E-R 图。

3. 逻辑结构设计

数据库设计过程中的逻辑结构设计阶段的任务是将概念结构设计的数据库全局 E-R 图,转换成特定 DBMS 所支持的数据模型并进行规范化处理和优化的过程。

在本项目中,教务管理系统数据库的逻辑结构设计阶段的任务是按照数据库理论中的"由 E-R 图向数据模型转换"规则,将教务管理系统数据库的全局 E-R 图中的实体、联系都转换为关系模式。通俗地说,就是将教务管理系统数据库的全局 E-R 图转换为多张表,确认各表的主键和外键,用数据库原理的"三大范式"进行审核,并对其进行优化。

4. 物理结构设计

数据库设计物理结构设计阶段的任务是根据逻辑结构设计阶段的结果,综合考虑用户需求、团队开发能力、项目成本预算等因素,选择 MySQL 或 Oracle 等具体的数据库进行物理实现。

在本项目中,教务管理系统数据库的物理结构设计阶段,拟选择 MySQL 8 数据库进行物理实现。

5. 数据库实施

数据库设计数据库实施阶段的任务是综合运用 DBMS 提供的数据语言(如 SQL)、工具及宿主语言(如 Java),根据逻辑结构设计、物理结构设计的结果建立数据库,编制与调试应用程序,组织数据入库,并进行试运行。

在本项目中,教务管理系统数据库的数据库实施阶段,拟在 MySQL 8 环境下,用 SQL 命令行和可视化两种模式进行实施。

6. 数据库运行和维护

一般地,数据库经试运行后即可投入正式运行。在数据库的运行和维护阶段,需要考虑"维护数据库的安全性和完整性、监测并改善数据库性能、重新组织和构造数据库"等内容。

10.3.2 数据流图

1. 数据流图的含义

数据流图(Data Flow Diagram,DFD),是在需求分析阶段,从数据传递和加工的角度,采用结构化分析的方法,以图形方式表达系统的逻辑功能,以图形方式描绘数据在系统中的流动和处理过程,用以帮助系统分析者了解"做什么"(不涉及"怎么做")的一种工具。

如同软件工程的需求分析一样,用于描述数据库需求分析的 DFD 中没有任何具体的物理元素,仅仅描绘信息在数据库应用系统中的流动和处理情况。因此,从属性上看,DFD 是一种提供了功能建模、信息流建模机制且能够描述逻辑模型的图形工具。

2. 数据流图的四要素

一般地,DFD 由数据流、外部实体、处理过程、数据存储和四种基本符号连接而成,这四种基本符号称为 DFD 的四要素,如图 10.1 所示。

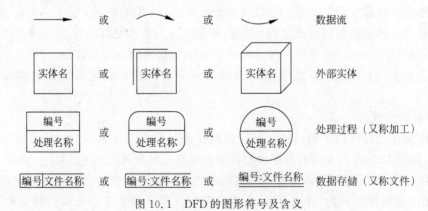

图 10.1 DFD 的图形符号及含义

1)数据流

在数据库应用系统设计的需求分析阶段用到的数据流图中,数据流用于表示由一组成分固定的数据及其在系统内传播的路径。例如,在教务管理系统中,指定学年、学期某学生的"选课单"至少由"学号、课程号"等数据项组成,"成绩单"由"学年、学期、学号、姓名、课程名称、成绩"等数据项组成。

需要提醒的是,因为DFD中的数据流是流动中的数据,因此必须有流向(用带箭头的直线或者曲线表示,如图10.1所示);此外,DFD除了与数据存储之间的数据流不用命名外,数据流应该用名词或名词短语命名,通常以F开头并标注在箭线旁。

2) 外部实体

DFD的外部实体,也称为外部项、数据源点或终点,是指系统以外又与系统有联系的人或者事物,它说明了数据的外部来源或者去处,属于系统的外部和系统的界面。外部实体支持系统数据输入的实体称为源点,支持系统数据输出的实体称为终点。一般地,外部实体在数据流程图中用正方形、左上角加标识的正方形或立方体表示(见图10.1),并在正方形框或立方体内写上外部实体的名称(通常以S开头)。

在本项目中用正方形框表示数据源点或终点。

需要说明的是,在实际项目开发中,为了区分DFD的不同外部实体,可在正方形的左上角用一个字符表示,同一外部实体可在一张数据流程图中出现多次,这时在该外部实体符号的右下角画上小斜线表示重复。

3) 处理过程

DFD的处理过程也称为加工,是指对数据逻辑的处理,也就是数据变换,它用来表示改变数据值的过程。而每一种处理又包括数据输入、数据处理和数据输出等部分。在数据流程图中,处理过程用长方形、带圆角的长方形、圆形(或者椭圆形)表示处理过程(见图10.1)。

在实际应用中,DFD处理过程图符大都细分为上、下两部分,分别代表标识部分和功能描述部分。标识部分用于标注编号,编号以P开头且应具有唯一性,以标识不同的处理过程;下方的功能描述部分用来标识处理过程的名称。在本项目中,我们将采用该方法描述教务管理系统的处理过程。

需要提醒的是,在涉及多个开发部门的大型工程项目需求分析过程中,也可能将数据流图处理过程图符细分为上、中、下三部分,分别代表名字标识、功能描述和完成部门。

4) 数据存储

DFD的数据存储表示数据保存的地方,可以是数据文件(含数据库)、文件夹、账本等。系统处理从数据存储中提取数据,也将处理的数据返回数据存储。与数据流不同的是数据存储本身不产生任何操作,它仅仅响应存储和访问数据的要求。在DFD中,数据存储可用右边开口的长方条或两条平行线表示,数据存储的编号、名字写在长方条内或两条平行线上方,如图10.1所示。

在实际的工程项目应用中,为了提高区别和引用数据存储(文件)的方便,常在右边开口的长方条左端加1个小方格,并在小方格标上以字母D开头,后跟数字的名字标识符。

需要提醒的是,DFD虽然用"→"表示数据的流向,但DFD不等同于流程图、框图。数据流图是从数据角度来描述一个系统,不涉及系统的设计和实现;流程图是综合运用起止框(椭圆形)、处理框(矩形)、判断框(菱形)和流程线表示算法的一种图形;框图是从对数据进行加工的工作人员的角度来描述系统的一种图示方法。

3. 数据流图的绘制

DFD的绘制步骤如下。

步骤1:确定待开发系统的外部实体,即落实系统的数据源点(数据来源)和终点(数据去处)。

步骤2：确定待开发系统的输入数据流和输出数据流，将待开发系统作为一个处理过程，画出该系统的顶层DFD(顶层DFD，即关联图概括描述系统的数据源点和终点、输入和输出、主要处理过程、数据存储方法，旨在向用户和设计者呈现系统的主要功能、组成部分、逻辑关系等信息)。

步骤3：确定待开发系统的主要功能，并按照功能模块将待开发系统分解为若干子系统，每个子系统对应一个处理过程(加工)，再细化每个加工的输入、输出数据流及相关的数据存储。

步骤4：采用自顶向下、逐层分解的方法，依次绘制下一层DFD。

步骤5：重复步骤4，直至逐层分解完成。

步骤6：检查各层DFD，确保无遗漏、不重复、不冲突，按照命名规则完善数据流、外部实体、处理过程、数据存储的名称。

步骤7：向用户反馈，并在征求用户意见基础上优化DFD。

不难看出，DFD的绘制是一个自顶向下、层层分解、逐步优化的迭代过程。

10.4 任务实施——数据库需求分析

10.4.1 功能需求

为了不失一般性，本节基于DFD，从涵盖数据结构、数据项的数据字典以及处理过程、数据存储视角，分析教务管理系统数据库设计的需求问题。

1. 项目功能需求概述

众所周知，浏览器/服务器(Browser/Server，B/S)架构因具有分布式、扩展容易、维护方便、开发简单、共享性强等优点，该架构广受用户欢迎。

为了不失一般性，本项目以当下盛行的网络版教务管理系统为例，以教务管理系统大都具备的用户管理、课程选修、课表管理、成绩管理4个功能板块为切入点，并以图10.2所示的教务管理系统(Demo)需求为例进行设计和开发。

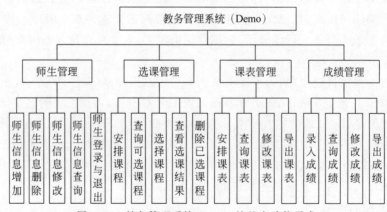

图10.2　教务管理系统(Demo)的基本功能需求

不难看出，图10.2所示的教务管理系统中的用户包括学生、教师、管理员，因这三类角色用户的需求不同，他们对"选课管理""课表管理""成绩管理"等模块的操作权限也不一样。

在本项目中,作者结合网络版教务管理系统(Demo)实例,说明本项目需求分析过程中需要的 DFD 的含义及其画法。

2．项目数据流图设计

本节将按照图 10.3 所示的 DFD 绘制方法,用正方形、长方形、右边开口且带有小方格的长方条分别表示外部实体、处理过程和数据存储,分别绘制教务管理系统(Demo)的顶层、第一层和第二层 DFD。

在本项目中,Demo 版的教务管理系统外部实体包括学生、教师和管理员,也是数据的源点和终点;需要存储的信息包括选课信息(如选课表、课程表)、成绩信息(如课程成绩单、学生成绩单)、教室信息和课程信息。

按照教务管理系统的基本功能、系统组成和逻辑关系,构造的教务管理系统(Demo)的顶层 DFD 如图 10.3 所示。

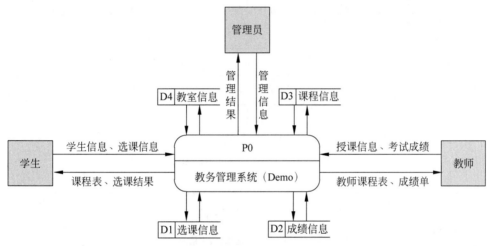

图 10.3　教务管理系统(Demo)的顶层 DFD

从图 10.3 可知,本项目所述教务管理系统(Demo)包括师生管理、选课管理、课表管理、成绩管理四个子系统,基于上述的 DFD 绘制算法,设计的教务管理系统(Demo)的第一、二层 DFD 分别如图 10.4～图 10.7 所示。

10.4.2　数据字典

在数据库项目的需求分析阶段,数据字典(Data Dictionary,DD)是对 DFD 的有效补充,是对 DFD 的所有元素进行详尽的文字描述。

本节在针对前述教务管理系统的 DFD,介绍学生、班级、课程、部门、教师、教室等 6 个实体及选课、授课、排课 3 个联系的数据字典与描述。

1．实体数据结构：学生

含义说明：学生实体是教务管理系统的一个核心数据结构,定义了学生的有关信息。

组成：学号、姓名、性别、出生日期、专业、手机号、登录密码、备注。

1) 数据项：学号

含义说明：唯一标识每一个学生。

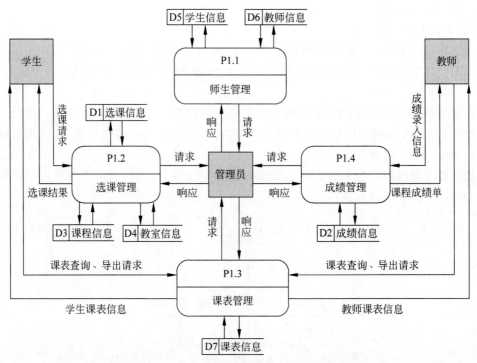

图 10.4　教务管理系统(Demo)的第一层 DFD

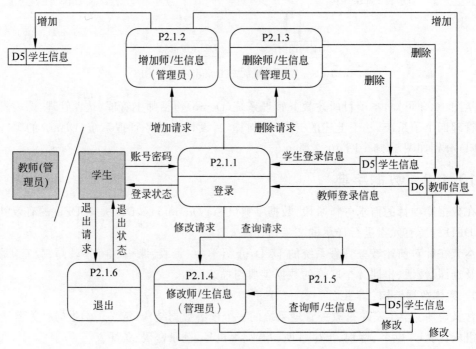

图 10.5　教务管理系统(Demo)的第二层 DFD(师生管理模块)

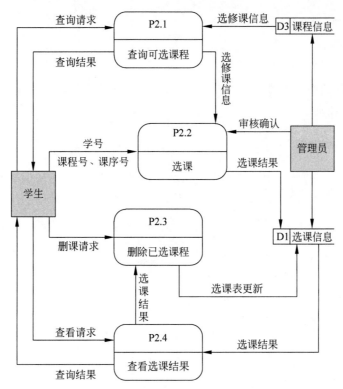

图 10.6　教务管理系统(Demo)的第二层 DFD(选课管理模块)

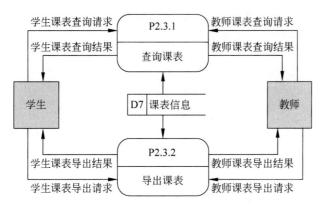

图 10.7　教务管理系统(Demo)的第二层 DFD(查询课表、导出课表)

别名：学生编号。

类型：字符型(定长)。

长度：14 位。

格式规范与举例：20191502020110。各段的含义：前 4 位 2019 表明学生所在年级,第 5 位的 1 表示校区,第 6 位的 5 表示本科,第 7～10 位的 0202 表示学院、专业,第 11 和第 12 位的 01 表示班级,最后 2 位表示班级内的流水号。

默认值：20221502020101。

2) 数据项：姓名

含义说明：表示学生的姓名。

类型：字符型（不定长）。

最大长度：10位。

取值范围：任意字符。

默认值：学生姓名。

3）数据项：性别

含义说明：表示学生的性别。

类型：字符型（定长）。

长度：2位。

取值范围："男"或"女"。

默认值："男"。

4）数据项：出生日期

含义说明：表示学生的出生日期。

类型：日期型（即 DATE 型）。

格式规范：YYYY-MM-DD,表示"年-月-日"。

取值范围：1000-01-01～9999-12-31。

默认值：2005-01-01。

5）数据项：专业

含义说明：表示学生的专业。

类型：字符型（不定长）。

最大长度：22位,如信用风险管理与法律控制。

取值范围：原则无限制,只要是合理的专业名称即可。

提醒：因转专业的原因,学生的实际专业不能从学号中的专业代码段析出和解析。

默认值：计算机科学与技术。

6）数据项：手机号

含义说明：表示学生的手机号。

类型：字符型（定长）。

最大长度：11位。

格式规范：1XXXXXXXXXX。

取值范围：以1开头且长度为11的数字串。

默认值：13512345678

7）数据项：登录密码

含义说明：表示学生的登录密码。

类型：字符型（不定长）。

最小长度：6位。

取值范围：任意合法的字符。

默认值：123456。

8）数据项：备注

含义说明：表示学生的备注信息。

类型：字符型（不定长）。

最大长度：45 位。

取值范围：任意合法的字符。

默认值：无。

2．实体数据结构：班级

含义说明：班级实体是教务管理系统的一个重要数据结构，用于描述学生所在的班集体信息。

组成：班级编号、班级名称、班级人数、班长学号。

1）数据项：班级编号

含义说明：表示班级的编号。

类型：字符型（定长）。

最大长度：5 位。

格式规范：年级＋班级号，如 19001。

取值范围：原则无限制，只要是合理的班级编号即可。

默认值：22001。

2）数据项：班级名称

含义说明：表示班级的名称。

类型：字符型（不定长）。

最大长度：35 位。

格式规范：年级＋专业名称＋班级序号＋（班级类别），如 19 信用风险管理与法律控制 1 班（普本）。

取值范围：原则无限制，只要是合理的班级名称即可。

默认值：22 计算机科学与技术 1 班（普本）。

3）数据项：班级人数

含义说明：表示班级的人数。

类型：整型。

取值范围：15～500。

4）数据项：班长学号

含义说明：唯一标识班长的信息。

类型：字符型（定长）。

长度：14 位。

格式规范与举例：20191502020110。各段的含义：前 4 位 2019 表明学生所在年级，第 5 位的 1 表示校区，第 6 位的 5 表示本科，第 7～10 位的 0202 表示学院、专业，第 11～12 位的 01 表示班级，最后 2 位表示班级内的流水号。

默认值：20221502020101

3．实体数据结构：课程

含义说明：教务管理系统的核心数据结构之一，定义了课程的有关信息。

组成：课程号、课序号、课程中文名、课程英文名、课程描述、课程类别代码、课程所属模块、课程性质、开课部门代码、学分、总学时、理论周学时、理论总学时、实验周学时、实验总学时、上机周学时、上机总学时、实践周数、开课学期、所属人培方案。

1) 数据项：课程号

含义说明：课程的编号。

类型：字符型（定长）。

长度：10。

格式规范与举例：3070000221。各段的含义：前3位307代表开课部门的代码，详见数据结构"部门"；尾7位是流水号。

默认值：课程编号。

2) 数据项：课序号

含义说明：对于同一课程，由不同老师讲授，用课序号来区分。

类型：字符型（定长）。

长度：2。

取值范围：01～99。

默认值：01。

3) 数据项：课程中文名

含义说明：人才培养方案上对应课程的中文名称。

类型：字符型（不定长）。

最大长度：40。如毛泽东思想和中国特色社会主义理论体系概论。

取值范围：任意合法的字符。

默认值：课程名称。

4) 数据项：课程英文名

含义说明：人才培养方案上对应课程的英文名称。

类型：字符型（不定长）。

最大长度：100。如 Introduction to Maoism and the theoretical system of socialism with Chinese characteristics。

取值范围：任意合法的字符。

默认值：课程英文名。

5) 数据项：课程描述

含义说明：课程内容的基本描述。

类型：字符型（不定长）。

最大长度：1000。

格式规范与举例：一段中文文字，例如，《数据库原理及应用》是计算机科学与技术专业学生的专业核心课程。课程内容包括数据库系统的基础理论、基本技术和基本方法。数据库系统的基本概念、数据模型、关系数据库及其标准语言 SQL、数据库安全性和完整性的概念和方法、关系规范化理论、数据库设计方法和步骤，数据库恢复和并发控制等事务管理基础知识，关系查询处理和查询优化等。本课程在人才培养方案中处于重要地位，是计算机科学与技术培养方向的重要课程。通过本课程的学习，使学生初步掌握一种数据库操作语言并具备分析、归纳和设计能力；能够针对本专业的工程问题进行预测和模拟；能够基于计算机工程相关背景知识进行合理分析，评价本专业工程实践和复杂工程问题解决方案对社会、健康、安全、法律以及文化的影响，并理解应承担的责任；能够具备利用数据库基本原理、数据库规范理论、数据优化技术设计更高效数据库系统的设计能力；在团队中承担个体、团队成员以及负责人的角色。同时使学生树立科学思维、探索真理、追求真理的科学精神，遵守职业道德和法规，具有自身职业精神和工匠精神。

取值范围：任意合法字符。

默认值：课程描述。

6）数据项：课程类别代码

含义说明：用于标识课程的不同类型。课程类别为：01 纯理论课；02（理论＋实验）课；03 独立设置实验课；04 集中实践课；05 术科课。01、02、03、04 和 05 为课程类别代码。理论课包括纯理论课和少于 50%（不含 50%）课内实践、实验教学的课程；术科课指该课程 50%（含 50%）以上的课时由学生自己动手操作、练习，特指培训体育或艺术专业技能的实践课程；独立设置实验课指该课程 100% 的课时由学生自己动手操作、练习，而且学习周内还有其他课程同时上课，有周学时和总学时；集中实践课指军训、见习、校内仿真实验或实训（整周上课）、课程设计、专业实习、认知实习、毕业实习、毕业设计、毕业论文、社会调查等只有上课周数，没有周学时和总学时的课程。

类型：字符型（定长）。

长度：2。

取值范围：01～05。

默认值：01。

7）数据项：课程所属模块

含义说明：用于描述课程所属的模块，包括学科基础课程、专业选修课程、通识教育基础课程、通识教育核心课程、通识教育选修课程、专业核心课程、实践创新课程。

类型：字符型（不定长）。

长度：16。

取值范围：任意合法字符。

默认值：学科基础课程。

8）数据项：课程性质

含义说明：用于描述课程的性质，分为"必修"和"选修"。

类型：字符型（定长）。

长度：4。

取值范围："必修"或者"选修"。

默认值："必修"。

9）数据项：开课部门代码

含义说明：用于描述课程开课部门的代码。

类型：字符型（定长）。

长度：3。

取值范围：000～999。

默认值：307。

10）数据项：学分

含义说明：用于描述一门课程对应的学分。

类型：数值型，建议单精度浮点数值类型。

长度：4（默认）。

取值范围：0.5～9.5。提醒：学分可为小数，但小数部分只能为 0 或 5，如 1.0、1.5、0.5 等。

默认值：1.0。

11）数据项：总学时

含义说明：用于描述一门课程对应的总学时数。

类型：数值型（建议小整数数值类型）。

长度：1（默认）。

取值范围：1～128。

默认值：64。

12）数据项：理论周学时

含义说明：理论课程每周上课的学时数。

类型：数值型（建议小整数数值类型）。

长度：1（默认）。

取值范围：0～32。

默认值：4。

13）数据项：理论总学时

含义说明：理论课程每学期上课的学时总数。

类型：数值型（建议小整数数值类型）。

长度：1（默认）。

取值范围：0～128。

默认值：64。

14）数据项：实验周学时

含义说明：课程每周上实验课的学时数。

类型：数值型（建议小整数数值类型）。

长度：1（默认）。

取值范围：0～32。

默认值：2。

15）数据项：实验总学时

含义说明：课程每学期上实验课的学时总数。

类型：数值型（建议小整数数值类型）。

长度：1（默认）。

取值范围：0～128。

默认值：32。

16）数据项：上机周学时

含义说明：课程每周上机课的学时数。

类型：数值型（建议小整数数值类型）。

长度：1（默认）。

取值范围：0～32。

默认值：0。

17）数据项：上机总学时

含义说明：课程每学期上机课的学时总数。

类型：数值型（建议小整数数值类型）。

长度：1（默认）。

取值范围：0～128。

默认值：0。

18）数据项：实践周数

含义说明：集中实践课每学期的上课周数。

类型：数值型（建议小整数数值类型）。

长度：1（默认）。

取值范围：0～16。

默认值：0。

19）数据项：开课学期

含义说明：表示课程在哪个学期开设。

类型：数值型（建议小整数数值类型）。

长度：1（默认）。

取值范围：1～8。

默认值：1。

20）数据项：所属人培方案

含义说明：表示一课程所属的人才培养方案名称。

类型：字符型（不定长）。

长度：1（默认）。

格式规范与举例：计算机科学与技术专业人才培养方案（2021版）。

取值范围：任意合法字符。

默认值：计算机科学与技术专业人才培养方案（2021版）。

4．实体数据结构：部门

含义说明：教务管理系统中的部门实体，用于表征课程的开课单位或者授课教师所在的二级单位。

组成：部门代码、部门名称、部门位置、部门电话。

1）数据项：部门代码

含义说明：用于表示部门的代码。

类型：字符型（定长）。

长度：3。

格式规范与举例：307，表示计算机与信息技术学院。

默认值：301。

2）数据项：部门名称

含义说明：用于表示部门的名称。

类型：字符型（不定长）。

最大长度：26。

格式规范与举例：可包含括号（半角）的二级单位名称，如创新创业中心（创新创业学院）。

默认值：计算机与信息技术学院。

3）数据项：部门位置

含义说明：用于表示部门所在的具体位置。

类型：字符型（不定长）。

最大长度：50。

格式规范与举例：龙子湖校区知行楼 609 房间。

默认值：龙子湖校区知行楼 609 房间。

4）数据项：部门电话

含义说明：用于表示部门的电话。

类型：字符型（定长）。

长度：8。

格式规范与举例：69303765。

默认值：69303765。

5．实体数据结构：教师

含义说明：教师实体教务管理系统的核心数据结构之一，定义了教师的有关信息。

组成：教工号、姓名、性别、出生日期、手机号、是否为管理员、登录密码。

1）数据项：教工号

含义说明：唯一标识每一个教师。

类型：字符型（定长）。

长度：8 位。

格式规范与举例：30700046。

各段的含义：前 3 位表明该教师所在的部门编号，后 5 位表示二级单位内教师的流水号。

取值范围：30100001～39999999。

默认值：30700001。

2）数据项：姓名

含义说明：教师的姓名。

类型：字符型（不定长）。

最大长度：10 位。

取值范围：任意能表示教师姓名的合法字符。

默认值：教工姓名。

3）数据项：性别

含义说明：表示教师的性别。

类型：字符型（定长）。

长度：2 位。

取值范围："男"或"女"。

默认值："男"。

4）数据项：出生日期

含义说明：表示教师的出生日期。

类型：日期型（即 DATE 型）。

格式规范：YYYY-MM-DD，表示年-月-日。

取值范围：1000-01-01～9999-12-31。

默认值：2005-01-01。

5）数据项：手机号

含义说明：表示教师的手机号。

类型：字符型（定长）。

最大长度：11 位。

格式规范：1XXXXXXXXXX。

取值范围：以 1 开头且长度为 11 的数字串。

默认值：13512345678。

6）数据项：是否为管理员

含义说明：用于表征教师是否是教务管理系统的管理员（行使教学秘书任务的教师）。

类型：逻辑型（定长）。

长度：1。

取值范围：0 或者 1。

默认值：0。

7）数据项：登录密码

含义说明：表示教师的登录密码。

类型：字符型（不定长）。

最小长度：6 位。

取值范围：任意合法的字符。

默认值：123456。

6. 实体数据结构：教室

含义说明：上课所用的教室。

组成：教室名称、教室地址、教室容量、教室类型。

1）数据项：教室名称

含义说明：能够标识教室唯一性的编号。

类型：字符（定长）。

最大长度：5。

格式规范与举例：启慧楼 502（电子技术与嵌入式基础应用实验室），括号内的信息表示实验室名称。

取值范围：任意合法的字符。

默认值：无。

2）数据项：教室地址

含义说明：标明教室的具体地址。

类型：字符（不定长）。

最大长度：20。

取值范围：任意合法的字符。

默认值：无。

3）数据项：教室容量

含义说明：教室容纳学生的数量。

类型：整型。

取值范围：1～2000。

4）数据项：教室类型

含义说明：表征教室的类型（合班大教室、多媒体教室、机房、实验室）。

类型：字符型（不定长）。

最大长度：10。

取值范围：任意合法的字符。

默认值：多媒体教室。

7. 联系数据结构：选课

含义说明：属于学生和课程实体之间的联系，用于记录某学生在指定学期的选课及考核成绩情况。要求：无论必修、选修课程，均要求学生通过该功能实现指定时段（学期）的课程选择任务。

组成：学号、选课学年、选课学期、课程号、课序号、成绩。

1）数据项：学号

含义说明：唯一标识每一个学生。

别名：学生编号。

类型：字符型（定长）。

长度：14位。

格式规范与举例：20191502020110。

各段的含义：前4位2019表明学生所在年级，第5位的1表示校区，第6位的5表示本科，第7～10位的0202表示学院、专业，第11～12位的01表示班级，最后2位表示班级内的流水号。

默认值：20221502020101。

2）数据项：选课学年

含义说明：学年信息。

类型：字符型（定长）。

长度：9。

格式规范与举例：2021-2022表示2021—2022学年。

默认值：2021-2022。

3）数据项：选课学期

含义说明：学期信息。

类型：字符型（定长）。

长度：1。

格式规范与举例：1、2表示第1、2学期。

默认值：1。

4）数据项：课程号

含义说明：课程的编号。

类型：字符型（定长）。

长度：10。

格式规范与举例：3070000221。

各段的含义：前 3 位 307 代表开课部门的代码，详见数据结构"部门"；尾 7 位是流水号。

默认值：课程编号。

5）数据项：课序号

含义说明：对于同一课程，由不同老师讲授，用课序号来区分。

类型：字符型（定长）。

长度：2。

取值范围：01～99。

默认值：01。

6）数据项：成绩

含义说明：选课学生本学期选修的指定课程的成绩。

类型：浮点数。

范围：0.0～100.0。

默认值：0。

8．联系数据结构：讲授

含义说明：属于教师和课程实体之间的联系，用于记录某学期指定教师担任课程情况。

组成：授课学年、授课学期、教工号、课程号、课序号。

1）数据项：授课学年

含义说明：学年信息。

类型：字符型（定长）。

长度：9。

格式规范与举例：2021-2022 表示 2021—2022 学年。

默认值：2021-2022。

2）数据项：授课学期

含义说明：学期信息。

类型：字符型（定长）。

长度：1。

格式规范与举例：1、2 表示第 1、2 学期。

默认值：1。

3）数据项：教工号

含义说明：唯一标识每一个教师。

类型：字符型（定长）。

长度：8 位。

格式规范与举例：30700046。

各段的含义：前 3 位表明该教师所在的部门编号，后 5 位表示二级单位内教师的流水号。

取值范围：30100001～39999999。

默认值：30700001。

4）数据项：课程号

含义说明：课程的编号。

类型：字符型（定长）。

长度：10。

格式规范与举例：3070000221。

各段的含义：前 3 位 307 代表开课部门的代码，详见数据结构"部门"；尾 7 位是流水号。

默认值：课程编号。

5）数据项：课序号

含义说明：对于同一课程，由不同老师讲授，用课序号来区分。

类型：字符型（定长）。

长度：2。

取值范围：01～99。

9. 联系数据结构：排课

含义说明：属于课程和教室实体之间的联系，用于管理员根据时间、教室容量、选课人数、教室类型等信息，将课程安排在适当的教室，目标包括时间不冲突、教室类型得当、教室容量不小于选课人数等。

组成：教室编号、课程号、课序号、排课学年、排课学期、节次。

1）数据项：教室编号

含义说明：教室的编号。

类型：字符（定长）。

长度：4。

格式规范与举例：C101。

各段的含义：前 1 位 C 表明 C 号楼，后 3 位的 101 表示 1 楼的 101 房间。

取值范围：A101～Z999。

2）数据项：课程号

含义说明：课程的编号。

类型：字符型（定长）。

长度：10。

格式规范与举例：3070000221。

各段的含义：前 3 位 307 代表开课部门的代码，详见数据结构"部门"；尾 7 位是流水号。

默认值：课程编号。

3）数据项：课序号

含义说明：对于同一课程，由不同老师讲授，用课序号来区分。

类型:字符型(定长)。

长度:2。

取值范围:01~99。

默认值:01。

4)数据项:排课学年

含义说明:学年信息。

类型:字符型(定长)。

长度:9。

格式规范与举例:2021-2022 表示 2021—2022 学年。

默认值:2021-2022。

5)数据项:排课学期

含义说明:学期信息。

类型:字符型(定长)。

长度:1。

格式规范与举例:1、2 表示第 1、2 学期。

默认值:1。

6)数据项:节次

含义说明:描述该课程的排课节次(含星期几)。

类型:字符型(定长)。

长度:15。

格式规范与举例:单双周 3 第 1~2 节。

默认值:单双周 1 第 1~2 节。

10. 联系数据结构:拥有

含义说明:表示班级实体与学生实体之间的联系。

组成:学号、班级编号。

1)数据项:学号

含义说明:唯一标识每一个学生。

别名:学生编号。

类型:字符型(定长)。

长度:14 位。

格式规范与举例:20191502020110。

各段的含义:前 4 位 2019 表明学生所在年级,第 5 位的 1 表示校区,第 6 位的 5 表示本科,第 7~10 位的 0202 表示学院、专业,第 11 和第 12 位的 01 表示班级,最后 2 位表示班级内的流水号。

默认值:20221502020101。

2)数据项:班级编号

含义说明:表示班级的编号。

类型:字符型(定长)。

最大长度:5 位。

格式规范：年级＋班级号，如 19001。

取值范围：原则无限制，只要是合理的班级编号即可。

默认值：22001。

11．联系数据结构：归属

含义说明：表示教师和部门两个实体之间的关系，即表示多个教师可归属于同一个部门。

组成：教工号、部门代码。

1) 数据项：教工号

含义说明：唯一标识每位教师。

类型：字符型（定长）。

长度：8 位。

格式规范与举例：30700046。

各段的含义：前 3 位表明该教师所在的部门编号，后 5 位表示二级单位内教师的流水号。

取值范围：30100001～39999999。

默认值：30700001。

2) 数据项：部门代码

含义说明：用于表示部门的代码。

类型：字符型（定长）。

长度：3。

格式规范与举例：307，表示计算机与信息技术学院。

默认值：301。

12．联系数据结构：隶属

含义说明：表示班级和部门两个实体之间的关系，即表示多个班级可隶属于同一个部门。

组成：班级编号、部门代码。

1) 数据项：班级编号

含义说明：表示班级的编号。

类型：字符型（定长）。

最大长度：5 位。

格式规范：年级＋班级号，如 19001。

取值范围：原则无限制，只要是合理的班级编号即可。

默认值：22001。

2) 数据项：部门代码

含义说明：用于表示部门的代码。

类型：字符型（定长）。

长度：3。

格式规范与举例：307，表示计算机与信息技术学院。

默认值：301。

10.4.3　处理过程

处理过程名：学生信息处理(增加、删除、修改、查询)，课程信息处理(增加、删除、修改、查询)，部门信息处理(增加、删除、修改、查询)，教师信息处理(增加、删除、修改、查询)，教室信息处理(增加、删除、修改、查询)，选课信息处理(增加、删除、修改、查询)，授课信息处理(增加、删除、修改、查询)，排课信息处理(增加、删除、修改、查询)，成绩信息处理(增加、删除、修改、查询)。

1．学生信息处理

说明：用于对学生信息的增加、删除、修改、查询。

输入：学号、姓名、性别、专业、出生日期、手机号。

输出：学生信息表。

处理：学生信息增加、学生信息删除、学生信息修改、学生信息查询。

2．课程信息处理

说明：用于对课程信息的增加、删除、修改、查询。

输入：课程号、课序号、课程中文名、课程英文名、课程描述、课程类别代码、课程性质、开课部门代码、学分、总学时、理论周学时、理论总学时、实验周学时、实验总学时、上机周学时、上机总学时、实践周数、开课学期、所属人培方案。

输出：课程信息表。

处理：课程信息增加、课程信息删除、课程信息修改、课程信息查询。

3．部门信息处理

说明：用于对部门信息的增加、删除、修改、查询。

输入：部门代码、部门名称、是否开课、部门位置、部门电话。

输出：部门信息表。

处理：部门信息增加、部门信息删除、部门信息修改、部门信息查询。

4．教师信息处理

说明：用于对教师信息的增加、删除、修改、查询。

输入：教工号、姓名、性别、出生日期、部门代码、手机号。

输出：教师信息表。

处理：教师信息增加、教师信息删除、教师信息修改、教师信息查询。

5．教室信息处理

说明：用于对教室信息的增加、删除、修改、查询。

输入：教室名称、教室地址、教室容量、教室类型。

输出：教室信息表。

处理：教室信息增加、教室信息删除、教室信息修改、教室信息查询。

6．选课信息处理

说明：为学生提供选课功能并记录学生的选课信息。

输入：学号、选课学年、选课学期、课程号、课序号。

输出：选课记录表。

处理：学期上课前，需要选课的学生登录教务管理系统，按照系统提示的课程信息、授课教师信息,选择课程。要求:系统能够呈现课程描述、授课教师等课程基本信息;系统能够提示选课人数上限、已选人数等数字信息;选课人数超过上限时,需将待选课程信息变为灰色(表示该课程不可选课)。

7. 授课信息处理

说明:将新学期的开课任务分派给教师。

输入:授课学年、授课学期、教工号、课程号、课序号。

输出:授课信息表。

处理:学期上课前,需要将所有待开设的课程分派给老师。

8. 排课信息处理

说明:为所有拟开设的课程分配任课教师。

输入:排课学年、排课学期、课程信息、教室信息。

输出:指定学期待开设课程的教室排课信息表。

处理:学期课程教学任务确定后,需为每个课程安排上课地点,要求上课的地点不能冲突且上课人数不能超过教室容量。

9. 课程成绩录入

说明:课程结课考核后,教师须在指定的时段内录入成绩。

输入:学年、学期、课程信息、平时成绩、期末成绩,等等。

输出:指定学期、指定课程的成绩表。

处理:选择学年→选择学期→选择课程→设置平时成绩、期末成绩的占比→录入平时成绩→录入期末成绩→保存→审核无误并提交→成绩单导出与打印。

10. 学生课表处理

说明:排课结束后,学生登录教务管理系统并提交"学生课程表"信息查询后,系统应为学生提供课程表生成和打印功能。

输入:学号、学年、学期信息。

输出:生成指定学期、指定学生的课程表。

处理:学期选课结束后,系统需具备为每个学生根据指定学期、选课信息、教室信息等,生成包含课程号、课程名、课程类别标识、起止周、上课时间(星期几、第几节)、上课地点等信息的课程表,并提供 EXCEL、PDF 格式的课程表文档下载(打印)功能。

11. 教师课表处理

说明:教师登录教务管理系统并提交"教师课程表"信息查询后,系统应为教师提供课程表生成和打印功能。

输入:教工号、学年、学期信息。

输出:指定学期的教师授课信息表(教师课程表)。

处理:新学期排课结束后,系统需具备为每个任课教师,按照指定的学期,生成包含课程号、课序号、课程名、课程类别标识、起止周、上课时间(星期几、第几节)、上课地点(教室名称)等信息的课程表,并提供 Excel、PDF 格式的课程表文档的下载(打印)功能。

12. 课程成绩单处理(教师用)

说明:按照教务管理的相关规定,为教师生成所有在校学生提供生成成绩单的功能。

输入:教工号、学年、学期、课程信息。

输出：指定教师、指定学期、指定课程的成绩单。

处理：学期考核结束后，系统需具备为每个任课教师的每门课程，按照一定的格式，生成包含开课学院、任课教师、考核方式、课程名称、课程代码（课程号）、学分、学号、平时成绩、期末成绩、总评成绩、平时和期末成绩所占比例提示的课程成绩登记表，并提供 Excel、PDF 格式的成绩登记表文档下载（打印）功能。

10.4.4　数据存储

数据存储名：学生信息表、课程信息表、部门信息表、教师信息表、教室信息表、授课信息表、排课信息表、选课信息表、成绩信息表。

1. 学生信息表存储

说明：存储学生信息。

流入数据流：学号、姓名、性别、专业、出生日期、手机号、登录密码、备注。

流出数据流：学生信息表。

数据量：由学生的人数决定。

存取方式：随机存取。

2. 课程信息表存储

说明：存储课程信息。

流入数据流：课程号、课序号、课程中文名、课程英文名、课程描述、课程类别代码、课程所属模块、课程性质、开课部门代码、学分、总学时、理论周学时、理论总学时、实验周学时、实验总学时、上机周学时、上机总学时、实践周数、开课学期、所属人培方案。

流出数据流：课程信息表。

数据量：由课程的门数决定。

存取方式：随机存取。

3. 部门信息表存储

说明：存储学校的部门的信息。

流入数据流：部门代码、部门名称、部门位置、部门电话。

流出数据流：部门信息表。

数据量：由部门的数量决定。

存取方式：随机存取。

4. 教师信息表存储

说明：存储教师信息。

流入数据流：教工号、姓名、性别、出生日期、手机号、是否为管理员。

流出数据流：教师信息表。

数据量：由教师的数量决定。

存取方式：随机存取。

5. 教室信息表存储

说明：存储教室信息。

流入数据流：教室名称、教室地址、教室容量、教室类型。

流出数据流：教室信息表。

数据量：由教室的数量决定。

存取方式：随机存取。

6. 授课信息存储

说明：记录所有老师的授课信息。

流入数据流：授课学年、授课学期、教工号、课程号、课序号。

流出数据流：授课信息表。

数据量：由课程、教师、教室的数量决定。

存取方式：随机存取。

7. 排课信息存储

说明：记录指定学期的所有排课信息。

流入数据流：排课学年、排课学期、教室编号、课程号、课序号。

流出数据流：排课信息表。

数据量：由教室、课程、课序号的数量决定。

存取方式：随机存取。

8. 选课信息存储

说明：记录指定学期所有学生的选课信息。

流入数据流：选课学生的学号、选课学年、选课学期、课程号、课序号、成绩。

流出数据流：排课信息表。

数据量：由学生数量、课程数量等信息决定。

存取方式：随机存取。

9. 成绩信息表存储

说明：记录指定学期所有课程的成绩。

流入数据流：学年、学期、课程代码、课程序号、成绩占比、平时成绩、期末成绩。

流出数据流：学生的成绩单，包括学年、学期、课程代码、课程名称、课程性质、学分、成绩、成绩备注、绩点等。

数据量：由学生人数、课程数量等信息决定。

存取方式：随机存取。

10.5　任务实施——数据库概念结构设计

在数据库应用系统的开发流程中，需求分析阶段完成之后，就进入数据库的概念结构设计（又称概要设计）阶段。

本节将介绍教务管理系统（Demo）中数据库 jwgl 中的实体及其属性、实体之间的关系等内容，主要包括各数据项、记录、系、文卷的标识符、定义、类型、度量单位和值域，即从用户视图的角度讲解 jwgl 数据库的概念结构设计。

10.5.1　教务管理系统数据库的实体属性描述

从本项目教务管理系统数据库 jwgl 的需求分析可知，该数据库的实体包括学生、班级、课程、部门、教师、教室，共计 6 个实体。

为了便于描述和不失一般性,本项目在描述实体及其属性时,采用"实体名称:{属性1,属性2,…,属性n}"的形式。

教务管理系统数据库jwgl六个实体及其属性描述如下。

学生:{学号,姓名,性别,专业,出生日期,手机号,登录密码}。

班级:{班级编号,班级名称,班级人数,班长学号}。

课程:{课程号,课序号,课程中文名,课程英文名,课程描述,课程类别代码,课程所属模块,课程性质,开课部门代码,学分,总学时,理论周学时,理论总学时,实验周学时,实验总学时,上机周学时,上机总学时,实践周数,开课学期,所属人培方案}。

部门:{部门代码,部门名称,部门位置,部门电话}。

教师:{教工号,姓名,性别,出生日期,手机号,是否为管理员,登录密码}。

教室:{教室名称,教室地址,教室容量,教室类型}。

在实际应用过程中,若学生学籍管理系统中也存在学生实体,且其属性与教务管理系统中的学生实体的属性不完全一致,建议采用视图的集成的方式,对两个学生实体的属性取并集,得到新的学生实体的属性。

本项目中,教务管理系统数据库jwgl中学生实体的属性如图10.8所示。

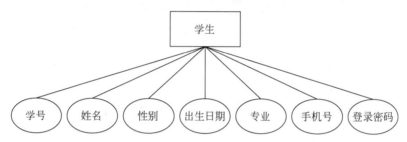

图10.8 教务管理系统(Demo)中的学生实体属性图

本项目教务管理系统数据库jwgl中班级实体的属性如图10.9所示。

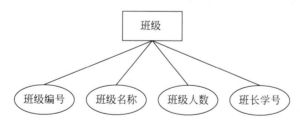

图10.9 教务管理系统(Demo)中的班级实体属性图

本项目教务管理系统数据库jwgl中部门实体的属性如图10.10所示。

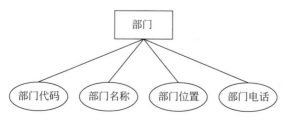

图10.10 教务管理系统(Demo)中的部门实体属性图

本项目教务管理系统数据库 jwgl 中教师实体的属性如图 10.11 所示。

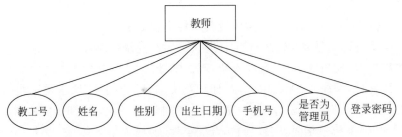

图 10.11　教务管理系统（Demo）中的教师实体属性图

本项目教务管理系统数据库 jwgl 中教室实体的属性如图 10.12 所示。

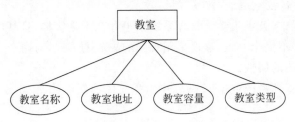

图 10.12　教务管理系统（Demo）中的教室实体属性图

本项目教务管理系统数据库 jwgl 中课程实体的属性如图 10.13 所示。

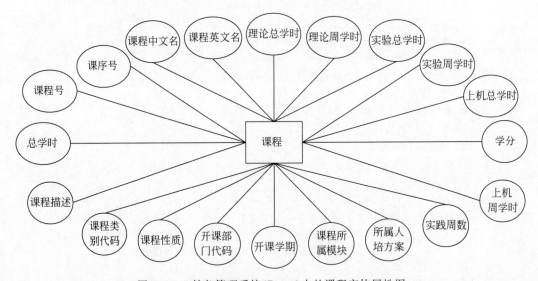

图 10.13　教务管理系统（Demo）中的课程实体属性图

10.5.2　教务管理系统数据库 E-R 图

从数据库理论方面看，实体（Entity）、属性（Attribute）和联系（Relationship）是构成数据库 E-R 图的三个基本要素。基于前述需求分析结果，本项目所述的教务管理系统数据库的 E-R 图如图 10.14 所示。

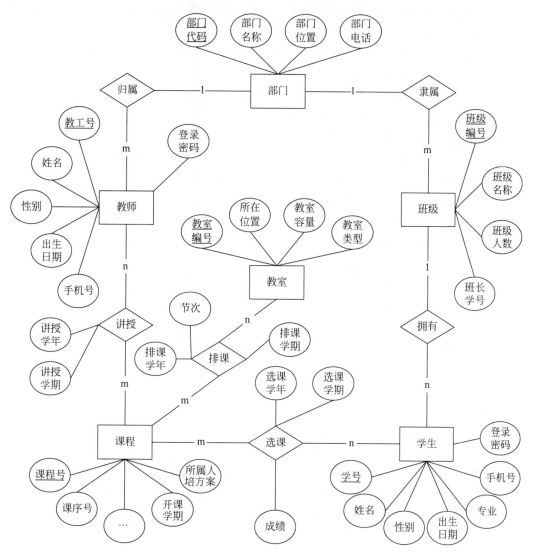

图 10.14　教务管理系统(Demo)E-R 图

10.6　任务实施——数据库逻辑结构设计

如前所述,数据库的逻辑结构设计就是将全局 E-R 图中的实体、联系都转化为关系模式的过程。

10.6.1　根据 E-R 图将实体转换为关系模式

按照数据库相关理论,本项目的教务管理系统的数据库逻辑结构与具体数据库管理系统 DBMS 无关。本节重点按照图 10.14 所反映的业务逻辑(即 E-R 图),将原始数据进行分解、合并后重新组织起数据库全局逻辑结构。

遵从数据库"一个实体型转换为一个关系模式"理论,我们将本项目的实体属性设计为关系属性,将实体的"码"设定为关系的"码",进而将 E-R 图中的属性描述直接转换为相应的关系模式。

基于上述的数据库理论,本项目所属的教务管理系统数据库 jwgl 六个实体对应的关系模式为。

学生：{学号,姓名,性别,专业,出生日期,手机号,登录密码}。

班级：{班级编号,班级名称,班级人数,班长学号}。

课程：{课程号,课序号,课程中文名,课程英文名,课程描述,课程类别代码,课程所属模块,课程性质,开课部门代码,学分,总学时,理论周学时,理论总学时,实验周学时,实验总学时,上机周学时,上机总学时,实践周数,开课学期,所属人培方案}。

部门：{部门代码,部门名称,部门位置,部门电话}。

教师：{教工号,姓名,性别,出生日期,手机号,是否为管理员,登录密码}。

教室：{教室名称,教室地址,教室容量,教室类型}。

10.6.2　根据 E-R 图将联系转换为关系模式

1."一对一"联系的转换方法

针对 E-R 模型中的一对一联系,一般有两种方法将之转换为关系模型,具体描述如下。

方法 1：将一对一联系单独设计为一个关系模式,就是将各实体的主码都作为一对一关系模式的属性,且关系模式的主码可以是任一个实体集的主码。

方法 2：将 1 端实体集的主码加到另一方实体集对应的关系模式中。

2."一对多"联系的转换方法

针对 E-R 模型中的一对多联系,一般有两种方法将之转换为关系模型,具体描述如下。

方法 1：将一对多联系单独设计为一个关系模式,就是将各实体的主码都作为一对多关系模式的属性,且关系模式的主码须是 n 端实体的主码。

方法 2：将 1 端实体的主码加到 n 端的关系模式中,而且 n 端的主码仍然为该关系模式中的主码。

3."多对多"联系的转换方法

将 E-R 模型中的多对多联系转化为关系模式的方法相对简单,将多对多联系单独设计为一个关系模式,该关系模式的主码由各实体的主码共同构成,同时将多对多联系的属性也加入其中。

4.本项目各联系的关系模式

按照图 10.14 所示的本项目 E-R 图,构造的"选课""授课""排课""属于""归属""隶属"6 个联系的关系模式设计如下。

本项目的一对多联系的关系模式：

"拥有"表示"班级"实体与"学生"实体之间的联系。按照前述一对多联系的关系模式转换规则。按照上述将一对多联系转化为关系模式的第一种方法,"拥有""归属""隶属"3 个一对多联系的关系模式如下。

拥有：{学号,班级编号}。

归属：{教工号,部门代码}。

隶属：{班级编号,部门代码}。

本项目的多对多联系的关系模式如下。

选课：{学号,课程号,课序号,成绩,选课学年,选课学期}。

授课：{教师号,课程号,课序号,授课学年,授课学期}。

排课：{教室名称,课程号,课序号,排课学年,排课学期,节次}。

10.7　任务实施——数据库物理结构设计与实施

如前所述,数据库物理结构设计就是根据 DBMS 的特点和处理的需求,进行物理存储安排,建立索引,形成数据库的内模式。

在本项目中,从创建数据库到创建数据表的 SQL 语句说明如下。

10.7.1　创建数据库

如前所述,本项目的数据库名称是 jwgl,在 MySQL Workbench 中创建该数据库的 SQL 语句及执行结果如图 10.15 所示。

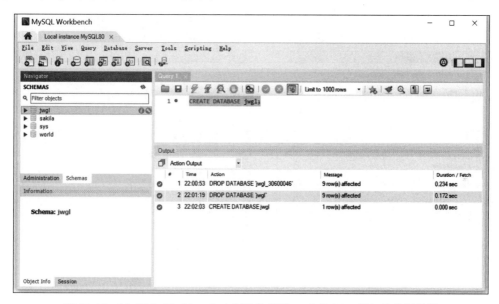

图 10.15　MySQL Workbench 中创建数据库 jwgl 的 SQL 语句及执行结果

10.7.2　创建实体表

依照本项目数据库的 E-R 图可知,jwgl 数据库共有学生、教师、部门、班级、教师、课程共计 6 个实体,创建过程分别如图 10.16～图 10.21 所示。

10.7.3　创建联系表

不难看出,如图 10.22～图 10.27 所示的数据库 jwgl 中建立的 6 个联系,分别对应本项目数据库的 E-R 图中的"排课""选课""授课""拥有""归属""隶属"。

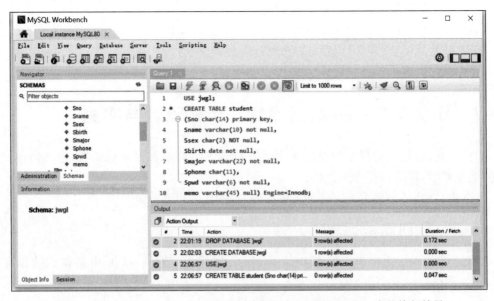

图 10.16　在 MySQL Workbench 中创建数据库 jwgl 的 student 表的执行结果

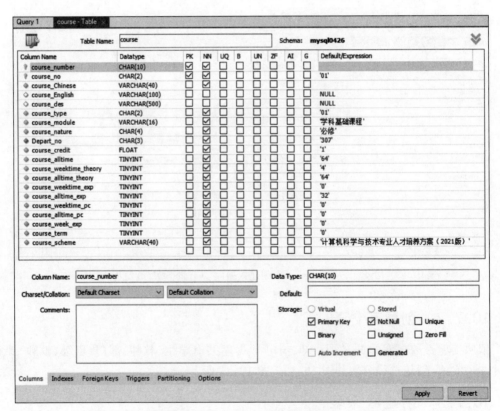

图 10.17　在 MySQL Workbench 中创建数据库 jwgl 的 course 表

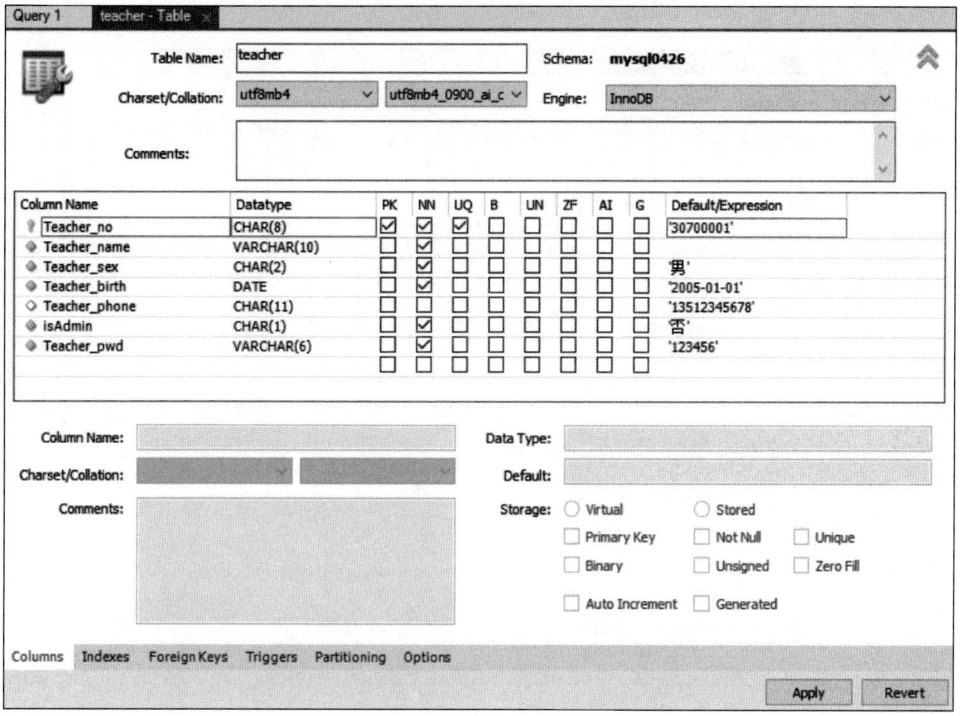

图 10.18　在 MySQL Workbench 中创建数据库 jwgl 的 teacher 表

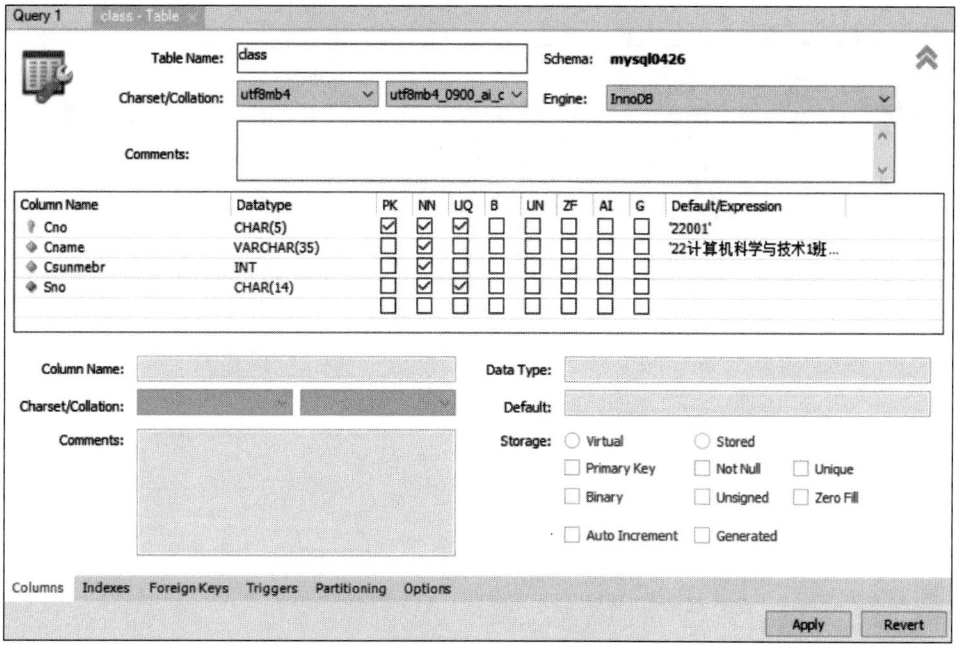

图 10.19　在 MySQL Workbench 中创建数据库 jwgl 的 class 表

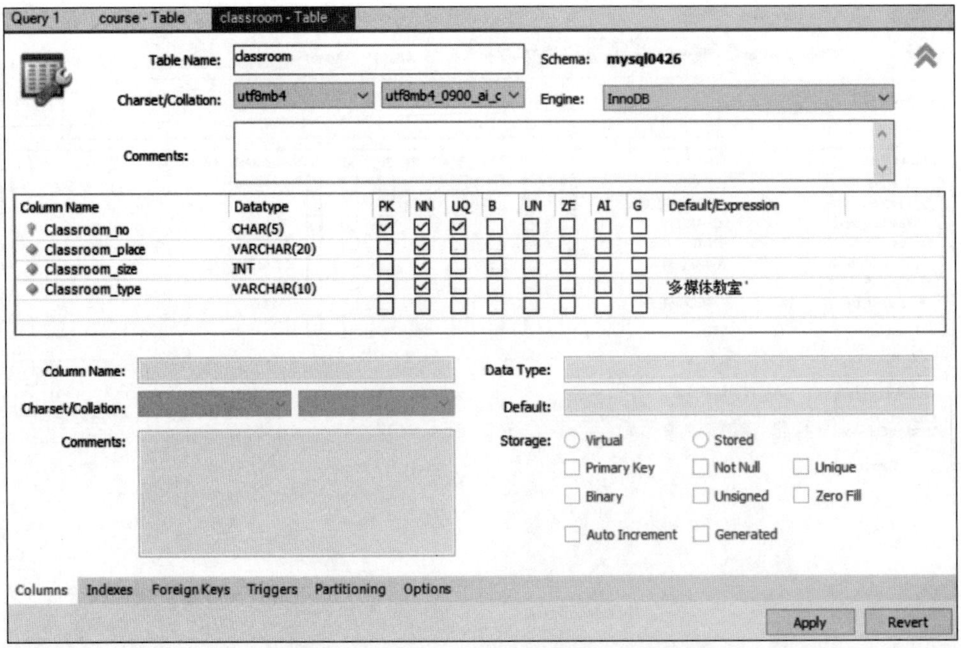

图 10.20　在 MySQL Workbench 中创建数据库 jwgl 的 classroom 表

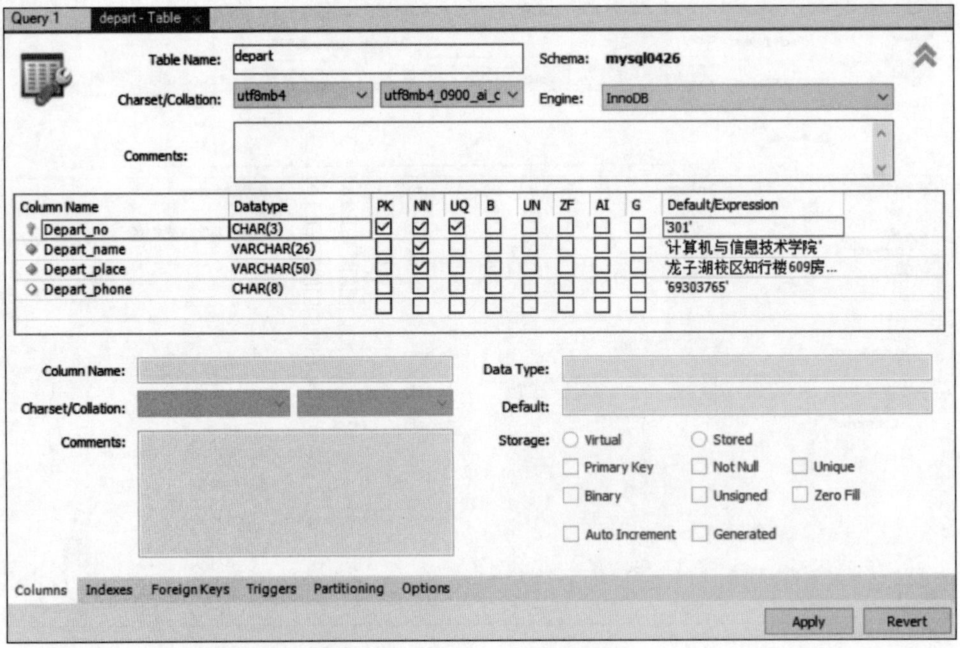

图 10.21　在 MySQL Workbench 中创建数据库 jwgl 的 depart 表

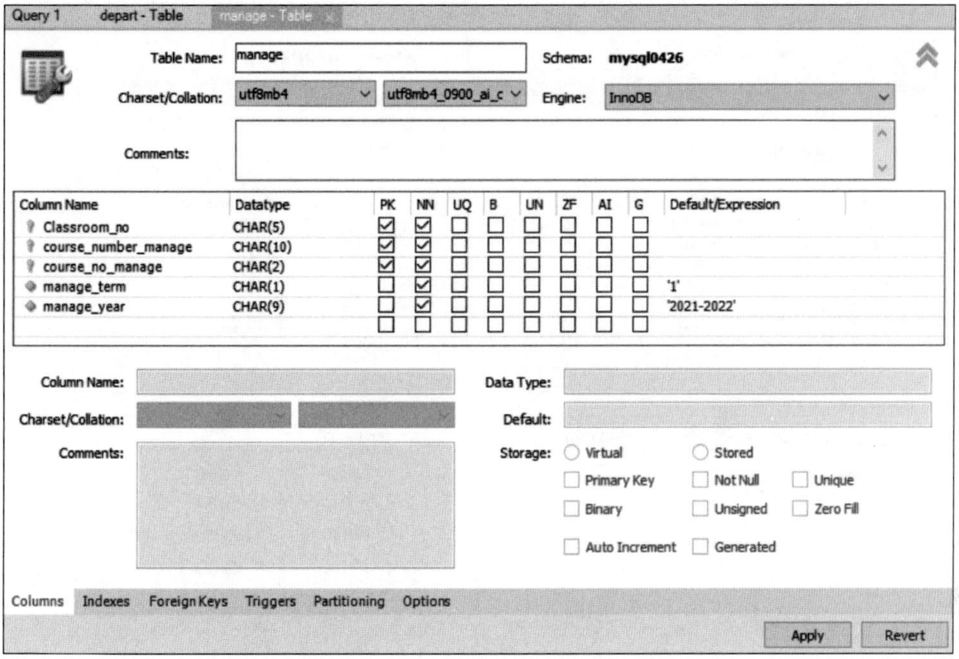

图 10.22　在 MySQL Workbench 中创建数据库 jwgl 的排课联系表（manage）

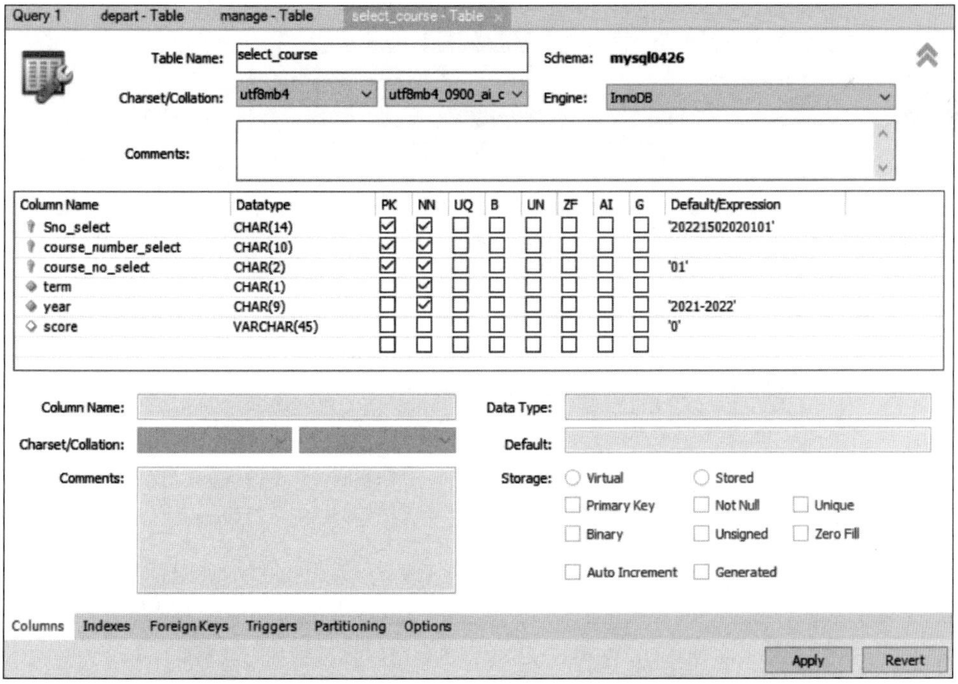

图 10.23　在 MySQL Workbench 中创建数据库 jwgl 的选课联系表（select_course）

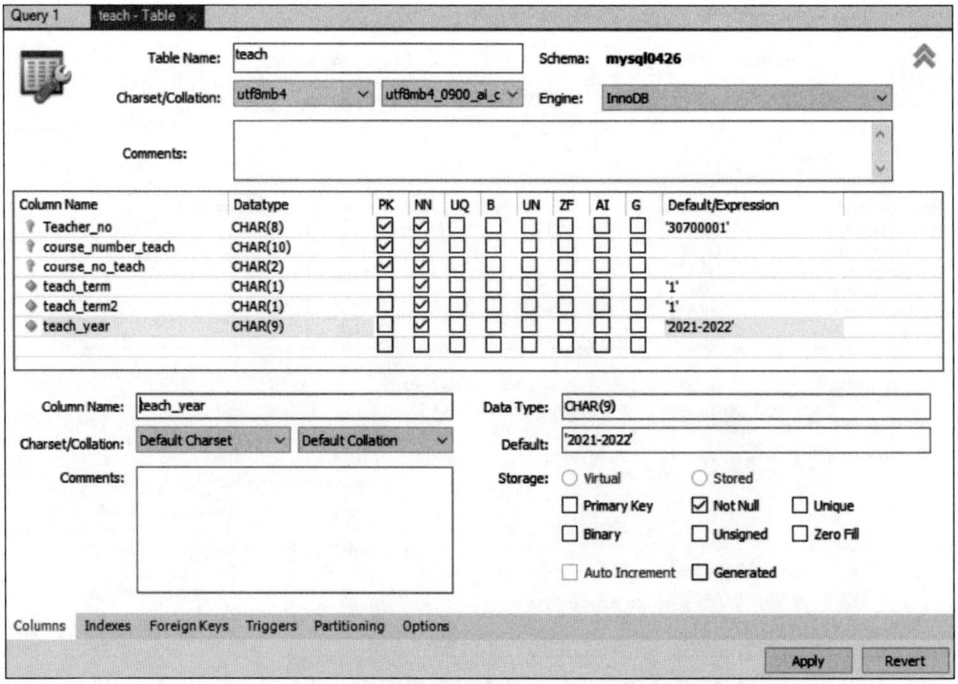

图 10.24　在 MySQL Workbench 中创建数据库 jwgl 的授课联系表（teach）

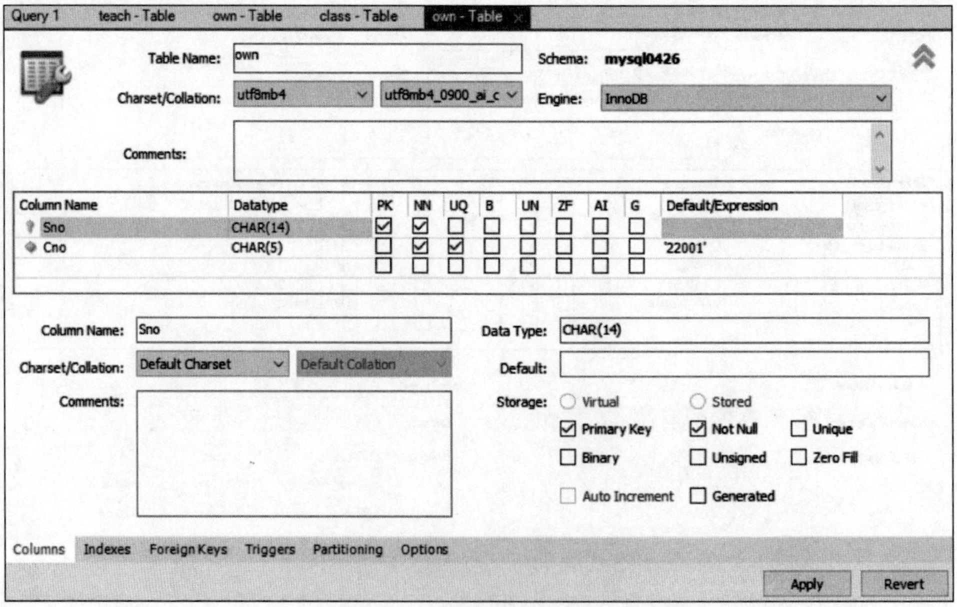

图 10.25　在 MySQL Workbench 中创建数据库 jwgl 的拥有联系表（own）

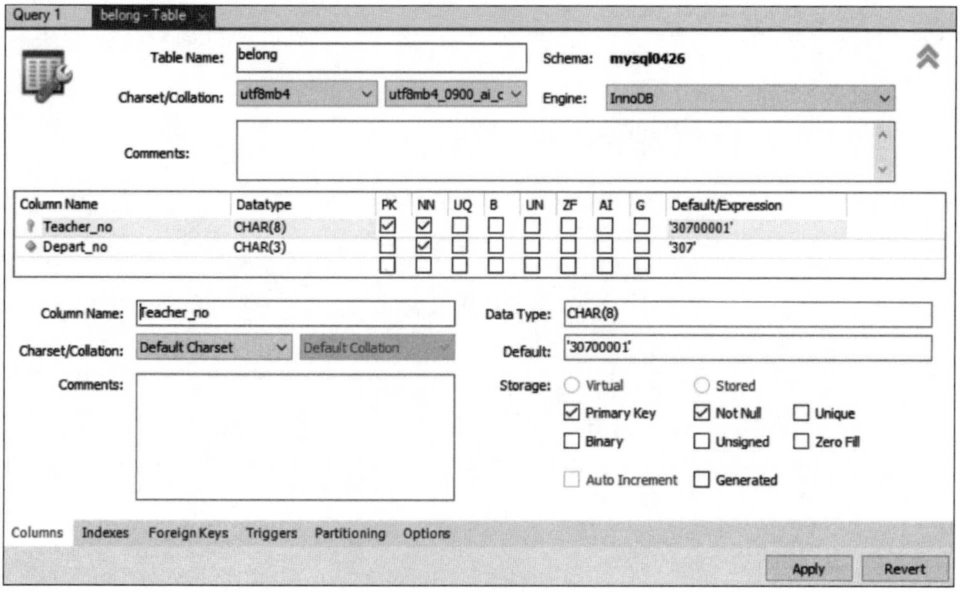

图 10.26 在 MySQL Workbench 中创建数据库 jwgl 的归属联系表（belong）

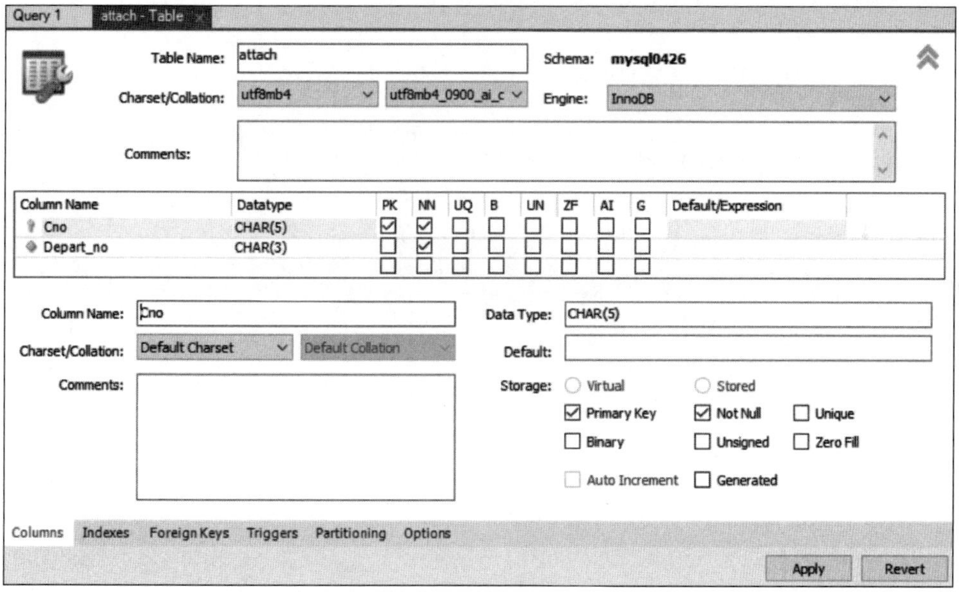

图 10.27 在 MySQL Workbench 中创建数据库 jwgl 的"隶属"联系表（attach）

10.8 基于 Java 的教务管理系统数据库测试程序设计与实现

视频讲解

本测试程序使用 C/S 架构实现，通过 C/S 架构实现教务管理系统的前、后台。实现用户登录、用户管理、选修课程等功能。

10.8.1　登录页面

登录页面是整个系统的首页，用户可以身份进行登录，然后根据身份进入对应的操作页面。登录页面文件为 LoginPackage.java，代码如下：

视频讲解

```java
public class LoginPackage extends JFrame {
    //继承 JFrame,this 就表示顶级窗体
    private static JTextField UserText = null;              //账号的文本输入框
    private static JPasswordField PasswordText = null;     //密码的文本输入框
    //设置整个的系统窗体风格为水晶型
    static {
        try {
        //设置代码风格
        UIManager.setLookAndFeel("com.sun.java.swing.plaf.nimbus.NimbusLookAndFeel");
        } catch (ClassNotFoundException | InstantiationException | IllegalAccessException
        } catch (ClassNotFoundException e) {
            e.printStackTrace();
        } catch (InstantiationException e) {
            e.printStackTrace();
        } catch (IllegalAccessException e) {
            e.printStackTrace();
        } catch (UnsupportedLookAndFeelException e) {
            e.printStackTrace();
        }
    }
    //继承 JFrame,需要在构造方法里设置窗口和 UI 界面
    public LoginPackage() {
        //设置运行的程序窗口图标为学校 Logo
        ImageIcon icon = new ImageIcon("./image/logo.png");
        this.setIconImage(icon.getImage());
        //设置左边的教务管理图片标签
        JLabel label = new JLabel();
        ImageIcon iconD = new ImageIcon("./image/jwgl.png");
        Image image = iconD.getImage();
        image = image.getScaledInstance(800, 571, Image.SCALE_DEFAULT);
        icon.setImage(image);
        label.setIcon(icon);
        //设置右边的账号、密码标签与输入文本框
        JLabel user = new JLabel("账户:");
        user.setFont(new Font("微软雅黑", 1, 20));
        JLabel password = new JLabel("密码:");
        password.setFont(new Font("微软雅黑", 1, 20));
        UserText = new JTextField(20);
        //UserText.grabFocus();
        UserText.requestFocus();
        UserText.setFont(new Font("微软雅黑", 1, 20));
        PasswordText = new JPasswordField(20);
        PasswordText.setFont(new Font("微软雅黑", 1, 20));
        PasswordText.setEchoChar('●');
```

```java
JPanel UserPanel = new JPanel();
UserPanel.add(user);
UserPanel.add(UserText);
JPanel PasswordPanel = new JPanel();
PasswordPanel.add(password);
PasswordPanel.add(PasswordText);
//设置登录的按钮，及监听事件
JButton login = new JButton("登录");
login.setFont(new Font("微软雅黑",1, 20));
login.setForeground(Color.white);
login.setBackground( new Color(0,191,255));
login.setBorderPainted(false);
login.addActionListener(new ActionListener() {
    @Override
    public void actionPerformed(ActionEvent e) {
        try {
            Jump();
        } catch (SQLException ex) {
            ex.printStackTrace();
        } catch (ClassNotFoundException ex) {
            ex.printStackTrace();
        }
    }
});
//设置右边的下拉框可以选择用户角色
JComboBox jb_role = new JComboBox();
jb_role.setBackground(Color.white);
  jb_role.setModel(new DefaultComboBoxModel(new String[] { "管理员", "教师",
"学生"}));
jb_role.setFont(new Font("微软雅黑", 1,18));
JLabel jl_role = new JLabel("角色:");
jl_role.setForeground(Color.black);
jl_role.setFont(new Font("微软雅黑", 1,20));
JPanel jPanel = new JPanel();
jPanel.add(jl_role);
jPanel.add(jb_role);
//设置右边的激励图片
JLabel labelT = new JLabel();
ImageIcon iconT = new ImageIcon("./image/jwgl_photo.png");
Image imageT = iconT.getImage();
imageT = imageT.getScaledInstance(400, 254, Image.SCALE_DEFAULT);
iconT.setImage(imageT);
labelT.setIcon(iconT);
//存放右半部分的登录信息的面板
JPanel panel = new JPanel(new BorderLayout());
panel.add(UserPanel, BorderLayout.NORTH);         //上面放账号输入框
panel.add(PasswordPanel, BorderLayout.CENTER);    //中间放密码框
panel.add(login, BorderLayout.SOUTH);             //下面放登录按钮
JPanel panelTop = new JPanel(new BorderLayout());
panelTop.add(jPanel,BorderLayout.NORTH);
```

```java
        panelTop.add(labelT, BorderLayout.CENTER);              //激励的图片
        panelTop.add(panel, BorderLayout.PAGE_END);
        //设置在登录页面显示作者的信息
        JLabel labelName = new JLabel("@河南财政金融学院");
        labelName.setFont(new Font("微软雅黑",1, 20));
        //设置顶级布局
        this.setTitle("基于Java的教务管理系统(Demo)");      //名称
        this.setLayout(new BorderLayout());
        this.setSize(1341,642);
        this.setLocationRelativeTo(null);

        // this.setBounds(100, 52, 1341, 642);                  //大小
        this.add(panelTop, BorderLayout.LINE_END);              //加入右边的登录布局
        this.add(label, BorderLayout.LINE_START);               //加入左边图片的标签
        this.add(labelName,BorderLayout.PAGE_END);              //在登录界面的底部加入作者的信息
        this.setResizable(false);
        this.setDefaultCloseOperation(3);
        this.setVisible(true);
    }
    //登录跳转的方法
    public void Jump() throws SQLException, ClassNotFoundException {
        String userT = UserText.getText();                      //获取输入的账号
        String passwordT = PasswordText.getText();              //获取输入的密码
        //遍历的过程
        Class.forName("com.mysql.cj.jdbc.Driver");
        String url = "jdbc:mysql://localhost:3306/eams";
        String user = "root";
        String psw = "123456";
        Connection connection = (Connection) DriverManager.getConnection(url, user, psw);
        String sql = "select * from student ";
        PreparedStatement psmt = connection.prepareStatement(sql);
        ResultSet rs = psmt.executeQuery();
        boolean key = false;                                    //标记值,当在结果集中遍历到对
                                                                //应的账号和密码时设置为真
        boolean key1 = false;
            while (rs.next()){
                if (userT.equals( rs.getString("Sno"))&&
                        passwordT.equals(rs.getString("Spwd"))){
                    key = true;
                }
            }
            if (key) {
                this.dispose();
                new notebook();
            } else if (userT.equals("")||passwordT.equals("")) {
                JOptionPane.showMessageDialog(null, "账户或密码为空,请输入!");
            } else {
                JOptionPane.showMessageDialog(null, "你的账户或密码错误!");
                this.dispose();
                new LoginPackage();
```

```
        }
        rs.close();
        psmt.close();
        connection.close();
    }
    public static void main(String[] args) {
        new LoginPackage();
    }
}
```

登录页面的运行效果如图 10.28 所示。

图 10.28　测试系统的登录界面

10.8.2　功能主页

当登录验证通过后，可以查看到功能页面 index.java，具体代码如下：

视频讲解

```
public class Index extends JFrame implements ActionListener{
    private static Connection connection = null;
    private static PreparedStatement pst1 = null;
    private static ResultSet rs = null;
    private JScrollPane scpDemo;                         //滑轮组件
    private JTable tabDemo;                              //表格组件
    private JButton btnShow;                             //单击显示的按钮
    private JPanel beijing;
    private JTextField jtf_user;
    private JPasswordField jpf_psw;
    private JComboBox jb_role;
    private JTableHeader jth;                            //控制表头组件

    public JPanel initCenterPanel() {
        JPanel panel = new JPanel();
```

```java
        panel.setLayout(new BorderLayout());
        return panel;
    }

    public Index() {
        JMenuBar menuBar = new JMenuBar();
        this.setJMenuBar(menuBar);
        this.setTitle("基于 Java 的教务管理系统(Demo)");
        JMenu menu = new JMenu("功能菜单");
        menu.setForeground(Color.black);
        menu.setFont(new Font("黑体", 0, 15));
        JMenuItem select = new JMenuItem("查询");
        JMenuItem insert = new JMenuItem("添加");
        JMenuItem delete = new JMenuItem("删除");
        JMenuItem modify = new JMenuItem("修改");
        JMenuItem item2 = new JMenuItem("关闭程序");
        JMenuItem exitLogin = new JMenuItem("退出登录");
        ImageIcon icon = new ImageIcon("./image/logo.png");
        this.setIconImage(icon.getImage());

        JPanel b = new JPanel(new BorderLayout()) {
            public void paintComponent(Graphics g) {
                int x = 0, y = 0;
                ImageIcon icon = new ImageIcon("./image/index_background.png");
                g.drawImage(icon.getImage(), x, y, getSize().width,
                        getSize().height, this);            //图片会自动缩放
                //g.drawImage(icon.getImage(), x, y,this);  //图片不会自动缩放
            }
        };
        ImageIcon image = new ImageIcon("image/logo.png");
        JLabel label = new JLabel("欢迎来到河南财政金融学院 0(∩_∩)0");
        label.setIcon(image);

        label.setForeground(Color.white);
        label.setPreferredSize(new Dimension(960, 300));
        label.setFont(new Font("微软雅黑", 1, 30));
        label.setForeground(Color.black);
        b.add(label, BorderLayout.NORTH);
        b.setOpaque(false);
        beijing = initCenterPanel();
        beijing.setOpaque(false);
        // beijing.setLayout(new BorderLayout());
        beijing.add(b);
        JPanel pen = new JPanel();
        JPanel panel = new JPanel();
        JLabel jl_role = new JLabel("河南财政金融学院@ " + "访客" +
                "可以在下方单击按钮进行处理,也可以通过功能菜单处理");
        jl_role.setForeground(Color.cyan);
        jl_role.setBounds(17, 75, 500, 50);
        panel.add(jl_role);
```

```java
        jl_role.setFont(new Font("微软雅黑", 1, 25));
        String[] order = new String[]{"添加", "删除", "修改", "查询"};
        JButton[] button = new JButton[order.length];
        for (int i = 0; i < order.length; i++) {
            button[i] = new JButton(order[i]);
            button[i].setForeground(Color.white);
            button[i].setBackground(new Color(114, 156, 0));
            button[i].setBorderPainted(false);
            button[i].setFont(new Font("宋体", 1, 30));
            pen.add(button[i]);
            button[i].addActionListener(this);
            button[i].setPreferredSize(new Dimension(250, 50));

        }
        pen.setOpaque(false);
        panel.setOpaque(false);
        b.add(panel, BorderLayout.CENTER);
        b.add(pen, BorderLayout.SOUTH);
        menuBar.add(menu);
        menu.add(insert);                    //将 insert 加入到菜单中
        menu.addSeparator();
        menu.add(select);
        menu.addSeparator();
        menu.add(delete);
        menu.addSeparator();
        menu.add(modify);
        menu.addSeparator();
        menu.add(item2);
        menu.addSeparator();
        menu.add(exitLogin);
        this.setLayout(new BorderLayout());
        getContentPane().add(beijing, BorderLayout.CENTER);
        this.setDefaultCloseOperation(3);
        this.setSize(1341, 642);
        this.setLocationRelativeTo(null);
        this.setVisible(true);
            //插入方法的监听事件
            insert.addActionListener(this);
            //修改数据监听事件
            modify.addActionListener(this);
            //查询数据监听事件
            select.addActionListener(this);
            // 删除数据监听事件
            delete.addActionListener(this);
            //关闭程序的监听事件
            item2.addActionListener(new ActionListener() {
                @Override
                public void actionPerformed(ActionEvent e) {
                    System.exit(0);
                }
```

```
                });
                //退出登录的监听事件
                exitLogin.addActionListener(new ActionListener() {
                    @Override
                    public void actionPerformed(ActionEvent e) {
                        dispose();
                        new LoginPackage();
                    }
                });

            }

    @Override
    public void actionPerformed(ActionEvent e) {
        if (e.getActionCommand().equals("添加")) {
            JDialog dialog = new JDialog(Index.this, true);
            new WindowsIA(dialog, "添加", true);
        }
        if (e.getActionCommand().equals("修改")) {
            JDialog dialog = new JDialog(Index.this, true);
            new WindowsIA(dialog, "修改", false);
        }
        if (e.getActionCommand().equals("删除")) {
            JDialog dialog = new JDialog(Index.this, true);
            new DeleteIA(dialog);
        }
        if (e.getActionCommand().equals("查询")) {
            JDialog dialog = new JDialog(Index.this, true);
            DataBaseService DataBaseSevice = new DataBaseService();
            new SelectIA(dialog);
        }
    }

    public static void main(String[] args) {
        new Index();
    }
}
```

本测试程序的运行主页面如图 10.29 所示。

10.8.3　用户添加

视频讲解

　　管理员如果想要添加学生信息，需要先以管理员身份登录系统，可以查询新添加的学号是否已经存在，然后再填写学号、班级、密码等信息。本测试程序主页面对应的文件为 WindowsIA.java，具体代码如下：

图 10.29　测试程序主页面

```java
public class WindowsIA {
    public WindowsIA(JDialog dialog, String str, boolean key) {
        dialog.setTitle(str);
        dialog.setLayout(new BorderLayout());
        JButton search = new JButton("查询");
        search.setFont(new Font("宋体",1,30));
        search.setPreferredSize(new Dimension(100,50));
        search.setForeground(Color.BLACK);
        JLabel snol = new JLabel("请输入学号:");
        snol.setFont(new Font("宋体",1,30));
        snol.setPreferredSize(new Dimension(250,50));
        JLabel snamel = new JLabel("姓名:");
        snamel.setFont(new Font("宋体",1,30));
        snamel.setPreferredSize(new Dimension(100,50));
        JLabel ssexl = new JLabel("性别:");
        ssexl.setFont(new Font("宋体",1,30));
        ssexl.setPreferredSize(new Dimension(100,50));
        JLabel sdatel = new JLabel("生日:");
        sdatel.setFont(new Font("宋体",1,30));
        sdatel.setPreferredSize(new Dimension(100,50));
        JLabel sdeptl = new JLabel("专业:");
        sdeptl.setFont(new Font("宋体",1,30));
        sdeptl.setPreferredSize(new Dimension(100,50));
        JLabel stelephonel = new JLabel("电话:");
        stelephonel.setFont(new Font("宋体",1,30));
        stelephonel.setPreferredSize(new Dimension(100,50));
        JLabel spwdl = new JLabel("密码:");
        spwdl.setFont(new Font("宋体",1,30));
        spwdl.setPreferredSize(new Dimension(100,50));
        JTextField snoT = new JTextField(15);
        snoT.setFont(new Font("宋体",1,30));
        snoT.setPreferredSize(new Dimension(500,50));
```

```
JTextField snameT = new JTextField(15);
snameT.setFont(new Font("宋体",1,30));
snameT.setPreferredSize(new Dimension(500,50));
JTextField ssexT = new JTextField(15);
ssexT.setFont(new Font("宋体",1,30));
ssexT.setPreferredSize(new Dimension(500,50));
JTextField sdateT = new JTextField(15);
sdateT.setFont(new Font("宋体",1,30));
sdateT.setPreferredSize(new Dimension(500,50));
JTextField sdeptT = new JTextField(15);
sdeptT.setFont(new Font("宋体",1,30));
sdeptT.setPreferredSize(new Dimension(500,50));
JTextField stelephone = new JTextField(15);
stelephone.setFont(new Font("宋体",1,30));
stelephone.setPreferredSize(new Dimension(500,50));
JTextField spwd = new JTextField(15);
spwd.setFont(new Font("宋体",1,30));
spwd.setPreferredSize(new Dimension(500,50));
JPanel panel1 = new JPanel();
panel1.add(snol);
panel1.add(snoT);
panel1.add(search);
JPanel panel2 = new JPanel();
panel2.add(snamel);
panel2.add(snameT);
JPanel panel3 = new JPanel();
panel3.add(ssexl);
panel3.add(ssexT);
JPanel panel4 = new JPanel();
panel4.add(sdatel);
panel4.add(sdateT);
JPanel panel5 = new JPanel();
panel5.add(sdeptl);
panel5.add(sdeptT);
JPanel panel6 = new JPanel();
panel6.add(stelephonel);
panel6.add(stelephone);
JPanel panel7 = new JPanel();
panel7.add(spwdl);
panel7.add(spwd);
JPanel middle = new JPanel();
middle.add(panel2);
middle.add(panel3);
middle.add(panel4);
middle.add(panel5);
middle.add(panel6);
middle.add(panel7);
JButton insertBtn = new JButton(str);
insertBtn.setFont(new Font("宋体", 1, 30));
insertBtn.setPreferredSize(new Dimension(100, 50));
```

```java
            dialog.add(panel1, BorderLayout.NORTH);
            dialog.add(middle, BorderLayout.CENTER);
            dialog.setSize(1075, 600);
            dialog.setLocationRelativeTo(null);
            dialog.add(insertBtn, BorderLayout.SOUTH);
            search.addActionListener(new ActionListener() {
                @Override
                public void actionPerformed(ActionEvent e) {
                    try {
                            DataBaseService.ModifyShow_ActionPerformed(e, snoT, snameT, ssexT,
sdateT, sdeptT, stelephone, spwd);
                    } catch (SQLException ex) {
                        ex.printStackTrace();
                    } catch (ClassNotFoundException ex) {
                        ex.printStackTrace();
                    }
                }
            });
            insertBtn.addActionListener(new ActionListener() {
                @Override
                public void actionPerformed(ActionEvent e) {
                    String sno = snoT.getText();
                    String sname = snameT.getText();
                    String ssex = ssexT.getText();
                    String sdate = sdateT.getText();
                    String smajor = sdeptT.getText();
                    String stelephoneText = stelephone.getText();
                    String Spwd = spwd.getText();
                    Student student = new Student();
                    student.setS_no(sno);
                    student.setS_name(sname);
                    student.setS_sex(ssex);
                    student.setS_date(sdate);
                    student.setS_major(smajor);
                    student.setS_phone(stelephoneText);
                    student.setS_password(Spwd);
                    if (key) {
                        try {
                            addData(student);
                        } catch (SQLException ex) {
                            ex.printStackTrace();
                            JOptionPane.showMessageDialog(null, "数据添加失败");
                        }
                    } else {
                        try {
                            alter(student);
                        } catch (SQLException ex) {
                            ex.printStackTrace();
                        } catch (ClassNotFoundException ex) {
                            ex.printStackTrace();
```

```
                    }
                }

            }
        });
        dialog.setVisible(true);


    }
}
```

代码运行效果如图 10.30 所示。

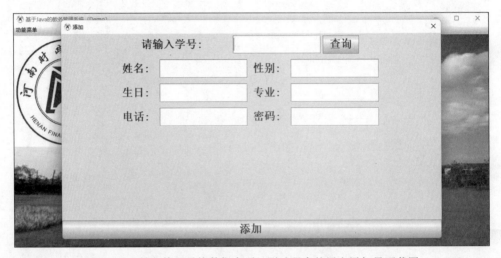

图 10.30　教务管理系统数据库项目测试程序的用户添加界面截图

10.8.4　用户删除

　　用户删除部分主要进行用户的注销。本测试程序删除用户功能对应的文件名为 DeleteIA，主要提供特定删除和全部删除功能，具体代码如下：

```
public class DeleteIA {
    private Connection connection = null;

    public DeleteIA(JDialog dialogDelete) {
        {
            dialogDelete.setTitle("删除");
            dialogDelete.setLayout(new FlowLayout());
            JLabel snol = new JLabel("学号:");
            snol.setFont(new Font("宋体", 1, 30));
            snol.setPreferredSize(new Dimension(100, 50));
            JTextField snoT = new JTextField(20);
            snoT.setFont(new Font("宋体", 1, 30));
            snoT.setPreferredSize(new Dimension(200, 50));
            JPanel panel1 = new JPanel();
```

```java
            panel1.add(snol);
            panel1.add(snoT);
            JButton deleteAlldata = new JButton("删除所有数据");
            deleteAlldata.setFont(new Font("宋体", 1, 30));
            deleteAlldata.setPreferredSize(new Dimension(300, 50));
            JButton deleteOne = new JButton("删除");
            deleteOne.setFont(new Font("宋体", 1, 30));
            deleteOne.setPreferredSize(new Dimension(200, 50));
            dialogDelete.add(panel1);
            dialogDelete.setSize(1075, 600);
            dialogDelete.setLocationRelativeTo(null);
            dialogDelete.add(deleteOne);
            dialogDelete.add(deleteAlldata);
            deleteOne.addActionListener(new ActionListener() {
                @Override
                public void actionPerformed(ActionEvent e) {
                    Student student = new Student();
                    String sno = snoT.getText();
                    student.setS_no(sno);
                    try {
                        String str = deleteOne(student);
                        if (str.equals("删除成功")) {
                            JOptionPane.showMessageDialog(null, "删除数据成功");
                        } else if (str.equals("删除异常")) {
                            JOptionPane.showMessageDialog(null, "删除失败,数据库中 没有
此记录", "提示", JOptionPane.ERROR_MESSAGE);
                        }
                    } catch (SQLException ex) {
                        ex.printStackTrace();
                    } catch (ClassNotFoundException ex) {
                        ex.printStackTrace();
                    }
                }
            });
            deleteAlldata.addActionListener(new ActionListener() {
                @Override
                public void actionPerformed(ActionEvent e) {
                    try {
                        connection = connect();
                    } catch (SQLException ex) {
                        ex.printStackTrace();
                    } catch (ClassNotFoundException ex) {
                        ex.printStackTrace();
                    }
                    try {
                        deleteAll(connection);
                        JOptionPane.showMessageDialog(null, "删除所有数据成功");
                    } catch (SQLException ex) {
                            JOptionPane.showMessageDialog(null, "删除失败", "提示",
JOptionPane.ERROR_MESSAGE);
```

```
                    ex.printStackTrace();
                }
            }
        });
        dialogDelete.setVisible(true);
    } }
}
```

代码运行效果如图 10.31 所示。

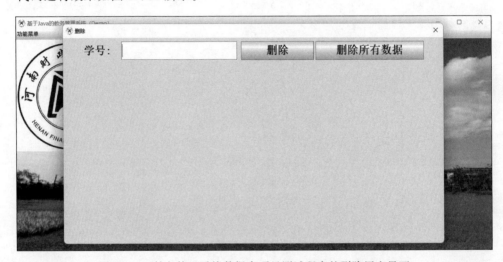

图 10.31　教务管理系统数据库项目测试程序的删除用户界面

视频讲解

10.8.5　用户修改

管理员可以对用户信息变更在系统中进行更改。修改使用的界面与添加一样，代码中设置了选择，读者可参照前面的用户添加页面，在这里直接给出的代码运行结果如图 10.32所示。

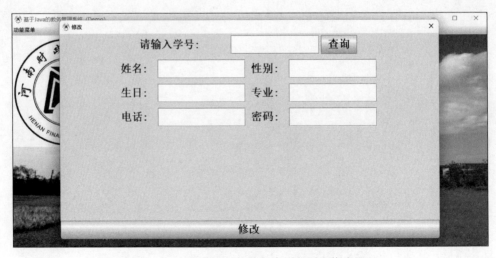

图 10.32　教务管理系统数据库项目用户修改界面

10.8.6　用户查询

管理员可以查看所有的用户信息。也可以单独查询某一学生的信息,还可以进行多表查询用户的班级、部门等信息。查询页面代码为 SelectIA.java,具体代码如下:

视频讲解

```java
public class SelectIA {
    private JScrollPane scpDemo;                              //滑轮组件
    private JTableHeader jth;                                 //控制表头组件
    private JButton btnShow;                                  //单击显示的按钮
    private static PreparedStatement pst1 = null;
    private static ResultSet rs = null;
    private JTable tabDemo;                                   //表格组件
    private static Connection connection = null;

    public SelectIA(JDialog dialog) {
        dialog.setTitle("学生信息表");                        //进入的页头名称
        dialog.setSize(1075, 600);
        dialog.setLocationRelativeTo(null);
        dialog.setLayout(new BorderLayout());
        scpDemo = new JScrollPane();
        JButton selectOne = new JButton("单个查询");
        selectOne.setFont(new Font("宋体", 1, 30));
        selectOne.setPreferredSize(new Dimension(200, 50));
        JButton selectMany = new JButton("多表查询");
        selectMany.setFont(new Font("宋体", 1, 30));
        selectMany.setPreferredSize(new Dimension(200, 50));
        JTextField selectText = new JTextField(20);
        JLabel selectLabel = new JLabel("请输入要查询的学号:");
        selectLabel.setFont(new Font("宋体", 1, 20));
        selectText.setPreferredSize(new Dimension(300, 50));
        selectText.setFont(new Font("宋体", 1, 20));
        selectLabel.setPreferredSize(new Dimension(250, 50));
        JPanel panel = new JPanel();
        panel.add(selectLabel);
        panel.add(selectText);
        panel.add(selectOne);
        panel.add(selectMany);
        btnShow = new JButton("显示数据");
        scpDemo.setBounds(10, 50, 580, 400);
        btnShow.setFont(new Font("宋体", 1, 30));
        btnShow.setPreferredSize(new Dimension(100, 50));
        btnShow.setBounds(10, 10, 120, 30);
        btnShow.addActionListener(new ActionListener() {
            @Override
            public void actionPerformed(ActionEvent e) {
                try {
                    btnShow_ActionPerformed(e);
                } catch (SQLException ex) {
```

```
                        ex.printStackTrace();
                } catch (ClassNotFoundException ex) {
                        ex.printStackTrace();
                }
            }
        });
        selectOne.addActionListener(new ActionListener() {
            @Override
            public void actionPerformed(ActionEvent e) {
                try {
                    OnebtnShow_ActionPerformed(e, selectText);
                } catch (SQLException ex) {
                    // JOptionPane.showMessageDialog(dialog,"查询失败!");
                    ex.printStackTrace();
                } catch (ClassNotFoundException ex) {
                    ex.printStackTrace();
                }
            }
        });
        selectMany.addActionListener(new ActionListener() {
            @Override
            public void actionPerformed(ActionEvent e) {
                try {

                    ManybtnShow_ActionPerformed(e);
                } catch (SQLException ex) {
                    //JOptionPane.showMessageDialog(dialog,"查询失败!");
                    ex.printStackTrace();
                } catch (ClassNotFoundException ex) {
                    ex.printStackTrace();
                }
            }
        });
        dialog.add(scpDemo, BorderLayout.CENTER);
        dialog.add(btnShow, BorderLayout.PAGE_END);
        dialog.add(panel, BorderLayout.PAGE_START);
        dialog.setVisible(true);                              //设置页面可见
        dialog.setDefaultCloseOperation(DISPOSE_ON_CLOSE);    //按 X 退出
    }

    //查询所有数据
    public void btnShow_ActionPerformed(ActionEvent ae) throws SQLException,
ClassNotFoundException {
        connection = connect();
        try {
            String sql = "select * from student ";
            pst1 = (PreparedStatement) connection.prepareStatement(sql);
            rs = pst1.executeQuery();
        } catch (SQLException throwables) {
            System.out.println("异常,可能是 SQL 语句不合规则!!!");
```

```
                throwables.printStackTrace();
            }
        try {
            int count = 0;            //遍历得到数据库里的表的总行数
            while (rs.next()) {
                count++;
            }
            System.out.println("这个表有" + count + "行!");
            rs = pst1.executeQuery();
            Object[][] info = new Object[count][6];
            String[] title = {"学号", "姓名", "性别", "年龄", "专业", "电话"};
            count = 0;
            while (rs.next()) {
                info[count][0] = rs.getString("Sno");
                info[count][1] = rs.getString("Sname");
                info[count][2] = rs.getString("Ssex");
                info[count][3] = rs.getString("Sbirth");
                info[count][4] = rs.getString("Smajor");
                info[count][5] = rs.getString("Sphone");
                count++;
            }
            this.tabDemo = new JTable(info, title);
            this.jth = this.tabDemo.getTableHeader();
            FitTableColumns(tabDemo);
            this.scpDemo.getViewport().add(tabDemo);
        } catch (SQLException throwables) {
            throwables.printStackTrace();
        } catch (NumberFormatException e) {
            e.printStackTrace();
        }
    }


    //多表查询
    public void ManybtnShow _ ActionPerformed ( ActionEvent ae ) throws SQLException,
ClassNotFoundException {
        connection = connect();
        try {
            String sql = " select Sname, Sbirth, Depart _ name, Cname from student, depart,
class;";
            pst1 = (PreparedStatement) connection.prepareStatement(sql);
            rs = pst1.executeQuery();
        } catch (SQLException throwables) {
            System.out.println("异常,可能是 SQL 语句不合规则!!!");
            throwables.printStackTrace();
        }
        try {
            int count = 0;            //遍历得到数据库里的表的总行数
            while (rs.next()) {
                count++;
            }
```

```java
            System.out.println("这个表有" + count + "行!");
            rs = pst1.executeQuery();
            Object[][] info = new Object[count][4];
            String[] title = {"姓名", "生日", "班级", "部门"};
            count = 0;
            while (rs.next()) {
                info[count][0] = rs.getString("Sname");
                info[count][1] = rs.getString("Sbirth");
                info[count][2] = rs.getString("Depart_name");
                info[count][3] = rs.getString("Cname");
                count++;
            }
            this.tabDemo = new JTable(info, title);
            this.jth = this.tabDemo.getTableHeader();
            FitTableColumns(tabDemo);
            this.scpDemo.getViewport().add(tabDemo);

        } catch (SQLException throwables) {
            throwables.printStackTrace();
        } catch (NumberFormatException e) {
            e.printStackTrace();
        }
    }


    public void FitTableColumns(JTable myTable) {
        JTableHeader header = myTable.getTableHeader();
        int rowCount = myTable.getRowCount();
        Enumeration columns = myTable.getColumnModel().getColumns();
        while (columns.hasMoreElements()) {
            TableColumn column = (TableColumn) columns.nextElement();
            int col = header.getColumnModel().getColumnIndex(
                    column.getIdentifier());
            int width = (int) myTable
                    .getTableHeader()
                    .getDefaultRenderer()
                    .getTableCellRendererComponent(myTable,
                            column.getIdentifier(), false, false, -1, col)
                    .getPreferredSize().getWidth();
            for (int row = 0; row < rowCount; row++) {
                int preferedWidth = (int) myTable
                        .getCellRenderer(row, col)
                        .getTableCellRendererComponent(myTable,
                                myTable.getValueAt(row, col), false, false,
                                row, col).getPreferredSize().getWidth();
                width = Math.max(width, preferedWidth);
            }
            header.setResizingColumn(column);        // 此行很重要
            column.setWidth(width + myTable.getIntercellSpacing().width + 10);
        }
    }
```

```java
//查询选择的数据
    public void OnebtnShow _ ActionPerformed ( ActionEvent  ae,  JTextField  text) throws
SQLException, ClassNotFoundException {

        connection = connect();
        try {
            String sql = "select * from student where Sno = ?";
            pst1 = (PreparedStatement) connection.prepareStatement(sql);
            pst1.setObject(1, text.getText());
            rs = pst1.executeQuery();
        } catch (SQLException throwables) {
            System.out.println("异常,可能是 SQL 语句不合规则!!!");
            throwables.printStackTrace();
        }
        try {
            int count = 0;              //遍历得到数据库里的表的总行数
            while (rs.next()) {
                count++;
            }
            System.out.println("这个表有" + count + "行!");
            rs = pst1.executeQuery();
            Object[][] info = new Object[count][6];
            String[] title = {"学号", "姓名", "性别", "年龄", "专业", "电话"};
            count = 0;
            while (rs.next()) {
                info[count][0] = rs.getString("Sno");
                info[count][1] = rs.getString("Sname");
                info[count][2] = rs.getString("Ssex");
                info[count][3] = rs.getString("Sbirth");
                info[count][4] = rs.getString("Smajor");
                info[count][5] = rs.getString("Sphone");
                count++;
            }
            this.tabDemo = new JTable(info, title);
            this.jth = this.tabDemo.getTableHeader();
            FitTableColumns(tabDemo);
            this.scpDemo.getViewport().add(tabDemo);
        } catch (SQLException throwables) {
            throwables.printStackTrace();
        } catch (NumberFormatException e) {
            e.printStackTrace();
        }
    }
}
```

教务管理系统数据库项目学生信息查询效果如图 10.33 所示。

至此就完成了教务管理系统的主要功能,因篇幅有限,部分代码无法在这里一一列出,见本书的配套资源。

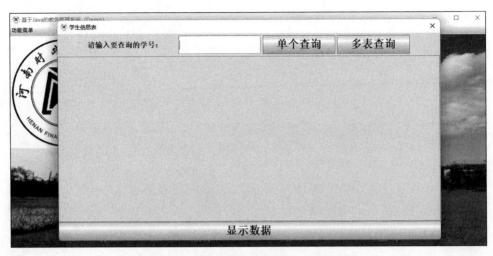

图 10.33　教务管理系统数据库项目的用户查询界面

MySQL主要命令

1. MySQL 信息(版本、位数)查询命令
命令格式：

```
mysql -V
```

命令类别：控制台命令。

操作方法：Windows 下的操作流程为"开始"→"运行"→cmd，进入控制台后进入目录mysql 的 bin 目录(默认位置：C:\Program Files\MySQL\MySQL Server 8.0\bin)，再键入命令

```
mysql -V
```

按 Enter 键即可。

2. 连接本地 MySQL 服务器的命令
命令格式：

```
mysql -u用户名 -p用户密码
```

命令类别：控制台命令。

操作方法：Windows 下的操作流程为"开始"→"运行"→cmd，进入控制台后进入目录mysql\bin，再键入命令：

```
mysql -u root -p
```

按 Enter 键后输入密码即可。

注意事项：用户名左侧可以有空格也可以没有空格，但密码左侧不能有空格，否则需要重新输入密码。

3. 连接远程 MySQL 服务器的命令
命令格式：

```
mysql -h主机地址 -u用户名 -p用户密码
```

命令类别：控制台命令。

操作方法：Windows 操作系统的操作流程为"开始"→"运行"→cmd。进入控制台后键入命令：

```
mysql -h远程 MySQL 服务器 IP -u root -p用户密码
```

然后按 Enter 键即可。

注意事项：用户名左侧可以有空格也可以没有空格，但密码左侧不能有空格，否则需要重新输入密码。

4. 退出 MySQL 服务器的命令

命令格式：

```
EXIT
```

命令类别：控制台命令。

操作方法：在 MySQL 的 Shell(mysql >)后面输入 EXIT，然后按 Enter 键即可。

5. 修改用户密码的命令

命令格式：

```
mysqladmin -u用户名 -p旧密码 password 新密码
```

命令类别：控制台命令。

操作方法：Windows 操作系统的操作流程为"开始"→"运行"→cmd。进入控制台后进入目录 mysql\bin，再键入命令：

```
mysqladmin -u用户名 -p旧密码 password 新密码
```

按 Enter 键即可。

注意事项：用户名左侧可以有空格也可以没有空格，但参数-p 和 password 后面不能有空格，否则提示错误。

6. 添加用户并授权的命令

命令格式：

```
GRANT 权限列表 ON 数据库. * TO 用户名@登录主机 identified by "密码";
```

命令类别：MySQL 命令。

操作方法：首先连接到 MySQL 服务器，然后在 MySQL 的 Shell 下输入命令并以分号结束。

注意事项：密码必须用单引号或双引号引起来。

操作实例 1：增加一个用户 test1 密码为 abc，让他可以在任何主机上登录，并对所有数据库拥有查询、插入、修改、删除的权限。首先用 Root 用户连入 MySQL，然后键入以下命令：

```
mysql > GRANT SELECT, INSERT, UPDATE, DELETE ON *.* TO test1@"%" IDENTIFIED BY "abc";
```

该例子增加的用户十分危险，如果某个人知道 test1 的密码，那么他就可以在 Internet 上的任何一台计算机上登录 MySQL 数据库并可以对数据任意操作。解决的办法见操作实例 2。

操作实例 2：增加一个用户 test2 密码为 abc，让他只可以在 localhost 上登录，并可以对数据库 mydb 进行查询、插入、修改、删除的操作(localhost 指本地主机，即 MYSQL 数据库所在的那台主机)，这样用户即使知道 test2 的密码，他也无法从 Internet 上直接访问数据库，只能通过 MySQL 主机上的 Web 页来访问了。

```
mysql > GRANT SELECT,INSERT,UPDATE,DELETE ON MYDB. *  TO test2@localhost IDENTIFIED BY "abc";
```

如果不想让用户 test2 有密码,可以用以下命令将密码消掉。

```
mysql > GRANT SELECT,INSERT,UPDATE,DELETE ON mydb. *  TO test2@localhost IDENTIFIED BY "";
```

7. 创建数据库的命令
命令格式:

```
CREATE DATABASE 数据库名;
```

命令类别: MySQL 命令。

操作方法: 首先连接到 MySQL 服务器,然后在 MySQL 的 Shell 下输入命令并以分号结束。

操作实例: 建立一个名为 studb 的数据库。

```
mysql > CREATE DATABASE studb;
```

8. 显示数据库的命令
命令格式:

```
SHOW DATABASES;
```

命令类别: MySQL 命令。

操作方法: 首先连接到 MySQL 服务器,然后在 MySQL 的 Shell 下输入命令并以分号结束。

操作实例: 显示当前数据库服务器上的数据库。

```
mysql > SHOW DATABASES;
```

注意事项: 为了使得 SHOW DATABASES 不显示乱码,要修改数据库的默认编码。以下以 GBK 编码页面为例进行说明。

(1) 修改 MySQL 的配置文件。

my. ini 里面修改 default-character-set=gbk。

(2) 代码运行时修改。

① Java 代码:

```
jdbc:mysql://localhost:3306/test?useUnicode = true&characterEncoding = gbk
```

② PHP 代码:

```
header("Content - Type:text/html;charset = gb2312");
```

③ C 语言代码:

```
int mysql_set_character_set( MySQL * mysql, char * csname);
```

该函数用于为当前连接设置默认的字符集。字符串 csname 指定了 1 个有效的字符集名称。连接校对成为字符集的默认校对。该函数的工作方式与 SET NAMES 语句类似,但它还能设置 mysql->charset 的值,从而影响了由 mysql_real_escape_string() 设置的字符集。

9. 删除数据库的命令

命令格式：

```
DROP DATABASE <数据库名>;
```

命令类别：MySQL 命令。

操作方法：首先连接到 MySQL 服务器，然后在 MySQL 的 Shell 下输入命令并以分号结束。

操作实例 1：删除名为 xhkdb 的数据库。

```
mysql > DROP DATABASE xhkdb;
```

注意事项：用 DROP DATABASE 命令删除数据库时，若数据库不存在将报告错误信息；若不希望报告错误信息，可以在数据库名称左侧添加判断条件 IF EXISTS。

为了使得 SHOW DATABASES 不显示乱码，要修改数据库的默认编码。以下以 GBK 编码页面为例进行说明。

操作实例 2：删除一个不确定存在的数据库。

```
mysql > drop database drop_database;
error 1008 (HY000): Can't drop database 'drop_database'; database doesn't exist
mysql > drop database if exists drop_database;Query OK, 0 rows affected, 1 warning (0.00 sec)
//产生的警告说明数据库不存在
```

10. 连接数据库的命令

命令格式：

```
USE <数据库名>;
```

命令类别：MySQL 命令。

操作方法：首先连接到 MySQL 服务器，然后在 MySQL 的 Shell 下输入命令并以分号结束。

操作实例：连接已经存在的数据库 xhkdb。

```
mysql > USE xhkdb;
```

成功提示：Database changed。

相关说明：MySQL 中的 USE 语句主要用于与 Sybase 相兼容。使用 USE 语句为一个特定的当前的数据库做标记，不会阻碍用户访问其他数据库中的表。下面的例子可以从 db1 数据库访问作者表（表的名称：author），并从 db2 数据库访问编辑表（表的名称：editor）。

```
mysql > USE db1;
mysql > SELECT author_name, editor_name FROM author,db2.editor WHERE author.editor_id = db2.
editor.editor_id;
```

11. SELECT 命令

命令类别：MySQL 命令。

操作方法：首先连接到 MySQL 服务器,然后在 MySQL 的 Shell 下输入命令并以分号结束。

命令格式：

mysql > SELECT 函数或表达式;

操作实例 1：显示 MySQL 的版本。

mysql > SELECT version();

操作实例 2：显示当前时间。

mysql > SELECT now();

操作实例 3：显示日。

SELECT DAYOFMONTH(CURRENT_DATE);

操作实例 4：显示月。

SELECT MONTH(CURRENT_DATE);

操作实例 5：显示年。

SELECT YEAR(CURRENT_DATE);

操作实例 6：显示字符串。

mysql > SELECT "welcome to my blog!";

操作实例 7：当计算器用。

SELECT ((4 * 4) / 10) + 25;

操作实例 8：串接字符串。

SELECT CONCAT(f_name," ",l_name)　AS Name FROM employee_data WHERE title = 'Marketing Executive';

注意：CONCAT()函数用来把字符串串接起来,AS Name 用于给连接的结果起假名。

12. 创建数据表的命令

命令格式：

CREATE TABLE <表名> (<字段名 1> <类型 1> [, …<字段名 n> <类型 n>]);

命令类别：MySQL 命令。

操作方法：首先连接到 MySQL 服务器,然后在 MySQL 的 Shell 下输入命令并以分号结束。

操作实例：建立一个名为 MyClass 的表,字段信息如附表 1 所示。

附表 1　字段信息

字段名	数字类型	数据宽度	是否为空	是否为主键	自动增加	默认值
id	int	4	否	是	auto_increment	
name	char	20	否			

续表

字段名	数字类型	数据宽度	是否为空	是否为主键	自动增加	默认值
sex	int	4	否			0
degree	double	16	是			

```
mysql > CREATE table MyClass(
> id int(4) NOT NULL PRIMARY KEY auto_increment,
> name char(20) NOT NULL,
> sex int(4) NOT NULL default '0',
> degree double(16,2));
```

13. 修改表名的命令

命令格式：

```
RENAME TABLE 原表名 TO 新表名;
```

命令类别： MySQL 命令。

操作方法： 首先连接到 MySQL 服务器，然后在 MySQL 的 Shell 下输入命令并以分号结束。

操作实例： 在表 MyClass 名字更改为 YouClass。

```
mysql > RENAME TABLE MyClass TO YouClass;
```

注意事项： 执行 RENAME TABLE 命令时，不能有任何锁定的表或活动的事务；也必须有对原表的 ALTER 和 DROP 权限，以及对新表的 CREATE 和 INSERT 权限。

14. 删除数据表的命令

命令格式：

```
DROP TABLE <表名>;
```

命令类别： MySQL 命令。

操作方法： 首先连接到 MySQL 服务器，然后在 MySQL 的 Shell 下输入命令并以分号结束。

操作实例： 删除表名为 MyClass 的表。

```
mysql > DROP TABLE MyClass;
```

注意事项：

（1）DROP TABLE 用于取消一个或多个表，要求用户必须有 DROP 权限。

（2）DROP TABLE 能够取消所有的表数据和表定义，使用需谨慎。

（3）对于一个带分区的表，DROP TABLE 会永久性地取消表定义，取消各分区，并取消存储在这些分区中的所有数据。DROP TABLE 还会取消与被取消的表有关联的分区定义（.par）文件。

（4）对于不存在的表，使用 IF EXISTS 用于防止错误发生。当使用 IF EXISTS 时，对于每个不存在的表，会生成一个 NOTE。

15. 表插入数据的命令

命令格式：

```
INSERT INTO <表名> [字段名列表] values (值列表);
```

命令类别：MySQL 命令。

操作方法：首先连接到 MySQL 服务器，然后在 MySQL 的 Shell 下输入命令并以分号结束。

操作实例：往表 MyClass 中插入两条记录，这两条记录表示：编号为 1 的名为 Tom 的成绩为 96.45，编号为 2 的名为 Joan 的成绩为 82.99，编号为 3 的名为 Wang 的成绩为 96.59。

```
mysql > INSERT INTO MyClass values(1,'Tom',96.45),(2,'Joan',82.99), (3,'Wang', 96.59);
```

16. 查询表数据的命令
命令格式：

```
SELECT <字段列表> FROM <表名> WHERE <表达式> ORDER BY <字段> LIMIT <条件>;
```

命令类别：MySQL 命令。

操作方法：首先连接到 MySQL 服务器，然后在 MySQL 的 Shell 下输入命令并以分号结束。

操作实例 1：查看表 MyClass 中所有数据。

```
mysql > SELECT * FROM MyClass;
```

操作实例 2：查询表 MyClass 的前两行数据。

```
mysql > SELECT * FROM MyClass ORDER BY id limit 0,2;
```

17. 删除表数据的命令
命令格式：

```
DELETE FROM 表名 WHERE 表达式;
```

命令类别：MySQL 命令。

操作方法：首先连接到 MySQL 服务器，然后在 MySQL 的 Shell 下输入命令并以分号结束。

操作实例：删除表 MyClass 中编号为 1 的记录。

```
mysql > DELETE FROM MyClass WHERE id = 1;
```

18. 修改表中数据
命令格式：

（1）单表的 MySQL UPDATE 语句。

```
UPDATE [LOW_PRIORITY] [IGNORE] tbl_name SET col_name1 = expr1 [, col_name2 = expr2 … ] [WHERE
where_definition] [ORDER BY … ] [LIMIT row_count];
```

（2）多表的 UPDATE 语句。

```
UPDATE [LOW_PRIORITY] [IGNORE] table_references SET col_name1 = expr1 [, col_name2 = expr2 … ]
[WHERE where_definition];
```

命令类别：MySQL 命令。

操作方法：首先连接到 MySQL 服务器，然后在 MySQL 的 Shell 下输入命令并以分号结束。

操作实例：将表 MyClass 中 id 为 1 的记录的 name 修改为'Mary'。

```
mysql > UPDATE MyClass SET name = 'Mary' WHERE id = 1;
```

19. 增加表字段的命令
命令格式：

```
ALTER TABLE 表名 ADD 字段 类型 其他;
```

命令类别：MySQL 命令。

操作方法：首先连接到 MySQL 服务器，然后在 MySQL 的 Shell 下输入命令并以分号结束。

操作实例：在表 MyClass 中添加字段 passtest，类型为 int(4)，默认值为 0。

```
mysql > ALTER TABLE MyClass ADD passtest int(4) default '0';
```

20. 加索引的命令
命令格式：

（1）按多个字段索引

```
ALTER TABLE 表名 ADD INDEX 索引名  (字段名列表);
```

（2）加主关键字索引

```
ALTER TABLE 表名 ADD PRIMARY KEY (字段名);
```

（3）加唯一限制条件的索引

```
ALTER TABLE 表名 ADD UNIQUE 索引名 (字段名);
```

命令类别：MySQL 命令。

操作方法：首先连接到 MySQL 服务器，然后在 MySQL 的 Shell 下输入命令并以分号结束。

操作实例 1：对 employee 表按 name 字段加索引。

```
mysql > ALTER TABLE employee ADD INDEX emp_name (name);
```

操作实例 2：对 employee 表按主关键字(id)加索引。

```
mysql > ALTER TABLE employee ADD PRIMARY KEY(id);
```

操作实例 3：对 employee 表加唯一限制条件的索引。

```
mysql > ALTER TABLE employee ADD UNIQUE emp_name2(cardnumber);
```

21. 删除索引的命令
命令格式：

```
ALTER TABLE 表名 DROP INDEX 索引名;
```

　　命令类别：MySQL 命令。

　　操作方法：首先连接到 MySQL 服务器，然后在 MySQL 的 Shell 下输入命令并以分号结束。

　　操作实例：删除 employee 表的索引 emp_name。

```
mysql > ALTER TABLE employee DROP INDEX emp_name;
```

参 考 文 献

［1］　孙飞显,孙俊玲,马杰.MySQL 数据库实用教程［M］.北京:清华大学出版社,2015.

［2］　Oracle. MySQL 8.0 Reference Manual［EB/OL］.［2022-08-18］.https://dev.mysql.com/doc/refman/8.0/en/mysql-select-db.html.

［3］　郑阿奇.MySQL 实用教程［M］.3 版.北京:电子工业出版社,2018.

［4］　胡巧儿,李慧清.数据库原理与应用项目化教程(MySQL)［M］.北京:化学工业出版社,2022.

［5］　卜耀华.MySQL 数据库应用与实践教程［M］.2 版.北京:清华大学出版社,2022.

［6］　王永红,殷华英,张清涛.MySQL 数据库原理及应用实战教程［M］.北京:清华大学出版社,2022.

［7］　吴广裕.MySQL 数据库应用开发［M］.北京:清华大学出版社,2022.

［8］　韦霞,罗宁,聂振传,等.MySQL 数据库项目实践教程(微课版)［M］.北京:清华大学出版社,2022.

［9］　单光庆,刘张榕,张校磊.MySQL 数据库技术应用教程［M］.北京:清华大学出版社,2021.

图书资源支持

感谢您一直以来对清华版图书的支持和爱护。为了配合本书的使用，本书提供配套的资源，有需求的读者请扫描下方的"书圈"微信公众号二维码，在图书专区下载，也可以拨打电话或发送电子邮件咨询。

如果您在使用本书的过程中遇到了什么问题，或者有相关图书出版计划，也请您发邮件告诉我们，以便我们更好地为您服务。

我们的联系方式：

地　　址：北京市海淀区双清路学研大厦 A 座 714

邮　　编：100084

电　　话：010-83470236　　010-83470237

客服邮箱：2301891038@qq.com

QQ：2301891038（请写明您的单位和姓名）

资源下载：关注公众号"书圈"下载配套资源。

资源下载、样书申请

书圈

图书案例

清华计算机学堂

观看课程直播